应用型本科高校系列教材·电气信息类

电气控制与 PLC应用技术

刘增良 ◎ 主编

中国科学技术大学出版社

内 容 简 介

　　本书从满足本科应用型人才培养的需要出发,主要介绍了电气控制技术及系统设计、三菱 FX$_{2N}$、西门子 S7-200 和 GE 系列可编程控制器(PLC)的原理及应用。全书分为12 章,包括:常用低压电器、电气控制线路的分析与设计、电气控制在生产中的应用、可编程控制器概述、三菱 FX$_{2N}$ 系列 PLC 的指令系统及编程方法、S7-200 PLC 的指令系统、可编程控制器过程控制、可编程控制器运动控制、可编程控制器网络及通信、可编程控制器的人机界面与组态、通用电气可编程控制器、可编程控制器的应用系统设计与案例分析。每章后附有习题与思考题。

　　本书可作为高等院校电气工程及自动化、自动化、机械设计制造及自动化、机械电子工程、建筑电气与智能化等相近专业的教材,也可供电气、机电等领域的工程技术人员参考。

图书在版编目(CIP)数据

电气控制与 PLC 应用技术/刘增良主编.—合肥:中国科学技术大学出版社,2013.1(2020.2 重印)

ISBN 978-7-312-03150-2

Ⅰ. 电⋯　Ⅱ. 刘⋯　Ⅲ. ①电气控制—高等学校—教材 ② PLC 技术—高等学校—教材　Ⅳ. ① TM571.2 ② TM571.6

中国版本图书馆 CIP 数据核字(2013)第 017743 号

出版	中国科学技术大学出版社
	安徽省合肥市金寨路 96 号,230026
	http://press.ustc.edu.cn
	https://zgkxjsdxcbs.tmall.com
印刷	合肥市宏基印刷有限公司
发行	中国科学技术大学出版社
经销	全国新华书店
发行	710 mm×960 mm　1/16
印张	28.5
字数	558 千
版次	2013 年 1 月第 1 版
印次	2020 年 2 月第 3 次印刷
定价	48.00 元

前　言

本书是根据高等工科院校电气工程及自动化、自动化、机械设计制造及自动化、机械电子工程、建筑电气与智能化等专业的"电气控制与可编程控制器技术"课程的教学大纲编写的,在编写时充分考虑到了本科应用型人才培养需要以及电气控制技术的实际应用和发展情况。

本书在编写过程中秉持"学以致用、知能并重"的原则,注重对学生知识和能力的培养,着力体现本书的针对性、适用性、实用性和先进性。

针对性:即满足高质量的应用型本科人才培养的需要;满足"电气控制与可编程控制器技术"课程教学改革的需要;满足产业结构调整、企业技术水平升级的需要。

适用性:即适应电气工程及自动化、自动化、机械设计制造及自动化、机械电子工程、建筑电气与智能化等专业的教学需要;适应不同类型 PLC 教学的需要;适应应用型本科高校教学的需要;适应生产企业技术人员学习参考的需要。

实用性:即注重理论与实践的结合;注重课内实验与实训的结合;注重一般应用和案例的结合;注重电气控制技术和可编程控制器的结合;注重不同 PLC 系列的结合。

先进性:本书在内容选择上注重先进性,力求反映当前电气控制技术和 PLC 发展的最新成果,并展示其发展方向。

本书在教学使用过程中,可根据专业特点和课时安排选取教学内容。每章后面附有习题与思考题,可供学生课后练习。

本书由刘增良担任主编,曹吉华、江春红、纪利琴、杨锐敏、时国平担任副主编。其中,前言、第十二章(部分)由刘增良编写;第一章、第二章由时国平编写;第三章由石岩编写;第四章、第十章由纪利琴编写;第五章、第九章由江春红编写;第六章、第七章由曹吉华编写;第八章、第十一章、第十二章(部分)由杨锐敏编写;全书由刘增良统稿。李铁玲、刘国亭、宋鸿儒、吴金虎、王俊稼、高鹏、朱珠等参编了部分内容或提供了相关资料。

因本书针对应用型本科教学需要编写,是一次新的尝试,加上编者水平有限,书中难免有错误和不妥之处,恳请读者批评指正。

编者
2012 年 12 月

目　录

第一章　常用低压电器

电器是一种能根据外界的信号(机械力、电动力或其他物理量)和要求,手动或自动地接通、断开电路,以实现对电路或非电对象的切换、控制、保护、检测、变换和调节的电气元件或设备。工作电压在交流 1 200 V 或直流 1 500 V 以下的电器为低压电器,主要用在低压供配电控制系统中,合理选择和正确使用低压电器是低压电力系统可靠、安全运行的前提和重要保障,例如继电器、接触器、刀开关、熔断器、启动器等。可编程控制器(PLC)是计算机技术与继电器、接触器控制技术相结合的产物,其输入、输出与低压电器密切相关。掌握低压电器控制技术是学习和掌握 PLC 应用技术必需的基础。

按低压电器在电路中所处的地位和作用可分为控制电器、主令电器、保护电器和执行电器;按低压电器的动作方式可分为自动切换电器和非自动切换电器;按低压电器有无触点可分为有触点电器和无触点电器两大类。本章主要介绍常用低压电器的分类、结构、工作原理、用途及其图形符号和文字符号,这些是正确选择和合理使用低压电器的基础。

第一节　低压控制电器

低压控制电器主要用于低压电力拖动系统,是对电动机的运行进行控制、调节和保护的电器。常用的低压控制电器有接触器、控制开关、各种控制继电器等。

一、接触器

接触器是一种适用于远距离频繁接通和分断交直流主电路和控制电路的自动控制电器,主要用于自动控制交直流电动机、电热设备、电容器等设备。接触器有强大的执行机构、具有大容量的主触点和迅速熄灭电弧的能力,当系统发生故障的时候,能根据故障检测元件所给出的动作信号,迅速可靠地切断电源,并有低压释放功能。接触器与保护电器组合可构成各种电磁启动器,用于电动机的保护和控制。

(一) 接触器的结构和工作原理

接触器由电磁系统、触点系统、灭弧系统、释放弹簧机构、辅助触点及基座等部分组成,如图 1.1 所示。

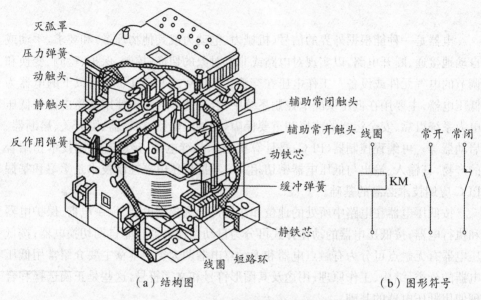

图 1.1　CJ10-20 型交流接触器结构图及图形符号

（a）结构图　　　　　　　　（b）图形符号

交流接触器的铁芯和衔铁用硅钢片叠成,以减小因涡流和磁滞损耗造成的能量损失和升温,线圈绕在骨架上形成扁而厚的形状,与铁芯隔离,有利于铁芯和线圈的散热。而直流接触器的铁芯中不会产生涡流和磁滞损耗,铁芯和衔铁用整块电子软钢制成,线圈绕制成高而薄的圆筒状,且无线圈骨架,使线圈和铁芯直接接触以利于散热。

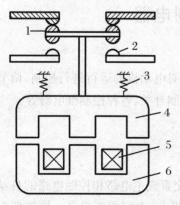

1. 动触点；2. 静触点；3. 弹簧；
4. 动铁芯；5. 线圈；6. 静铁芯

图 1.2　接触器结构原理图

图 1.2 所示为接触器结构原理图,其工作原理是:在线圈上施加交流电压后铁芯中产生磁通,该磁通对衔铁产生克服复位弹簧拉力的电磁吸力,使衔铁带动触头动作。触头动作时,常闭先断开,常开后闭合。主触头和辅助触头是同时动作的。当线圈中的电压值降到某一数值

时,铁芯中的磁通下降,吸力减小到不足以克服复位弹簧的反力时,衔铁就在复位弹簧的反力作用下复位,使主触头和辅助触头的常开触头断开,常闭触头恢复闭合。这个功能就是接触器的失压保护功能。

(二) 接触器的选择

1. 接触器的类型选择

根据接触器所控制的负载性质,选择直流接触器或交流接触器。

2. 额定电压的选择

接触器的额定电压应大于或等于所控制线路的电压。

3. 额定电流的选择

接触器的额定电流应大于或等于所控制电路的额定电流。对于电动机负载可按下列经验公式计算:

$$I_C = \frac{P_N}{kU_N}$$

式中,I_C 为接触器主触头电流,单位为 A;P_N 为电机额定功率,单位为 W;U_N 为电动机额定电压,单位为 V;k 为经验系数,一般取 1~1.4。

4. 吸引线圈额定电压选择

根据控制回路的电压选用。

5. 接触器触头数量、种类选择

触头数量和种类应满足主电路控制线路的要求。

二、控制继电器

继电器是一种根据某种输入信号的变化,使其自身的执行机构动作的自动控制电器。它具有输入电路(又称感应元件)和输出电路(又称执行元件)。当感应元件中的输入量(如电压、电流、温度、压力等)变化到某一定值时继电器动作,执行元件便接通或断开控制电路。

继电器种类很多,按输入信号不同可分为电压继电器、电流继电器、功率继电器、速度继电器、压力继电器、温度继电器等;按工作原理不同可分为电磁式继电器、感应式继电器、电动式继电器、电子式继电器、热继电器等;按用途不同可分为控制继电器与保护继电器;按输出形式不同可分为有触点继电器和无触点继电器。

继电器的主要特性是输入—输出特性,即继电特性,其特性曲线如图 1.3 所示,图中 x_1 称为继电器释放值,欲使继电器释放,输入量必须小于或等于此值;x_2

称为继电器吸合值,欲使继电器吸合,输入须大于或等于此值。

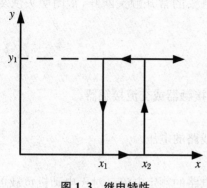

图 1.3　继电特性

在继电器输入量 x 由零增至 x_2 以前,输出量 y 为零;当输入量 x 增加到 x_2 时,继电器吸合,输出量为 y_1;输出量由 y_1 降至零。

若 x 再增大,y_1 值保持不变,当 x 减小到小于或等于 x_1 时,继电器触点释放,令 $k = x_1/x_2$,k 称为继电器的返回系数,它是继电器的重要参数之一。k 值是可以调节的,不同场合要求不同的 k 值。例如,一般继电器要求低的返回系数,k 值应在 0.1～0.4 之间,这样当继电器吸合后,输入量波动较大时不致引起误动作。欠电压继电器则要求高的返回系数,k 值应在 0.6 以上。如某继电器 $k = 0.66$,吸合电压为额定电压的 90%,则电压低于额定电压的 60% 时,继电器释放,可起到欠电压保护的作用。

另一个重要参数是吸合时间和释放时间。吸合时间是指从线圈接受电信号到衔铁完全吸合所需的时间;释放时间是指从线圈失电到衔铁完全释放所需的时间。一般继电器的吸合时间与释放时间为 0.05～0.15 s,快速继电器为 0.005～0.05 s,这参数的大小影响着继电器的操作频率。

无论继电器的输入量是电量还是非电量,继电器工作的最终目的总是控制触头的分断或闭合,而触头又是控制电路通断的,就这一点来说接触器与继电器是相同的,但是它们又有区别,主要表现在以下几个方面:

(1) 所控制的线路不同

继电器用于控制通信线路、仪表线路、自控装置等小电流电路及控制电路。

接触器用于控制电动机等大功率、大电流电路及主电路。

(2) 输入信号不同

继电器的输入信号可以是各种物理量,如电压、电流、时间、压力、速度等,而接触器的输入量只有电压。

（一）电磁式继电器

在低压控制系统中采用的继电器大部分是电磁式的,电磁式继电器的结构与原理和接触器基本相同。电磁式继电器根据外来信号(电压或电流),利用电磁原理使衔铁产生闭合动作,从而带动触点动作,使控制电路接通或断开,实现控制电路的状态改变。电磁式继电器的典型结构如图 1.4 所示。

电磁式继电器按吸引线圈电流的类型,可分为直流电磁式继电器和交流电磁式继电器。按其在电路中的连接方式,可分为电流继电器、电压继电器和中间继电器等。

1. 电流继电器

电流继电器反映的是电流信号。使用时,电流继电器的线圈串联在被测电路中,根据电流的变化而动作。为降低负载效应和继电器本身对被测量电路参数的影响,要求线圈匝数少、导线粗、阻抗小。电流继电器除用于电流型保护的场合外,还经常用于按电流原则控制的场合。

2. 电压继电器

电压继电器反映的是电压信号。使用时,电压继电器的线圈并联于被测电路,线圈的匝数多、导线细、阻抗大。继电器根据所接线路电压值的变化,处于吸合或释放状态。

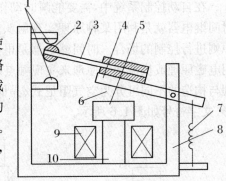

1. 静触点;　2. 动触点;　3. 簧片;
4. 衔铁;　5. 极靴;　6. 空气气隙;
7. 反力弹簧;　8. 铁轭;　9. 线圈;　10. 铁芯
图 1.4　电磁式继电器机构图

3. 中间继电器

中间继电器实质上是电压继电器,只是触头数量多(一般有 8 对),容量也大,起中间放大(触头数目和电流容量)的作用。

4. 电磁式继电器的整定

继电器在投入运行前,必须把它的返回系数 k 调整到控制系统所要求的范围以内。一般整定方法有两种:

(1) 调整释放弹簧的松紧程度

释放弹簧越紧,反作用力越大,则吸合值和释放值都增加,返回系数上升;反之返回系数下降。这种调节为精调,可以连续调节。若弹簧太紧,电磁吸力不能克服反作用力,有可能吸不上;弹簧太松,反作用力太小,又不能可靠释放。

(2) 改变非磁性垫片的厚度

非磁性垫片越厚,衔铁吸合后磁路的气隙和磁阻越大,释放值越大,并使返回系数越大;反之,释放值减小,返回系数减小。采用这种调整方式,吸合值基本不变。这种调节为粗调,不能连续调节。

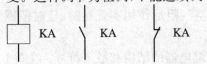

（a）线圈（b）常开触头（c）常闭触头
图 1.5　电磁式继电器的图形符号

5. 电磁式继电器的图形符号和文字符号

电磁式继电器的图形符号如图 1.5 所示。电流继电器的文字符号为 KI,电压继电器的文字符号为 KV,中间继电器的文字符号为 KA。

（二）时间继电器

在自动控制系统中,需要能瞬时动作的继电器,也需要能延时动作的继电器。时间继电器就是利用某种原理实现触头延时动作的自动电器,经常用于利用时间原则进行控制的场合。时间继电器是电路中控制动作时间的继电器,它是一种利用电磁原理或机械动作原理来实现触点延时接通或断开的控制电器。按其动作原理与构造的不同可分为空气阻尼式、晶体管式和电动式等类型。时间继电器的图形、文字符号如图 1.6 所示。

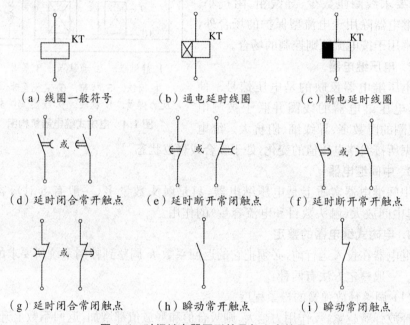

（a）线圈一般符号　　　（b）通电延时线圈　　　（c）断电延时线圈

（d）延时闭合常开触点　　（e）延时断开常闭触点　　（f）延时断开常开触点

（g）延时闭合常闭触点　　（h）瞬动常开触点　　　（i）瞬动常闭触点

图 1.6　时间继电器图形符号与文字符号

时间继电器延时时间长,可达数十小时,延时精度高。时间继电器有通电延时和断电延时两种类型。通电延时型时间继电器的动作原理:线圈通电时使触头延时动作,线圈断电时使触头瞬时复位。断电延时型时间继电器的动作原理:线圈通电时使触头瞬时动作,线圈断电时使触头延时复位。

1. 空气阻尼式时间继电器

包括电磁机构、工作触点及气室三部分,靠空气阻尼作用实现延时,延时范围较宽、结构简单、工作可靠、价格低廉、寿命长。

图 1.7 所示是通电延时的空气阻尼式时间继电器的结构和触头符号。线圈 1 通电后吸下动铁芯 2,活塞 3 因失去支撑在释放弹簧 4 的作用下开始下降,带动伞形活塞 5 和固定其上的橡皮膜 6 一起下移,在膜上面造成空气稀薄的空间。活塞

由于受到下面空气的压力,只能缓慢下降。经过一定时间后,杠杆 8 才能碰触微动开关 9,使常闭触点断开,常开触点闭合。可见,从电磁线圈通电开始到触点动作为止,中间经过一定的延时,这就是时间继电器的延时作用。延时长短可以通过螺钉 10 调节进气孔的大小来改变。空气阻尼式时间继电器的延时范围较大,有 0.4~180 s。当电磁线圈断电后,活塞在恢复弹簧 11 的作用下迅速复位,气室内的空气经由出气孔 12 及时排出,因此,断电不延时。

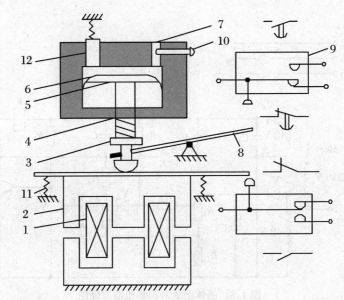

1. 线圈;　2. 衔铁;　3. 活塞杆;　4. 弹簧;　5. 伞形活塞;　6. 橡皮膜;
7. 进气孔;　8. 杠杆;　9. 微动开关;　10. 螺钉;　11. 恢复弹簧;　12. 出气孔

图 1.7　通电延时的空气阻尼式时间继电器结构示意图

2. 晶体管式时间继电器

晶体管式时间继电器也称为半导体式时间继电器,它主要是利用电容对电压变化的阻尼作用作为延时环节而设计的。其特点是延时范围广、精度高、体积小、便于调节、寿命长,是目前发展最快、最有前途的电子器件,可取代阻容式、空气阻尼式、电动式等时间继电器。图 1.8 所示的是采用非对称双稳态触发器的晶体管式时间继电器原理图。

整个线路可分为主电源、辅助电源、双稳态触发器及其附属电路等几部分。主电源是有电容滤波的半波整流电路,它是触发器和输出继电器的工作电源。辅助电源也是带电容滤波的半波整流电路,它与主电源叠加起来作为 R、C 环节的充电电源。另外,在延时过程结束,二极管 V_3 导通后,辅助电源的正电压又通过 R 和 V_3 加到晶体管 V_5 的基极上,使之截止,从而使触发器翻转。

触发器的工作原理是：接通电源时，晶体管 V_5 处于导通状态，V_6 处于截止状态。主电源与辅助电源叠加后，通过可变电阻 R 和 R_1 对电容器 C 充电。在充电过程中，a 点的电位逐渐升高，直至高于 b 点的电位，二极管 V_3 则导通，使辅助电源的正电压加到晶体 V_5 的基极上。这样，V_5 就由导通变为截止，而 V_6 则由截止变为导通，使触发器发生翻转。于是，继电器 K 便动作，通过触头发出相应的控制信号。与此同时，电容器 C 经由继电器的常开触头对电阻 R_4 放电，为下一步工作做准备。

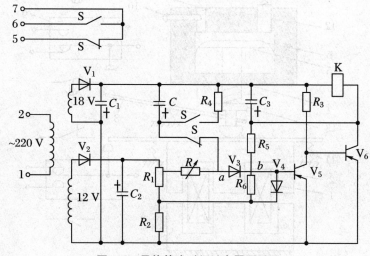

图 1.8　晶体管式时间继电器原理图

（三）速度继电器

速度继电器是根据电磁感应原理制成的，主要由转子、定子和触点三部分组成，其结构如图 1.9 所示。其工作原理是：套有永久磁铁的轴与被控电动机的轴相连，用以接收转速信号，当速度继电器的轴由电动机带动旋转时，磁铁磁通切割圆环内的笼形绕组，绕组感应出电流，该电流与磁铁磁场作用产生电磁转矩。在此转矩的推动下，圆环带动摆杆克服弹簧力顺电动机方向偏转一定角度，并拨动触点改变其通断状态。调节弹簧松紧可使速度继电器的触点在电动机不同转速时切换。速度继电器常用于笼形异步电动机的反接制动控制线路中，也称反接制动继电器。当电动机制动转速下降到一定值时，由速度继电器切断电动机控制电路。

1. 速度继电器结构原理

速度继电器的转轴应与被控电动机的轴相联接，当电动机轴旋转时，速度继电器的转子随之转动。这样定子圆环内的绕组便切割转子旋转磁场，产生使圆环偏转的转矩。偏转角度与电动机的转速成正比。当转速使定子偏转到一定角度时,与定子圆环连接的摆锤推动触头,使常闭触头分断,当电动机转速进一步升高后,摆锤的继续偏转,使动触头与静触头的常开触头闭合。当电动机转速下降时,圆环偏转角度随之下降,动触头在簧片作用下复位(常开触头断开,常闭触头闭合)。

2.速度继电器选用

速度继电器主要根据电动机的额定转速进行选用。速度继电器动作转速一般不低于 120 r/min,复位转速通常在 100 r/min以下,数值可调节。工作时允许转速 1 000～3 600 r/min。速度继电器有正转和反转切换触头,分别控制电动机两个转向的速度。常用型号为 JY1 和 JFZ0 两种系列,JY1 系列工作范围为 700～3 600 r/min,JFZ0-1 适用于 300～1 000 r/min,JFZ0-2 适用于1 000～3 600 r/min。

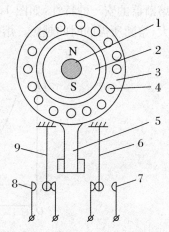

1. 转轴; 2. 转子; 3. 定子; 4. 绕组;
5. 摆锤; 6、9. 簧片; 7、8. 静触点

图 1.9　速度继电器结构原理图

第二节　低压保护电器

低压保护电器是用于保护电设备的电器,例如熔断器、热继电器、低压断路器、刀开关等。

一、熔断器

(一)熔断器的工作原理和保护特性

熔断器是一种结构简单、使用方便、价格低廉的保护电器,广泛用于供电线路和电气设备的短路保护。熔断器由熔体和安装熔体的熔断管(或座)等部分组成。熔体是熔断器的核心,通常用低熔点的铅锡合金、锌、铜、银的丝状或片状材料制成,新型的熔体通常设计成灭弧栅状和具有变截面的片状结构。当通过熔断器的电流超过一定数值并达到一定的时间时,电流在熔体上产生的热量将使熔体某处熔化从而分断电路,因而保护了电路和设备。

熔断器熔体熔断的电流值与熔断时间的关系称为熔断器的保护特性曲线,也称为熔断器的安—秒特性,如图 1.10 所示。由特性曲线可以看出,流过熔体的电流越大,熔断所需的时间越短。熔体的额定电流 I_{f_N} 是熔体长期工作而不致熔断的电流。

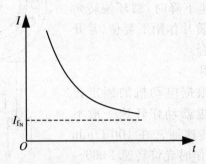

图 1.10　熔断器的保护特性(安—秒)曲线

(二) 常用熔断器的种类及技术数据

熔断器按其结构分为插入式、螺旋式、有填料密封管式、无填料密封管式等,品种规格很多。

在电气控制系统中经常选用螺旋式熔断器,它有分断指示明显、不用任何工具就可取下或更换熔体等优点。

最近推出的新产品有 RL6、RL7 系列,可以取代老产品 RL1、RL2 系列。

RLS2 系列是快速熔断器,用以保护半导体硅整流元件及晶闸管,可取代老产品 RLS1 系列。

RT12、RT15、NGT 等系列是有填料密封管式熔断器,瓷管两端铜帽上焊有连接板,可直接安装在母线排上,RT12、RT15 系列带有熔断指示器,熔断时红色指示器弹出。

RT14 系列熔断器带有撞击器,熔断时撞击器弹出,既可作熔断信号指示,也可触动微动开关以切断接触器线圈电路,使接触器断电,实现三相电动机的断相保护。

熔断器的主要技术参数有:

(1) 额定电压

额定电压指熔断器长期工作时和分断后能够承受的电压,其值一般等于或大于电气设备的额定电压。

(2) 额定电流

额定电流指熔断器长期工作时,设备部件温升不超过规定值时所能承受的电流。厂家为了减少熔断管额定电流的规格总数,熔断管的额定电流等级比较少,而熔体的额定电流等级比较多,也即在一个额定电流等级的熔管内可以分几个额定电流等级的熔体,但熔体的额定电流最大不能超过熔断管的额定电流。

（3）极限分断能力

极限分断能力是指熔断器在规定的额定电压和功率因素(或时间常数)的条件下,能分断的最大电流值。在电路中出现的最大电流值一般指短路电流值,所以极限分断能力也反映了熔断器分断短路电流的能力。

（三）熔断器的选择

熔断器的选择主要包括确定熔断器类型、额定电压、额定电流和熔体额定电流。熔断器的类型主要由电控系统整体设计确定;熔断器额定电压应大于或等于实际电路的工作电压;熔断器额定电流应大于或等于所装熔体的额定电流。确定熔体电流是选择熔断器的主要任务,具体来说有下列几条原则:

① 对于照明线路或电阻炉等电阻性负载,熔体的额定电流应大于或等于电路的工作电流,即

$$I_{f_N} \geqslant I$$

式中,I_{f_N} 为熔体的额定电流,I 为电路的工作电流。

② 保护一台异步电动机时,考虑电动机冲击电流的影响,熔体的额定电流按下式计算:

$$I_{f_N} \geqslant (1.5 \sim 2.5)I_N$$

式中,I_N 为电动机的额定电流。

③ 保护多台异步电动机时,若各台电动机不同时启动,则应按下式计算:

$$I_{f_N} \geqslant (1.5 \sim 2.5)I_{Nmax} + \sum I_N$$

式中,I_{Nmax} 为容量最大的一台电动机的额定电流,$\sum I_N$ 为其余电动机额定电流的总和。

④ 为防止发生越级熔断,上、下级(即供电干、支线)熔断器间应有良好的协调配合,为此,应使上一级(供电干线)熔断器的熔体额定电流比下一级(供电支线)大1~2个级差。

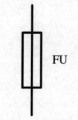

图 1.11　熔断器的图形、文字符号

熔断器的图形、文字符号如图1.11所示。

二、热继电器

热继电器就是利用电流的热效应,在电动机出现过载时切断电动机电路,为电动机提供过载保护的保护电器。热继电器可以根据过载电流的大小自动调整动作时间,具有反时限保护特性。当电动机的工作电流为额定电流时,热继电器应长期

不动作。

（一）热继电器的结构及工作原理

热继电器主要由热元件、双金属片和触头三部分组成。双金属片是热继电器的感测元件,由线膨胀系数不同的两种金属片用机械碾压结合而成。线膨胀系数大的称为主动层,小的称为被动层。在加热以前,两金属片长度基本一致。当串在电动机定子电路中的热元件有电流通过时,热元件产生的热量使两金属片伸长。由于两种金属线膨胀系数不同,且它们紧密结合在一起,所以,双金属片就会发生弯曲。电动机正常运行时,双金属片的弯曲程度不足以使热继电器动作,而当电动机过载时,热元件中电流增大,加上时间效应,使双金属片接受的热量就会大大增加,从而使弯曲程度加大,最终使双金属片推动导板使热继电器的触头动作,切断电动机的控制电路。

由于热继电器是间接受热而动作的,热惯性较大,因而即使通过发热元件的电流在短时间内超过整定电流几倍,也不会导致继电器立即动作。因此,在电动机启动时热继电器不会因启动电流大而动作,若非如此电动机将无法启动。反之,即便电流超过整定电流不多,但时间一长也会使得热继电器动作。由此可见,热继电器与熔断器的作用是不同的,热继电器只能作过载保护而不能作短路保护,而熔断器则只能作短路保护而不能作过载保护。在一个较完善的控制电路中,特别是容量较大的电动机中,这两种保护都应具备。其结构原理图如图1.12 所示。

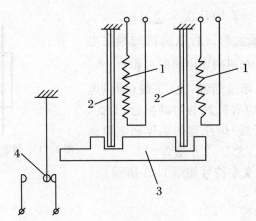

1.热元件； 2.双金属片； 3.导板； 4.触头

图 1.12　热继电器工作原理示意图

（二）热继电器的选用

选择热继电器的原则为:根据电动机的额定电流确定热继电器的型号及热元

件的额定电流等级。对于星形接法的电动机及电源对称性较好的场合,可选用两相结构的热继电器;对于三角形接法的电动机或电源对称性不够好的场合,应选用三相结构或三相结构带断相保护的热继电器。热继电器热元件的额定电流原则上按被控电动机的额定电流选取,即热元件额定电流应接近或略大于电动机的额定电流。热继电器的图形符号及文字符号如图 1.13 所示。

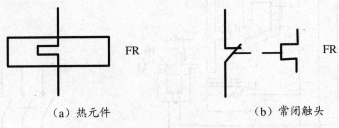

（a）热元件   （b）常闭触头

图 1.13 热继电器的图形符号及文字符号

三、低压断路器

低压断路器又称为自动空气开关,它可用来分配电能,不用频繁地启动异步电动机,对电源线路及电动机等实行保护。当发生严重的过载或短路及欠电压等故障时能自动切断电源,其功能相当于熔断器式断路器与过流、欠压、热继电器等的组合,而且在分断故障电流后一般不需要更换零部件,因而获得了广泛的应用。

（一）低压断路器的结构及工作原理

低压断路器的结构原理如图 1.14 所示,主要由触头、灭弧系统、各种脱扣器和操作结构等组成。

低压断路器主要由三部分组成:触头和灭弧系统;各种脱扣器(包括电磁脱扣器、欠压脱扣器、热脱扣器);操作机构和自由脱扣机构(包括锁链和搭钩)。低压断路器的按钮和触头接线柱分别引出壳外,其余各组成部分均在壳内。

低压断路器的工作原理如图 1.14 所示。其中,触头 2 合闸时,与转轴相连的锁扣扣住跳扣 4,使弹簧 1 受力而处于储能状态。正常工作时,热脱扣器的发热元件 10 温升不高,不会使双金属片弯曲到顶动 6 的程度;电磁脱扣器 13 的线圈磁力不大,不能吸住 12 去拨动 6,开关处于正常供电状态。如果主电路发生过载或短路,电流超过热脱扣器或电磁脱扣器动作电流时,双金属片 11 或衔铁 12 将拨动连杆 6,使跳扣 4 被顶离锁扣 3,弹簧 1 的拉力使触头 2 分离切断主电路。当电压失压和低于动作值时,线圈 9 的磁力减弱,衔铁 8 受弹簧 7 拉力向上移动,顶起 6

使跳扣 4 与锁扣 3 分开切断回路,起到失压保护作用。

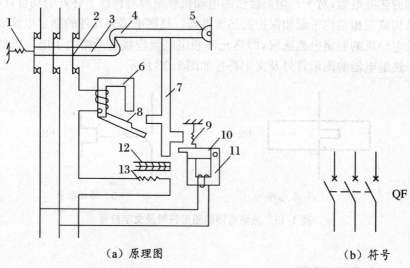

（a）原理图　　　　　　　　（b）符号

1. 主弹簧; 2. 主触头; 3. 锁链; 4. 搭钩; 5. 轴; 6. 电磁脱扣器;
7. 杠杆; 8. 电磁脱扣器衔铁; 9. 弹簧; 10. 欠压脱扣器衔铁;
11. 欠压脱扣器; 12. 双金属片; 13. 热元件

图 1.14　低压断路器原理及符号

（二）低压断路器的选择

① 低压断路器的额定电流和额定电压应大于或等于线路、设备的正常工作电压和工作电流。

② 低压断路器的极限通断能力应大于或等于电路最大短路电流。

③ 欠电压脱扣器的额定电压等于线路的额定电压。

④ 过电流脱扣器的额定电流大于或等于线路的最大负载电流。

使用低压断路器来实现短路保护比熔断器优越,因为当三相电路短路时,很可能只有一相的熔断器熔断,造成单相运行。对于低压断路器来说,只要造成短路都会使开关跳闸,将三相同时切断。另外,它还有其他自动保护作用。但低压断路器结构复杂,操作频率低,价格较高,因此只适用于要求较高的场合,如电源总配电盘。

四、刀开关

将线路与电源明显隔开的一类手动操作电器,结构简单、应用广泛。作用是手动切除电源,保障检修人员的安全。刀开关只用于手动控制容量较小、启动不频繁的电动机,可分为瓷底开启式负荷开关和封闭式负荷开关。刀开关由操纵手柄、触刀、触刀插座和绝缘底板等组成,图1.15所示为其结构简图。

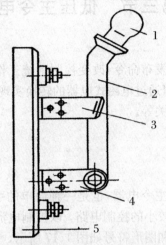

1.静插座;　2.操纵受柄;　3.触刀;　4.支座;　5.绝缘底板

图1.15　低压隔离开关结构简图

刀开关的主要类型有:带灭弧装置的大容量刀开关、带熔断器的开启式负荷开关(胶盖开关)、带灭弧装置和熔断器的封闭式负荷开关(铁壳开关)等。选用刀开关时,刀的极数要与电源进线相数相等;刀开关的额定电压应大于所控制的线路额定电压;刀开关的额定电流应大于负载的额定电流。刀开关的图形、文字符号如图1.16所示。

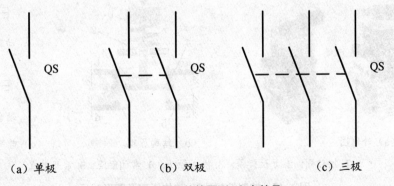

(a) 单极　　　　　　　(b) 双极　　　　　　　(c) 三极

图1.16　刀开关的图形、文字符号

第三节　低压主令电器

低压主令电器是用来发布命令、改变控制系统工作状态的控制电器。可以直接作用于控制电路,也可以通过电磁式电器的转换实现对电路的控制,例如控制按钮、行程开关、万能转换开关等。

一、控制按钮

控制按钮是最常用的主令电器,也是一种简单的手动开关,通常用于发出操作信号,接通或断开电流较小的控制电路,以控制电流较大的电动机或其他电气设备的运行。按钮的结构和图形符号如图 1.17 所示,它由按钮帽、复位弹簧、桥式触头和外壳等组成。将按钮帽按下时,下面一对常开触点被桥式动触点接通,以接通某一控制电路;而上面一对常闭触点则被断开,以断开另一控制回路。手指放开后,在弹簧的作用下触点立即恢复原态。因此,当按下按钮时,常闭触点先断,常开触点后通;而松开按钮时,常开触点先断,常闭触点后通。图 1.17 所示的是控制按钮外形、结构原理及图形符号。

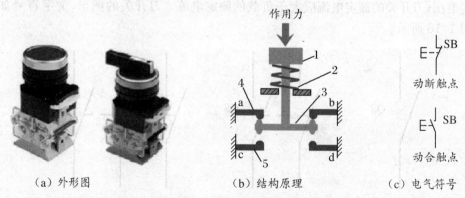

(a) 外形图　　　　(b) 结构原理　　　　(c) 电气符号

1. 按钮帽; 2. 复位弹簧; 3. 桥式触头; 4. 常闭触点; 5. 常开触点

图 1.17　控制按钮外形、结构原理及图形符号

二、行程开关

行程开关主要用于检测工作机械的位置,发出命令以控制其运动方向或行程长短。行程开关也称位置开关。行程开关按结构分为机械结构的接触式有触点行程开关和电气结构的非接触式接近开关。接触式行程开关靠运动物体碰撞行程开关的顶杆使行程开关的常开触头接通和常闭触头分断,从而实现对电路的控制作用,其结构如图 1.18 所示。

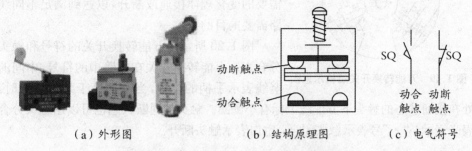

動断触点
動合触点

SQ　　SQ

動合　動断
触点　触点

（a）外形图　　　　　　　（b）结构原理图　　　　　（c）电气符号

图 1.18　行程开关外形、结构原理及图形符号

行程开关的工作原理:当运动机械的挡铁压到滚轮上时,杠杆连同转轴一起转动,并推动撞块。当撞块被压到一定位置时,推动微动开关动作,使常开触头分断,常闭触头闭合,在当运动机械的挡铁离开后,复位弹簧使行程开关各部件恢复常态。

在实际生产中,将行程开关安装在预先安排的位置,当装于生产机械运动部件上的模块撞击行程开关时,行程开关的触点动作,实现电路的切换。因此,行程开关是一种根据运动部件的行程位置而切换电路的电器,它的作用原理与按钮类似。

行程开关广泛用于各类机床和起重机械,用于控制其行程,进行终端限位保护。在电梯的控制电路中,还利用行程开关来控制轿门开关的速度、自动开关门的限位以及轿厢的上、下限位保护。

行程开关可以安装在相对静止的物体(如固定架、门框等,简称静物)上或者运动的物体(如行车、门扇等,简称动物)上。当动物接近静物时,开关的连杆驱动开关的接点引起闭合的接点分断或者断开的接点闭合。由改变开关接点的开、合状态的改变去控制电路和机构的动作。

三、万能转换开关

万能转换开关是一种具有多个操作位置和触点,能进行多个电路换接的手动控制电器。它可用于对配电装置的远距离控制,电气控制线路的换接,电气测量仪表的开关转换以及对小容量电动机的启动、制动、调速和换向的控制,用途广泛,故称为万能转换开关。

典型的万能转换开关结构如图 1.19 所示,由触点座、凸轮、转轴、定位机构、螺杆和手柄等组成,并由 1~20 层触点底座叠装而成,每层底座可装三对触点,由触点底座中且套在转轴上的凸轮来控制此三对触点的接通和断开。由于各层凸轮的形状不同,因此可用手柄将开关转到不同位置,使各对触点按需要的变化规律接通或断开,以达到满足不同线路需要的目的。

图 1.20 所示为万能转换开关的符号和触头分合表。万能转换开关在电路中的符号,中间的竖线表示手柄的位置,当手柄处于某一位置时,处在接通状态的触头下方虚线上标有小圆圈。触头的通断状态也可以用触头分合表来表示,"×"号表示触头闭合,空白表示触头断开。

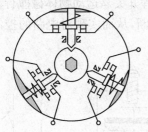

图 1.19 万能转换开关结构示意图

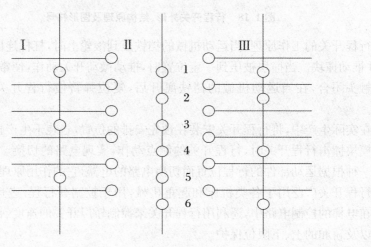

(a) 符号

触点号	Ⅰ	Ⅱ	Ⅲ
1	×	×	×
2		×	×
3	×	×	
4		×	×
5		×	
6		×	×

(b) 触点分合表

图 1.20 万能转换开关的符号和触头分合表

第四节　低压执行电器

低压执行电器是指用于完成某种动作或传动功能的电器,如电磁铁、电磁阀等。

一、电磁铁

电磁铁是利用载流铁芯线圈产生的电磁吸力来操纵机械装置,以完成预期动作的一种电器。它是将电能转换为机械能的一种电磁元件,其原理图如图 1.21 所示。

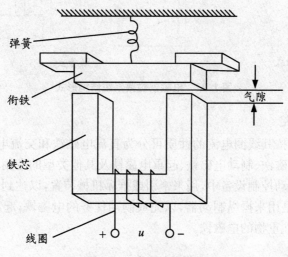

图 1.21　电磁铁结构图

(一) 结构原理

电磁铁主要由线圈、铁芯及衔铁三部分组成,铁芯和衔铁一般用软磁材料制成。铁芯一般是静止的,线圈总是装在铁芯上。开关电器的电磁铁的衔铁上还装有弹簧,如图 1.22 所示。电磁铁的基本工作原理为:当线圈通电后,铁芯和衔铁被磁化,成为极性相反的两块磁铁,它们之间产生电磁吸力。当吸力大于弹簧的反作用力时,衔铁开始向着铁芯方向运动。当线圈中的电流小于某一定值或中断供电时,电磁吸力小于弹簧的反作用力,衔铁将在反作用力的作用下返回原来的释放位置。电磁铁的结构形式很多,按磁路系统形式可分为拍合式、盘式、E

形式和螺管式。

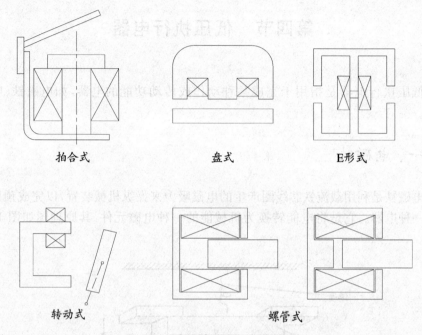

图 1.22　电磁铁磁路系统结构形式

（二）用途

电磁铁种类按其线圈电流的性质可分为直流电磁铁和交流电磁铁；按用途不同可分为牵引电磁铁、制动电磁铁、起重电磁铁及其他类型的专用电磁铁。牵引电磁铁主要用于自动控制设备中，用来牵引或推斥机械装置，以达到自控或遥控的目的；制动电磁铁是用来操纵制动器，以完成制动任务的电磁铁；起重电磁铁是用于起重、搬运铁磁性重物的电磁铁。

二、电磁阀

电磁阀是用电磁控制的工业设备，在工业控制系统中用于调整介质的方向、流量、速度和其他参数。电磁阀可以配合不同的电路来实现预期的控制，而且控制的精度和灵活性都能够保证。

电磁阀分为直动式电磁阀和先导式电磁阀；直动式电磁阀直接利用电磁力推动电磁阀阀芯实现气路之间的通断；先导式电磁阀则是在电磁力的作用下先打开先导阀，使气体进入电磁阀阀芯气室，利用气压来推动电磁阀阀芯，实现气路之间的通断。

（一）结构和工作原理

图 1.23 所示为直动式电磁阀结构图。

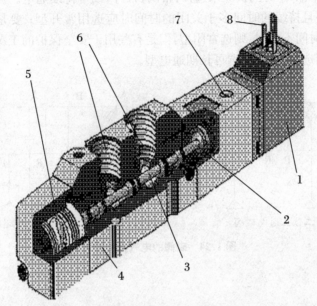

1. 电磁铁；2. 控制活塞；3. 滑柱式阀芯；4. 阀体；5. 复位弹簧；
6. 出气口；7. 手动按钮；8. 电磁铁接线座

图 1.23　直动式电磁阀结构图

当直动式阀不通电时,阀体正常进气和出气,控制气缸朝一个方向动作;当直动式阀通电时,电磁铁得电而产生电磁感应把阀芯的头吸过来,此时复位弹簧受力压缩,而且由于阀芯位置改变,阀体正常的进气和出气方向发生颠倒,控制气缸朝相反方向动作;当再次不通电时,由复位弹簧把阀芯弹回原位。

电磁阀是由几个气路和阀芯组成的,由阀芯把各个气路之间接通或者断开。电磁阀有几个气路就是几通电磁阀,阀芯有几种位置就是几位,一般有二位三通、二位四通、二位五通、三位五通等。如图 1.24(a)所示为二位三通电磁阀的电气符号图,图中左侧的方框是指得电状态,右侧的方框是指失电状态,左侧小长方形是指电磁线圈,右侧折线是指弹簧,所以靠近弹簧侧的方框是失电状态,靠近线圈侧的方框是得电状态。

如图 1.24(b)所示为双电控二位五通电磁阀的电气符号图,图中左侧的方框是指左侧得电后至右侧没有得电之前的状态,右侧的方框是指右侧得电后左侧没有得电之前的状态,左右侧小长方形是指电磁线圈。

（二）选型

① 电气选择：电压规格应尽量优先选用 AC 220 V、DC 24 V 较为方便。

② 根据持续工作时间长短来选择：常闭、常开，或可持续通电。当电磁阀需要长时间开启，并且持续的时间多于关闭的时间时应选用常开型；要是开启的时间短或开和关的时间不多时，则选常闭型，但是有些用于安全保护的工况，如炉、窑火焰监测，则不能选常开的，应选可长期通电型。

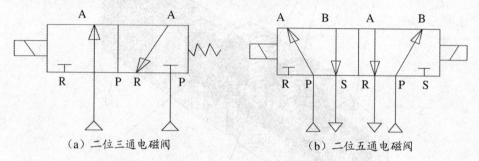

（a）二位三通电磁阀　　　　　　　　　　（b）二位五通电磁阀

图 1.24　磁阀的电气符号图

习题与思考题

1. 什么是电器？什么是低压电器？

2. 低压电器的分类有哪几种？

3. 简述接触器原理及结构。选择接触器时，主要考虑交流接触器的哪些参数？

4. 简述继电器特性原理。

5. 简述电磁式继电器的原理及分类。

6. 时间继电器的分类有哪几种？如何理解其图形符号含义？

7. 简述速度继电器的工作原理及用途。

8. 什么是低压保护电器？常用的低压保护电器有哪些？

9. 简述熔断器的原理及选择原则。

10. 热继电器的工作原理及结构是什么？热继电器和熔断器保护功能有何不同之处？

11. 低压断路器是如何选择的？

12. 什么是低压主令电器？常用的低压主令电器有哪些？简述其各自的工作原理。

13. 常用的低压执行电器有哪些？简述其各自的工作原理。

第二章 电气控制线路的分析与设计

在各种生产机械和电气设备中,主要采用各类电动机作为动力,并辅以电气控制电路来完成自动控制。电气控制线路是把各种有触点的接触器、继电器以及按钮、行程开关等电气元件,用导线按一定的控制方式连接起来组成的控制线路,因此电气控制通常称为继电接触器控制。

电气控制线路能够实现对电动机或其他执行电器的启停、正反转、调速和制动等运行方式的控制,从而实现生产过程自动化,满足生产工艺的要求。生产工艺和生产过程不同,对生产机械或电气设备的自动控制线路的要求也不同。但是,无论是简单的,还是复杂的电气控制线路,都是按一定的控制原则和逻辑规律,以基本的控制环节组合成的。因此,只要掌握各种基本控制环节以及一些典型线路的工作原理、分析方法和设计方法,结合具体的生产工艺要求,通过各种基本环节的组合,就可设计出复杂的电气控制线路。

本章主要介绍常用电气控制线路的基本原理及分析设计方法。

第一节 电气控制线路的分析

一、电气控制线路的绘制原则、图形及文字符号

(一) 电气控制系统图的分类

电气控制系统是由若干电器元件按照一定要求连接而成,从而实现设备或装置的某种控制目的。为了便于对控制系统进行设计、分析研究、安装调试、使用维护以及技术交流,就需要将控制系统中的各电器元件及其相互连接关系用一个统一的标准来表达,这个统一的标准就是国家标准和国际标准,我国相关的国家标准已经与国际标准统一。用标准符号按照标准规定的方法表示的电气控制系统的控制关系的就称为电气控制系统图。

电气控制系统图包括电气系统图和框图、电气原理图、电气接线图和接线表三

种形式。各种图都有其不同的用途和规定的表达方式,电气系统图主要用于表达系统的层次关系,系统内各子系统或功能部件的相互关系以及系统与外界的联系;电气原理图主要用于表达系统控制原理、参数、功能及逻辑关系,是最详细表达控制规律和参数的工程图;电气接线图主要用于表达各电器元件在设备中的具体位置分布情况以及连接导线的走向。对于一般的机电装备而言,电气原理图是必须具备的,而其余两种图则根据需要绘制。

(二) 电气图的图形符号和文字符号

按照 GB4728-1984《电气图用图形符号》规定,电气图用图形符号是按照功能组合图的原则,由一般符号、符号要素或一般符号加限定符号组合成为特定的图形符号及方框符号等。一般符号是用以表示一类产品和此类产品的特征的简单图形符号。

1. 电气图中的文字符号分基本文字符号和辅助文字符号

基本文字符号分单字母符号和双字母符号,如 K、KA 等。

2. 单字母符号

用拉丁字母将各种电气设备、装置和元器件划分为 23 大类,每大类用一个专用单字母符号表示,如 R 为电阻器,Q 为电力电路的开关器件类等。

3. 双字母符号

表示种类的单字母与另一字母组成,其组合形式以单字母符号在前,另一个字母在后的次序列出。

4. 辅助文字符号

表示电气设备、装置和元器件以及线路的功能、状态和性能,如"DC"表示直流,"AC"表示交流,"SYN"表示同步,"ASY"表示异步等。辅助文字符号也可放在表示类别的单字母符号后面组成双字母符号,如"KT"表示时间继电器,"YB"表示电磁制动器等。为简化文字符号起见,当辅助文字符号由两个或两个以上字母组成时,可以只采用第一位字母进行组合,如"MS"表示同步电动机。辅助文字符号也可单独使用,如"ON"表示接通,"N"表示中性线等。

5. 补充文字符号的原则

① 在不违背前面所述原则的基础上,可采用国际标准中规定的电气技术文字符号。

② 在优先采取规定的单字母符号、双字母符号和辅助文字符号的前提下,可补充有关的双字母符号和辅助文字符号。

③ 文字符号应按有关电气名词术语国家标准或专业标准中规定的英文术语缩写而成。同一设备若有几种名称时,应选用其中一个名称。当设备名称、功能、状态或特征为一个英文单词时,一般采用该单词的第一位字母构成文字符号,需要

时也可用前两位字母，或前两个音节的首位字母，或采用常用缩略语或约定俗成的习惯用法构成。

④ 因 I、O 易与 1、0 混淆，因此，不允许单独作为文字符号使用。

（三）电气控制原理图的绘制原则

1. 目的和用途

电气控制原理图就是详细表示电路、设备或装置的全部基本组成部分和连接关系的工程图。主要用于便于读图者理解电路、设备或装置及其组成部分的作用原理；为测试和故障诊断提供信息；为编制接线图提供依据。

2. 绘图基本原则

根据简单清晰的原则，电气原理（电路）图采用电器元件展开的形式绘制。它包括所有电器元件的导电部件和接线端点，但并不按照电器元件的实际位置来绘制，也不反映电器元件的实际大小。因此，绘制电路图时一般要遵循以下基本规则：

① 电路图一般包含主电路和控制、信号电路两部分。为了区别主电路与控制电路，在绘制电路图时主电路（电机、电器及连接线等）用粗线表示，而控制、信号电路（电器及连接线等）用细线表示。通常习惯将主电路放在电路图的左边（或上部），而将控制电路放在右边（或下部）。

② 主电路（动力电路）中电源电路绘水平线；受电的动力设备（如电动机等）及其他保护电器支路，应垂直于电源电路绘制。

③ 控制和信号电路应垂直地绘于两条水平电源线之间，耗能元件（如接触器线圈、电磁铁线圈，信号灯等）应直接连接在接地或下方的水平电源线上，各种控制触头连接在上方水平线与耗能元件之间。

④ 在电路图中各个电器并不按照它实际的布置情况绘制，而是采用同一电器的各部件分别绘在它们完成作用的地方。

⑤ 无论主电路还是控制电路，各元件一般按照动作顺序自上而下、从左到右依次排列。

⑥ 为区别控制线路中各电器的类型和作用，每个电器及它们的部件用规定的图形符号表示，且每个电器有一个文字符号，属于同一个电器的各个部件（如接触器的线圈和触头）都用同一个文字符号表示，而作用相同的电器用规定的文字符号加数字序号表示。

⑦ 因为各个电器在不同的工作阶段分别作不同的动作，触点时闭时开，而在电路图内只能表示一种情况。因此，规定所有电器的触点均表示成在（线圈）没有通电或机械外力作用时的位置。对于接触器和电磁式继电器为电磁铁未吸合的位置，对于行程开关、按钮等则为未压合的位置。

⑧ 在电路图中两条以上导线的电气连接处要打一圆点,且每个接点要标一个编号,编号的原则是:靠近左边电源线的用单数标注,靠近右边电源线的用双数标注,通常都是以电器的线圈或电阻作为单、双数的分界线,故电器的线圈或电阻应尽量放在各行的一边(左边或右边)。

⑨ 对具有循环运动功能的机构,应给出工作循环图;万能转换开关和行程开关应绘出动作程序和动作位置。

⑩ 电路图应标出下列数据或说明:a. 各电源电路的电压值、极性或频率及相数;b. 某些元器件的特性(如电阻、电容器的参数值等);c. 不常用的电器(如位置传感器、电磁阀门、定时器等)的操作方法和功能。

(四) 电气控制线路的分析方法

分析的一般原则是:化整为零、顺藤摸瓜、先主后辅、聚零为整、安全保护和全面检查。常用的电气线路图的分析方法有两种:查线读图法和逻辑代数法。

1. 查线读图法(常用方法)

按照由主到辅,由上到下,由左到右的原则分析电气原理图。较复杂的图形,通常可以化整为零,将控制电路转化成几个独立环节分别分析,然后,再串为整体进行分析。查线读图法(又称为直接读图法或跟踪追击法)是对照电气控制线路图,根据生产过程的工作流程依次读图,一般按照以下步骤进行。

(1) 了解生产工艺与执行电器的关系

首先了解设备的基本结构、运行情况和操作方法,对设备有一个总体的了解,进而明确设备对电力拖动自动控制的要求,为读图做准备。

(2) 分析主电路

① 看清主电路中的用电设备。用电设备指消耗电能的用电器具或电气设备,看图首先要看清楚有几个用电器,它们的类别、用途、接线方式及一些不同要求等。

② 要弄清楚用电设备是用什么电器元件控制的。控制电气设备的方法很多,有的直接用开关控制,有的用各种启动器控制,有的用接触器控制。

③ 了解主电路中所用的控制电器及保护电器。前者是指除常规接触器以外的其他控制元件,如电源开关(转换开关及空气断路器)、万能转换开关。后者是指短路保护器件及过载保护器件,如空气断路器中电磁脱扣器及热过载脱扣器的规格、熔断器、热继电器及过电流继电器等元件的用途及规格。一般来说,对主电路作如上内容的分析以后,即可分析辅助电路。

④ 看电源。要了解电源电压等级,是 380 V 还是 220 V,是从母线汇流排供电还是由配电屏供电,或是从发电机组接出来的。

(3) 分析控制和辅助电路

① 看电源。首先看清电源的种类是交流还是直流。其次要看清辅助电路的

电源是从什么地方接来的及其电压等级为何。辅助电路中的一切电器元件的线圈额定电压必须与辅助电路电源电压一致,否则,电压低时电路元件不动作;电压高时则会把电器元件线圈烧坏。

② 了解控制电路中所采用的各种继电器、接触器的用途,如采用了一些特殊结构的继电器,还应了解他们的动作原理。

③ 根据辅助电路来研究主电路的动作情况。

对于控制电路的分析必须随时结合主电路的动作要求来进行,只有全面了解主电路对控制电路的要求以后,才能真正掌握控制电路的动作原理,不可孤立地看待各部分的动作原理,而应注意各个动作之间是否有互相制约的关系,如电动机正、反转之间应设有联锁等。

(4) 研究电器元件之间的相互关系

电路中的一切电器元件都不是孤立存在的而是相互联系、相互制约的。这种互相控制的关系有时表现在一条回路中,有时表现在几条回路中。

(5) 先化整为零再综合分析

分析电路时,根据不同部分的功能,将每一模块看懂。经过化整为零后,必须把功能相关的部分联系起来,全盘考虑,最后对整个电路进行综合分析。

2. 逻辑代数法

逻辑代数法是通过对电路逻辑表达式的运算来分析电路的,需要正确写出电路的逻辑表达式。其优点是能在逻辑表达式中全面清楚地表示各元器件之间的联系和制约关系。通过对逻辑表达式的具体运算,一般不会遗漏和看错电路的控制功能。但该方法也有缺点,对于复杂的电气线路,其逻辑表达式很繁杂,给分析带来不便。本书不讨论这一方法。

二、组成电气控制线路的基本环节

(一) 联锁控制的环节

1. 自锁控制

图 2.1 所示为三相异步电动机单向全压启动、停止控制线路。主电路由刀开关 QS、熔断器 FU、接触器 KM 的主触点、热继电器 FR 的热元件和电动机 M 构成。控制回路由常闭触点 FR、停止按钮 SB2、启动按钮 SB1、接触器线圈 KM 和常开触点 KM 组成,这也是最典型最好的启动、停止控制线路。

自锁控制的工作原理:启动时,合上 QS,按下按钮 SB1,则 KM 线圈有电,接触器 KM 吸合,主触点闭合,电动机接通电源开始全压启动,同时 KM 的辅助常开触点也闭合,使 KM 吸引线圈经两条路通电。这样,当松手让 SB1 复位跳开时,KM

线圈照样通电处于吸合状态,使电动机进入正常运行。这种依靠接触器自身的触点保持通电的现象称为自锁。

要使电动机停止运转,只要按一下停止按钮 SB2 即可,按下 SB1,线圈 KM 断电释放,则 KM 的主触点断开电源,电动机自停车到转速为零,同时辅助常开触点也断开,控制回路解除自锁,所以手松开按钮,控制回路也不能再自行启动。

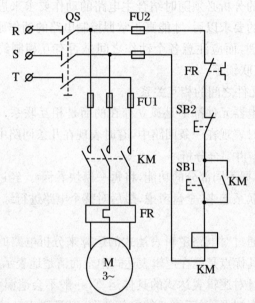

图 2.1 三相异步电动机单向全压启动、停止控制线路

2. 互锁控制

各种生产机械常常要求具有能够上下、左右、前后等相反方向运动的功能,这就要求电动机能正反向工作。三相异步电动机可借助正反向接触器改变定子绕组相序来实现正反向工作,其线路如图 2.2 所示。

当误操作同时按正反向按钮 SB2 和 SB3 时,若采用图 2.2(b)所示线路,将造成短路故障,如图中虚线所示,因此正反向工作间需要有一种联锁关系。通常采用如图 2.2(c)所示的电路,将其中一个接触器的常闭触点串入另一个接触器线圈电路中,则任一接触器线圈先带电后,即使按下相反方向按钮,另一接触器也无法得电,这种联锁通常称为"互锁",即二者存在相互制约的关系。图 2.2 (d)所示的电路可以实现不按停止按钮,直接按反向按钮就能使电动机反向工作的功能。

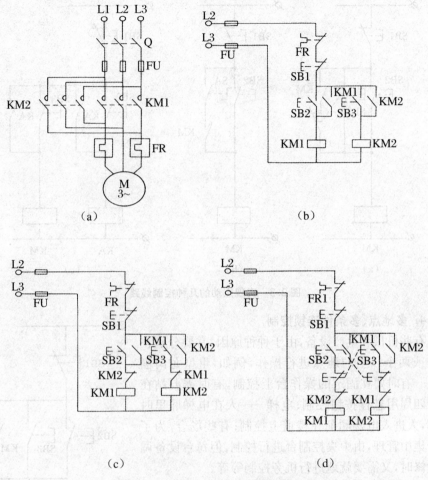

图 2.2　三相异步电动机正反控制线路

3. 点动与长动的联锁控制

在生产实践中,有的生产机械需要点动控制,有的生产机械既需要能正常工作,又需要能点动控制。图 2.3 列出了几种可以实现点动控制的控制线路,其主电路与图 2.1 相同。

图 2.3(a)中,通过按钮 SB3 常闭触点用来切断自锁电路实现点动。图 2.3(b)中所示的结构通过转换开关来进行控制,当转换开关 SA 合上,有自锁电路,SB2 为长动操作按钮;SA 断开,无自锁电路,SB2 为点动操作按钮。图 2.3(c)中所示的结构通过中间继电器 KA 来进行控制,按动 SB2、KA 通电自锁,KM 线圈通电,此状态为长动;按动 SB3、KM 线圈通电,但无自锁电路,为点动操作。

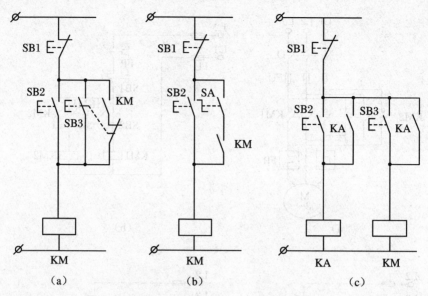

图 2.3　实现点动的几种控制线路

4．多地点、多条件连锁控制

有些机械和生产设备，由于种种原因，常要分别在
两个或两个以上的地点进行操作，例如，重型龙门刨
床——有时要在固定的操作台上控制，有时需要站在
机床四周用悬挂按钮控制；电梯——人在电梯厢里时
控制，人进入电梯厢前在楼道上控制；有些场合，为了
便于集中管理，由中央控制台进行控制，但每台设备调
整检修时，又需要就地进行机旁控制等等。

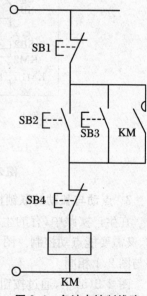

用一组按钮可在一处进行控制，不难推想，要
在两地进行控制，就应该有两组按钮，而且这两组
按钮的连接原则必须是：常开按钮要并联，常闭停
止按钮应串联。图 2.4 所示就是实现两地控制的
控制电路。这一原则也适用于三地或更多地点的
控制。

5．实现按顺序工作时的联锁控制

图 2.4　多地点控制线路

生产实践中常要求各种运动部件之间能够按顺序
工作。例如车床主轴转动时要求油泵先给齿轮箱供油润滑，即要求保证润滑泵电
动机启动后才启动主拖动电动机，也就是控制对象对控制线路提出了按顺序工作
的联锁要求。如图 2.5 所示为两台电动机顺序启动控制线路。在图 2.5 中所示电

路中,电动机在停止状态时,按下启动按钮 SB1,电流从 W 端经按钮 SB 及 SB1,接触器 KM1 的吸合线圈、热继电器 FR 的常闭触头到达电源的 U 端,接触器 KM1 通电吸合。当接触器 KM1 通电吸合后,按下 SB2,KM2 线圈才能通电,从而实现了先后控制。在接触器 KM2 通电吸合的情况下,按下 SB1,接触器 KM1 也不能吸合。

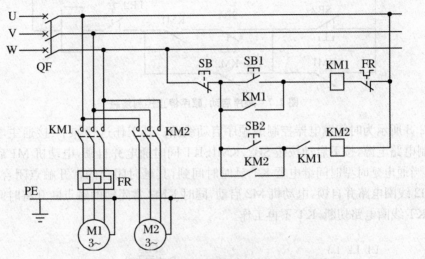

图 2.5 两台电动机顺序启动、同时停止控制线路

图 2.6 所示为两台电动机顺序启动、逆序停止控制线路。图 2.7 所示为两台电动机顺序启动、顺序停止控制线路。

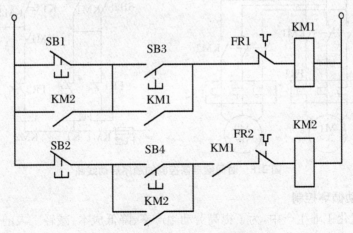

图 2.6 顺序启动、逆序停止控制线路

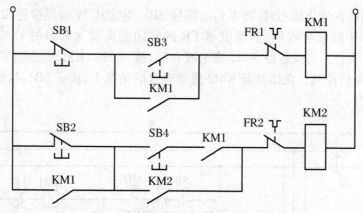

图 2.7　顺序启动、顺序停止控制线路

图 2.8 所示为时间继电器控制的顺序启动线路。其工作过程如下:接通主电路与控制电路电源,按下启动按钮 SB2,KM1、KT 同时通电并自锁,电动机 M1 启动运转,当通电延时型时间继电器 KT 延时时间到,其延时闭合的常开触点闭合,接通KM2 线圈电路并自锁,电动机 M2 启动,同时 KM2 常闭辅助触点断开将时间继电器 KT 线圈电路切断,KT 不再工作。

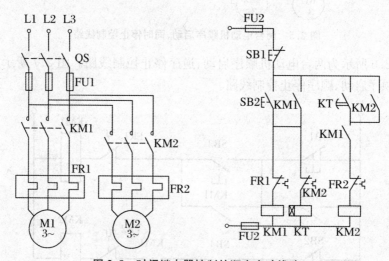

图 2.8　时间继电器控制的顺序启动线路

6. 自动循环控制

在现代化工业生产中,为了提高劳动生产率、降低成本、减轻工人的劳动负担,要求实现整个生产工艺过程全盘自动化。例如,机床的自动进刀、自动退刀、工作台往复循环等加工过程自动化,高炉实现整个炼铁过程的自动化等等。由于自动化程度的提高,只用简单的联锁控制已不能满足要求,需要根据工艺过程特点进行控制。下面以钻孔加工过程自动化为例介绍自动循环控制线路。

图 2.9 所示的控制电路的工作过程如下：接触器 KM1 的吸合线圈通电时，电动机正转，生产机械的运动部件向右位移，位移到终端，撞块与行程开关 SQ2 相碰，行程开关 SQ2 的常闭触头断开，切断了接触器 KM1 的吸合线圈所在的支路，接触器 KM1 断电释放；同时，SQ2 的常开触头闭合，短接 SB2 按钮，只要接触器的常闭触头 KM1 复位，接触器 KM2 的吸合线圈所在的回路就接通，电动机将直接反向启动。

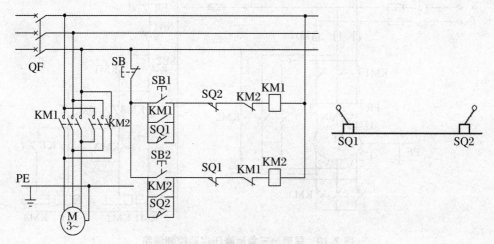

图 2.9 刀架自动循环的控制线路

（二）按控制过程的变化参量进行控制的环节

任何一个生产过程的进行，总伴随着一系列的参数变化，如机械位移、温度、流量、压力、电流、电压、转矩等。原则上说，只要能检测出这些物理量，便可用它来对生产过程进行自动控制。对电气控制来说，只要选定某些能反映生产过程中的参数变化的电器元件，例如各种继电器和行程开关等，由它们来控制接触器或其他执行元件，实现电路的转换或机械动作，就能对生产过程进行控制。常见的有按时间变化、转速变化、电流变化、位置变化参量进行控制的电路，分别称为时间、速度、电流和行程原则的自动控制。

1. 时间原则控制

（1）星形（Y）—三角形（△）降压启动控制线路

正常运行时定子绕组接成三角形的笼形三相异步电动机可采用星形—三角形降压启动方法达到限制启动电流的目的。启动时，定子绕组首先接成星形，待转速上升到接近额定转速时，再将定子绕组的接线换接成三角形，电动机便进入全电压正常运行状态。因功率在 4 kW 以上的三相笼形异步电动机均为三角形接法，故都可以采用星形—三角形启动方法。图 2.10 所示为星形—三角形降压启动控制线路。

在图 2.10 中,电路实现降压原理是:启动时,电动机定子绕组星形连接,运行时三角形连接。在主电路中,当接触器 KM1、KM3 主触头闭合时,电机实现星形启动;当接触器 KM1、KM2 主触头闭合时,电机实现△运行。

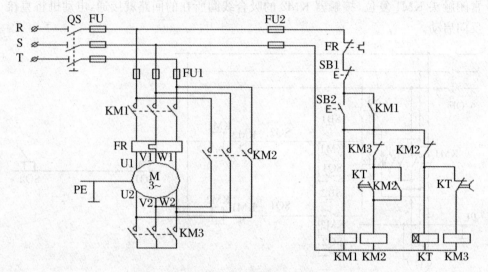

图 2.10　星形—三角形降压启动控制线路

Y —△ 降压启动过程分析:合上空气开关 QS,按下启动按钮 SB2,接触器 KM1 线圈通电自锁,KM1 常开触头闭合。同时,接触器 KM3 线圈与时间继电器 KT 线圈通电,则电机 M 作 Y 接启动;当时间继电器 KT 线圈通电延时到时,其常闭触点断开,常开触点闭合,则接触器 KM3 线圈断电,其常闭触点闭合,则 KM2 线圈通电自锁,KM2 主触头闭合,电机 M 作三角形接行。同时 KT 线圈断电复位。

（2）自耦变压器降压启动控制线路

补偿器降压启动是利用自用变压器来降低启动电压,达到限制启动电流的目的,常用于大容量笼形异步电动机的启动控制。图 2.11 所示为自耦变压器降压启动控制线路。电动机启动的时候,定子绕组得到的电压是自耦变压器的副边电压,一旦启动完毕,切断自耦变压器电路,把额定电压直接加在电动机的定子绕组上,电动机进入全压正常运行。

（3）定子绕组串电阻降压启动控制线路

为了有效降低电机的启动电流,最好的办法就是降低启动电压。定子串电阻降压启动是电动机启动时在三相定子电路串接电阻,使得加在定子绕组上的电压降低,启动结束后再将电阻短接,电动机在额定电压下正常运行。这种启动方式由于不受电动机接线形式的限制,设备简单,因而在中小型生产机械中应用较广。图 2.12 所示即为定子绕组串电阻降压启动控制线路图。

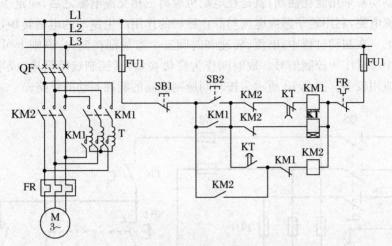

图 2.11　自耦变压器降压启动控制线路

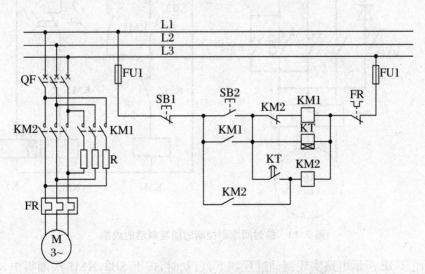

图 2.12　定子绕组串电阻降压启动控制线路

工作过程如下:合上空气开关 QF,按启动按钮 SB2,接触器 KM1 线圈通电,KM1 主触头闭合,定子绕组串电阻减压启动,同时时间继电器开始计时。当时间继电器计时时间到,触点动作,常开触点吸合,接触器 KM2 线圈得电,KM2 主触头闭合,同时 KM2 辅助常闭触头断开 KM1 线圈回路,电动机工作在全压运行状态,串电阻降压启动过程结束。

（4）异步电动机的能耗制动控制线路

电动机的电磁转矩与旋转方向相反的运行状态是电气制动状态。笼形异步电动机的制动常采用能耗制动，就是在电动机脱离三相交流电源之后，向定子绕组内通入直流电流，利用转子感应电流与静止磁场的作用产生制动的电磁转矩，达到制动的目的。在制动过程中，电流、转速和时间三个参量都在变化，原则上可以任取其中一个参量作为控制信号。取时间作为变化量，其控制线路简单、成本较低，故实际应用较多。图 2.13 所示为按时间原则控制的能耗制动的线路。

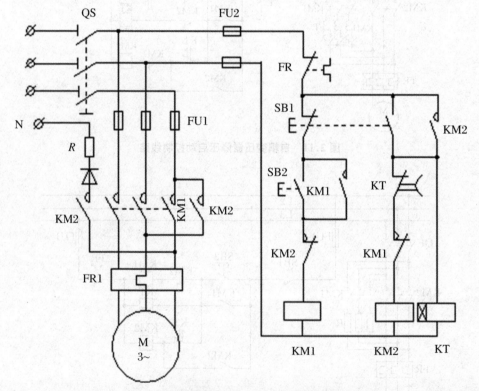

图 2.13　按时间原则控制的能耗制动的线路

图 2.13 所示电路实现制动过程如下：启动时，按下 SB2，KM1 线圈得电，其常开主触点和常开辅助触点闭合，自锁形成，电机运行。制动时，按下复合按钮 SB1，其常闭按钮先断开，KM1 线圈断电，KM1 主触点断开，KM1 的常闭辅助触点复位（闭合），为制动做好准备；之后 SB1 的常开按钮闭合，KT 线圈得电，同时 KM2 线圈得电，KM2 的常开辅助触点闭合，自锁形成，KM2 的常开主触点闭合，向定子绕组内通入直流电流，制动开始；经一定时间的延时后，KT 的延时断开常闭触点动作（断开），KM2 的常开辅助触点复位（断开），自锁解除，KM2 和 KT 的线圈断电，

KM2 的常开主触点复位,制动结束。

2.速度原则控制

速度原则控制取转速为变化参量。速度继电器是检测转速和转向的自动电器,也是速度控制的基本电器。利用速度原则可以实现电动机反接制动和能耗制动的自动控制以及电动机的低速脉动控制等。

(1)速度原则控制的单向能耗制动

图 2.14 所示为速度原则控制的单向能耗制动控制线路,速度继电器要求在120~3 000 r/min 范围触点动作;在低于 100 r/min 时触点复位。

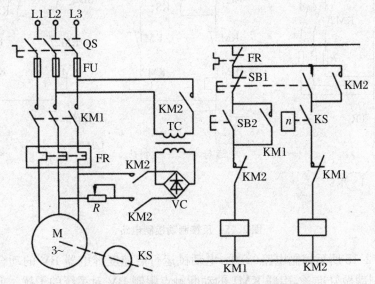

图 2.14　速度原则控制的单向能耗制动控制线路

图 2.14 所示电路控制过程分析如下:按下 SB2,KM1 得电并自锁,电机运行,由于速度大于 120 r/min,而速度继电器在 120~3000 r/min 范围触点动作;在低于 100 r/min 时触点复位。速度继电器 KS 的常开触点闭合,为制动做好准备。制动时,按下按钮 SB1 时,接触器 KM1 线圈断电,KM1 主触头断开,切断电机供给的交流电源;同时接触器 KM2 线圈得电,KM2 主触头闭合,向电机输入直流电,电机能耗制动开始,转速降低,当转速降低到小于 100 r/min 时,KS 触点复位(断开),KM2 线圈失电,KM2 主触头断开,停止向电机供直流电,制动结束。

(2)反接制动

异步电动机反接制动有两种,一种是在负载转矩作用下使电动机反转的倒拉反转反接制动,这种方法不能准确停车。另一种是改变三相异步电动机定子绕组中三相电源的相序,实现反接制动。

　　在反接制动控制电路中,停车时,首先切换电动机定子绕组三相电源相序,产生与转子转动方向相反的转矩,因而起制动作用。电动机的转速下降接近零时,及时断开电动机的反接电源。图 2.15 所示为电机反接制动控制线路。

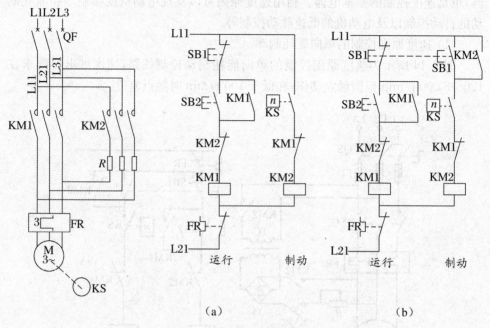

图 2.15　反接制动控制电路

　　在图 2.15 所示控制电路(a)中,电动机运行后速度继电器 BV 的动合触点已闭合,为制动做好准备,串联 KM1 的动断触点限制 BV 对系统的干扰。但也存在以下问题:停车期间,用手转动机床主轴调整工件,速度继电器的转子随着转动,一旦达到速度继电器动作值,接触器 KM2 得电,电动机接通电源发生制动作用,不利于调整。在图 2.15 所示控制电路(b)中,复合停止按钮 SB1 动合触点上并联 KM2 的自锁触点。用手转动电动机轴时,不按停止按钮 SB1,KM2 就不会得电,电动机也就不会反接于电源。

　　反接制动电流约为启动电流的两倍,主电路制动回路中串入限流电阻 R,防止制动时对电网的冲击和电动机绕组过热。电动机容量较小且制动不是很频繁的正反转控制电路中,为简化电路,可以不加限流电阻。

3. 电流原则控制

　　电流原则控制取电流为变化参量,电流继电器是电流原则控制的基本电器。电流继电器可在线圈中的电流达到某一整定值时动作,或在电流降低到某一整定值时释放。按电流原则,可以实现过电流或欠电流保护、电动机的分级启动和夹紧力的自动控制等。

（1）电动机夹紧机构的控制线路

图 2.16 所示的是横梁夹紧机构的自动控制线路。其中接触器 KM1 控制电动机 M 正转为夹紧，接触器 KM2 控制电动机 M 反转为放松。行程开关 SQ 用于夹紧和放松状态检查，电流继电器 KI 用于根据电动机的电流大小检查夹紧力。放松到位时压动行程开关 SQ，夹紧机构的螺母滑块移到左端极限位置。

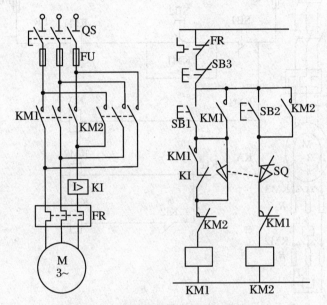

图 2.16　横梁夹紧机构的自动控制线路

图 2.16 所示电路控制过程如下：要夹紧时，按下夹紧按钮 SB1，由于此时行程开关 SQ 的常开触点是被压合的，所以接触器 KM1 线圈通电并自锁，电动机正转启动，滑块右移。在启动的瞬间，启动电流很大，虽然电流继电器 KI 动作，但因行程开关 SQ 仍被压着，不影响 KM1 的通电。当滑块移动一段距离时，电动机启动完毕，启动电流迅速减小使电流继电器复位，这时改由 KI 的常闭触点和 KM1 的另一闭合的常开触点串联来保持 KM1 的线圈继续通电，行程开关 SQ 也复位了。随着滑块继续右移和机械的动作，夹紧开始。夹紧力上升使电流增大到预定值，电流继电器动作，其常闭触点断开使 KM1 断电，电动机正转停止，夹紧结束。要放松时，按下按钮 SB2，接触器 KM 2 通电并自锁，电动机反转，滑块左移，开始放松。放松到位时压下行程开关 SQ，其常闭触点断开，使 KM2 断电，电动机停止，放松结束。

（2）电流继电器控制异步电动机启动

图 2.17 所示为采用电流继电器控制异步电动机启动线路。电路中的控制电

流是根据电动机转子电流的变化,利用电流继电器来自动切除转子绕组中串入的
外加电组。

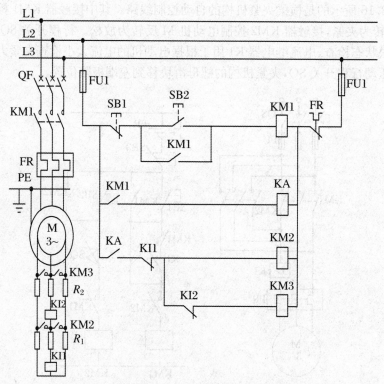

图 2.17　采用电流继电器控制异步电动机启动线路

（三）电气控制系统中的保护环节

1. 短路保护

电路发生短路时的危害,短路电流会引起电气设备绝缘损坏和产生强大的电
动力,使电动机和电路中的各种电气设备产生机械性损坏。图 2.18 所示为短路保
护的电路。图 2.18(a)所示为采用熔断器作短路保护的电路,图 2.18(b)所示为采
用断路器作为短路保护和过载保护的电路。若主电动机容量较小,主电路中的熔
断器可同时作为控制电路的短路保护若主电动机容量较大,则控制电路一定要单
独设置短路保护熔断器。若主电路采用三相四线制或对变压器采用中性点接地的
三相三线制的供电电路中,必须采用三相短路保护。

2. 过电流保护

不正确的启动和过大的冲击负载,常常引起电动机出现很大的过电流。过电
流的危害,导致电机损坏,引起过大的电动机转矩,使机械的转动部件受到损坏。
图 2.19 所示为过电流保护电路。图 2.19(a)所示是过电流保护用在绕线转子异步

电动机的限流启动电路。图 2.19(b)为笼形电动机工作时的过电流保护电路。工作原理：当电动机启动时，时间继电器 KT 的动断触点仍闭合，动合触点尚未闭合，过电流继电器 KI 的线圈不接入电路。启动结束后，KT 动断触点断开，动合触点闭合，KI 线圈得电，开始起保护作用。工作过程中，某种原因而引起过电流时，TA 输出电压增加，KI 动作，其动断触点断开，电动机便停止运转。

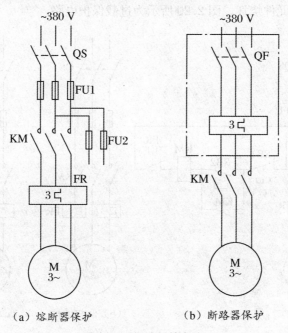

（a）熔断器保护　　　　　　　（b）断路器保护

图 2.18　短路保护电路

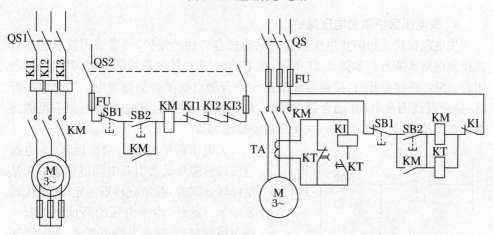

（a）绕线转子电动机过电流保护　　　　（b）笼形电动机过电流保护

图 2.19　过流保护电路

3. 过载保护

电动机长期超载运行对其自身损害很大,会导致绕组的温升超过额定值而损坏,因此常采用热继电器作为过载保护元件。在使用热继电器作过载保护时,还必须安装熔断器或过流继电器配合使用。由于热惯性的缘故,热继电器不会因受短路电流的冲击而瞬时动作。但当有 8~10 倍额定电流通过热继电器时,有可能使热继电器的发热元件烧坏。图 2.20 所示为过载保护电路。

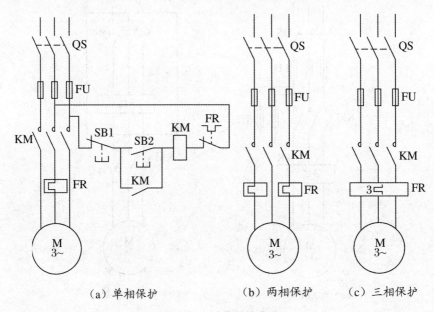

（a）单相保护　　（b）两相保护　　（c）三相保护

图 2.20　过载保护电路

4. 失电压保护和欠电压保护

失电压保护是指防止电压恢复时电动机自启动的保护,通常采用接触器的自锁控制电路来实现。如图 2.21 所示,按下按钮 SB2,接触器线圈得电,其动合触点闭合。SB2 按钮松开后,接触器线圈由于动合触点的闭合仍然得电。当电源断开时,接触器线圈失电,其动合触点断开,故当恢复通电时,接触器线圈便不可能得电。要使接触器工作,必须再次按压启动按钮 SB2。

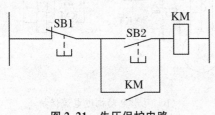

图 2.21　失压保护电路

欠电压保护是在电动机运转时,电源电压过分地降低会引起电动机转速下降甚至停转。同时,在负载转矩一定时,电流就要增加。此外,由于电压的降低将引起一些电器的释放,造成电路不正常工作,可能产生事故。因此需要在电压下降达到最小允许电压值时将电动机电源切除,这就叫欠电压保护。当电源电压过低或消失时,电压继电器就释放,从而切断控制回路,电压再恢复时,要重新启动才能工作。一般采用电压继电器来进行零电压和欠电压保护。电压继电器的吸合电压通常整定为 0.8~0.85 URT,继电器的释放电压通常整定为 0.5~0.7 URT。

第二节　电气控制线路图设计的基本方法

一、电气控制线路图设计的基本内容

① 拟订设计任务书。
② 选择拖动方案和控制方式。
③ 设计电气原理图及合理选择元件(原理设计)。
④ 绘制电气安装接线图(工艺设计)。
⑤ 汇总资料,编写说明书。

二、电气控制线路图设计方法

电气控制线路图设计方法有两种:经验设计法和逻辑代数设计法。

1. 经验设计法

电气控制设计的内容包括主电路、控制电路和辅助电路的设计。

① 根据生产机械的要求,选用典型环节,将它们有机地组合起来,并加以补充修改,综合成所需的控制电路。

② 没有典型环节,可以根据工艺要求自行设计,采用边分析边画图的方法,不断增加电器元件和控制触点,以满足给定的工作条件和要求。

③ 经验设计的特点:设计方法简单易于掌握,使用广泛;要求设计者有一定的设计经验,需要反复修改图纸,设计速度较慢;设计程序不固定,一般需要进行模拟实验;难以获得最佳设计方案。

2. 逻辑设计法

利用逻辑代数,从生产工艺出发,考虑控制电路中逻辑变量关系,在状态波形图的基础上,按照一定的设计方法和步骤,设计出符合要求的控制电路。该方法设计出的电路较为合理、精练可靠,特别在复杂电路设计时,可以显示出逻辑设计法的设计优点。

三、设计电路时注意事项

① 设计电气原理图时,要考虑工程施工的要求。

例如图 2.22 所示的双控电路,图(b)与图(a)相比,具有节省连接导线、可靠性高的优点。

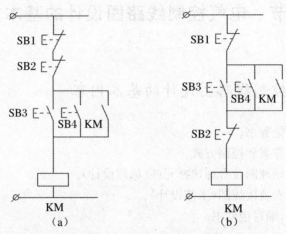

图 2.22　双控电路

② 减少控制触点,提高可靠性。

例如图 2.23 所示的控制电路:图(a)的电路中,继电器线圈电流需要依次流过多个触点;图(b)所示的控制电路每一个继电器线圈电流仅流过一个触点,可靠性更高。

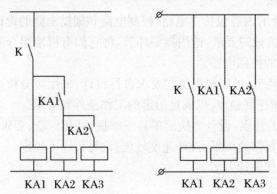

图 2.23　控制电路

③ 防止出现竞争现象。

例如:图 2.24(a)所示为反身自停电路,存在电气导通的竞争现象。图 2.24(b)所示为无竞争的反身自停电路。

④ 在控制线路中应该避免出现寄生电路。

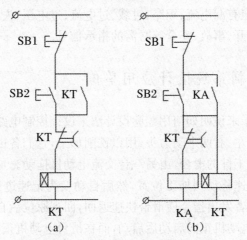

图 2.24　反身自停电路

寄生电路是指在电路动作过程中意外接通的电路,例如图 2.25 所示的具有指示灯 HL 和热保护的正反向电路。

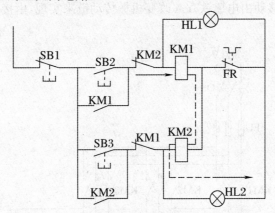

图 2.25　寄生电路

图 2.25 中所示电路正常工作时,能完成正反向启动、停止和信号指示。当热继电器 FR 动作时,电路就出现了寄生电路,如图 2.25 中虚线所示,使正向接触器 KM1 不能有效释放,起不了保护作用。

⑤ 尽可能减少电器数量,采用标准件和相同型号的电器。

⑥ 在频繁操作的可逆电路中,正反向接触器之间不仅要有电气联锁,而且还有机械联锁。

⑦ 设计的线路应适用于所在电网的质量和要求。

⑧ 在线路中采用小容量继电器触点来控制大容量接触器的线圈。

⑨ 要有完善的保护措施。

常用的保护措施有漏电流、短路、过载、过电流、过电压、失电压等保护环节,有时还应设有合闸、断开、事故、安全等必需的指示信号。

四、电气控制系统设计应用举例

通过下面的例子来说明如何用经验设计法来设计控制电路。

例题:某机床有左、右两个动力头,用以铣削加工,它们各由一台交流电动机拖动;另外有一个安装工件的滑台,由另一台交流电动机拖动。加工工艺是在开始工作时,要求滑台先快速移动到加工位置,然后自动变为记速进给,进给到指定位置自动停止,再由操作者发出指令使滑台快速返回,回到原位后自动停车。要求两动力头电动机在滑台电动机正向启动后启动,而在滑台电动机正向停车时也停车。

1.主电路设计

动力头拖动电动机只要求单方向旋转,为使两台电动机同步启动,可用一只接触器 KM3 控制。滑台拖动电动机需要正转、反转,可用两只接触器 KM1、KM2 控制。滑台的快速移动由电磁铁 YA 改变机械传动链来实现,由接触器 KM4 来控制(图 2.26)。

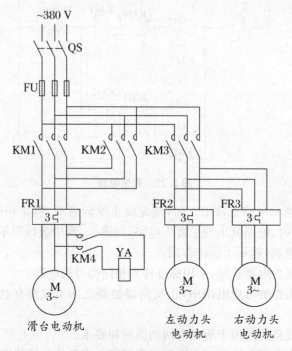

图 2.26　主电路

2. 控制电路设计

滑台电动机的正转、反转分别用两个按钮 SB1 与 SB2 控制,停车则分别用 SB3 与 SB4 控制。由于动力头电动机在滑台电动机正转后启动,停车时也停车,故可用接触器 KM1 的常开辅助触点控制 KM3 的线圈,如图 2.27(a)所示。滑台的快速移动可采用电磁铁 YA 通电时,改变凸轮的变速比来实现。滑台的快速前进与返回分别用 KM1 与 KM2 的辅助触点控制 KM4,再由 KM4 触点去通断电磁铁 YA。滑台快速前进到加工位置时,要求慢速进给,因而在 KM1 触点控制 KM4 的支路上串联限位开关 SQ3 的常闭触点。此部分的辅助电路如图 2.27(b)所示。

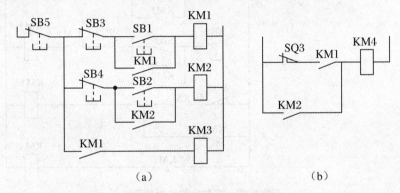

（a）　　　　　　　　　　　　　　（b）

图 2.27　控制电路初步电路图

3. 联锁与保护环节设计

用限位开关 SQ1 的常闭触点控制滑台慢速进给到位时的停车;用限位开关 SQ2 的常闭触点控制滑台快速返回至原位时的自动停车。接触器 KM1 与 KM2 之间应互相联锁,三台电动机均应用热继电器作过载保护(图 2.28)。

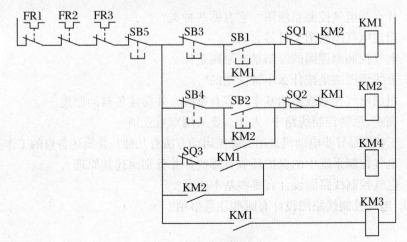

图 2.28　控制电路图

4．电路的完善

电路初步设计完后，可能还有不够合理的地方，因此需仔细校核。一共用了三个 KM1 的常开辅助触点，而一般的接触器只有两个常开辅助触点。因此，必须进行修改。从电路的工作情况可以看出，KM3 的常开辅助触点完全可以代替 KM1 的常开辅助触点去控制电磁铁 YA，修改后的辅助电路如图 2.29 所示。

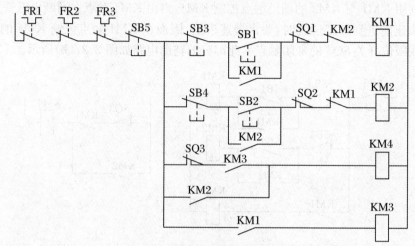

图 2.29　控制电路和辅助图

习题与思考题

1．什么是电气控制系统图？它有哪些种类？

2．简述电气图的图文符号含义。

3．电气控制原理图的绘制基本原则是什么？

4．查线读图法是按什么步骤读图的？

5．组成电气控制线路的基本环节有哪些？并简述各自的原理。

6．在正、反转控制线路中，为什么要采用双重互锁？

7．三相笼形异步电动机常用的降压启动方法有几种？并简述各自的工作原理。

8．电气控制系统中的保护环节有哪些？并分别简述其原理。

9．电气控制线路图设计有哪些基本内容？

10．电气控制线路图设计有哪些注意事项？

第三章　电气控制在生产中的应用

本章通过分析典型设备的电气控制系统,一方面进一步学习掌握电气控制电路的组成以及各种基本控制电路在具体的电气控制系统中的应用,同时学习掌握分析电气控制电路的方法,提高阅读电路图的能力,巩固电气控制系统设计的知识;另一方面通过了解一些具有代表性的典型设备电气控制系统及其工作原理,为实际工作中对设备电气控制电路的分析、调试及维护作参考。此外,本章所引入的工程实例对电气控制系统的设计过程具有普遍的指导意义。

第一节　CA6140 型卧式车床的电气控制系统

中小型车床对电气控制具有以下要求:

① 主拖动电动机一般选用三相笼形异步电动机,为满足调速设计要求,采用机械变速。主轴要求正反转,小型车床主轴的正反转由拖动电动机正反转来实现;当拖动电动机容量较大时,可由摩擦离合器来实现主轴正反转,电动机只作单向旋转。一般中小型车床的主轴电动机均采用直接启动方式启动。当电动机容量较大时,常采用星形—三角形降压启动。停车时为实现快速停车,一般采用机械或电气制动。

② 切削加工时,刀具与工件温度较高时需要用切削液进行冷却。为此,设有一台冷却泵电动机,且与主轴电动机有着联锁关系,即冷却泵电动机应在主轴电动机启动后方可选择启动与否;当主轴电动机停止时,冷却泵电动机便立即停止。

③ 快速移动电动机采用点动控制,单方向旋转,靠机械结构实现不同方向的快速移动。

④ 电路应具有必要的保护环节、安全可靠的照明电路及信号指示。

CA6140 型卧式车床的电气控制电路如图 3.1 所示,对图中 CA6140 型卧式车床电气控制电路作如下分析。

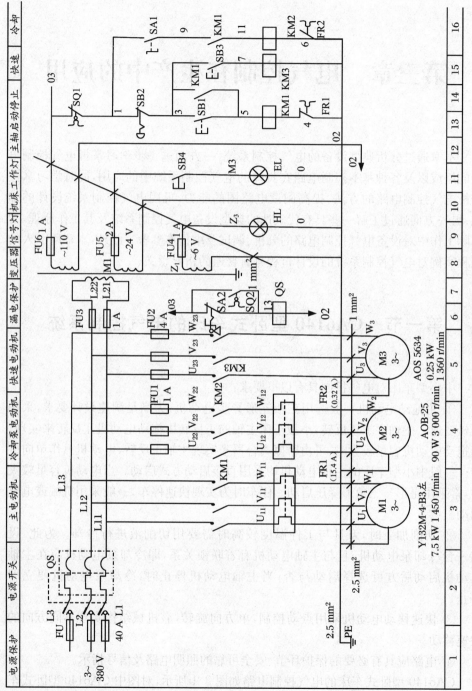

图3.1 CA6140型卧式车床电气控制电路

1．主电路分析

主电路中共有三台电动机，图 3.1 中的 M1 为主轴电动机，用以实现主轴旋转和进给运动；M2 为冷却泵电动机；M3 为溜板快速移动电动机。M1、M2、M3 均为三相异步电动机，容量均小于 10 kW，全部采用全压直接启动，皆由交流接触器控制单向旋转。

M1 电动机由启动按钮 SB1、停止按钮 SB2 和接触器 KM1 构成电动机单向连续运转控制电路。主轴的正反转由摩擦离合器改变传动来实现。

M2 电动机是在主轴电动机启动之后，扳动冷却泵控制开关 SA1 来控制接触器 KM2 的通断，实现冷却泵电动机的启动与停止的。由于 SA1 开关具有定位功能，故不需自锁。

M3 电动机由装在溜板箱上的快慢速进给手柄内的快速移动按钮 SB3 来控制 KM3 接触器，从而实现 M3 的点动。操作时，先将快速进给手柄扳到所需的移动方向，再按下 SB3 按钮，即实现该方向的快速移动。

三相电源通过转换开关 QS1 引入，FU1 和 FU2 作短路保护。主轴电动机 M1 由接触器 KM1 控制启动，热继电器 FR1 为主轴电动机 M1 的过载保护。冷却泵电动机 M2 由接触器 KM2 控制启动，热继电器 FR2 为冷却泵电动机 M2 的过载保护。溜板快速移动电机 M3 由接触器 KM3 控制启动。

2．控制电路分析

控制回路由变压器 TC 副边输出 110 V 电压提供电源，采用 FU3 作短路保护。

① 主轴电动机的控制：按下启动按钮 SB2，接触器 KM1 的线圈获电动作，其主触头闭合，主轴电动机 M1 启动运行。同时 KM1 的自触头和另一副常开触头闭合。按下停止按钮 SB1，主轴电动机 M1 停车。

② 冷却泵电动机的控制：如果车削加工过程中，工艺需要使用冷却液时，合上开关 QS2，在主轴电动机 M1 运转情况下，接触器 KM1 线圈获电吸合，其主触头闭合，冷却泵电动机获电运行。由电气原理图可知，只有当主轴电动机 M1 启动后，冷却泵电动机 M2 才有可能启动，当 M1 停止运行时，M2 也就自动停止。

③ 溜板快速移动电动机的控制：溜板快速移动电动机 M3 的启动是由安装在进给操纵手柄顶端的按钮 SB3 来控制，它与中间继电器 KM3 组成点动控制环节。将操纵手柄扳到所需要的方向，压下按钮 SB3，继电器 KM3 获电吸合，M3 启动，溜板就向指定方向快速移动。

3．照明、信号灯电路分析

控制变压器 TC 的副边分别输出 24 V 和 6 V 电压，作为机床低压照明灯和信号灯的电源。EL 为机床的低压照明灯，由开关 SA 控制；HL 为电源的信号灯，采用 FU4 作短路保护。

4. 电路的保护环节

① 电路电源开关是带有开关锁 SA2 的断路器 QS。机床接通电源时需用钥匙开关操作,再合上 QS,增加了安全性。需要送电时,先用开关钥匙插入 SA2 开关锁中并右旋,使 QS 线圈断电,再扳动断路器 QS 将其合上,此时,机床电源送入主电路 380 V 交流电压,并经控制变压器输出 110 V 控制电路、24 V 安全照明电路、6 V 信号灯电压。断电时,若将开关锁 SA2 左旋,则触头 SA2(03-13)闭合,QS 线圈通电,断路器 QS 断开,机床断电。若出现误操作,QS 将在 0.1 s 内再次自动跳闸。

② 打开机床控制配电盘壁箱门,自动切除机床电源的保护。在配电盘壁箱门上装有安全行程开关 SQ2,当打开配电盘壁箱门时,安全开关的触头 SQ2(03-13)闭合,将使断路器 QS 线圈通电,断路器 QS 自动跳闸,断开机床电源,以确保人身安全。

③ 机床床头皮带罩处设有安全开关 SQ1,当打开皮带罩时,安全开关触头 SQ1(03-1)断开,将接触器 KM1、KM2、KM3 线圈电路切断,电动机将全部停止旋转,确保了人身安全。

④ 为满足打开机床控制配电盘壁箱门进行带电检修的需要,可将 SQ2 安全开关传动杆拉出,使触头 SQ2(03-13)断开,此时 QS 线圈断电,QS 开关仍可合上。当检修完毕,关上壁箱门后,将 SQ2 开关传动杆复位,SQ2 保护作用照常起作用。

⑤ 电动机 M1、M2 由热继电器 FR1、FR2 实现电动机长期过载保护;断路器 QS 实现全电路的过流、欠电压保护及热保护;熔断器 FU、FU1 至 FU6 实现各部分电路的短路保护。

此外,还设有 EL 机床照明灯和 HL 信号灯进行刻度照明。

通过以上分析可以看出,CA6140 型卧式车床电气控制电路具有如下两个主要特点:

① 机床由三台电动机拖动,全部单方向旋转,主轴旋转方向的改变、进给方向的改变、快速移动方向的改变都靠机械传动关系的改变来实现。

② 具有完善的人身安全保护环节。设有带钥匙的电源断路器 QS、机床床头皮带罩处的安全开关 SQ1、机床控制配电箱门上的安全开关 SQ2 等。

CA6140 型卧式车床电气控制电路中各元件的型号、规格、数量、用途等如表 3.1 所示。

表 3.1　CA6140 型卧式车床电气控制电路中各元件的技术数据

代号	名称	型号及规格	数量	用途
M1	主轴电动机	Y132M-4-B3，7.5 kW，1 450 r/min	1	主传动用
M2	冷却泵电动机	AOB-25，90 W，3 000 r/min	1	输送冷却液用
M3	快速移动电动机	AOS5634，250 W，1 360 r/min	1	溜板快速移动用
FR1	热继电器	JR16-20/2D，15.4 A	1	M1 的过载保护
FR2	热继电器	JR16-20/2D，0.32 A	1	M2 的过载保护
FU	熔断器	RL1-10，55×78、35 A	3	总电路短路保护
FU1，FU2	熔断器	RL1-10，55×78、25 A	6	M2，M3 及主电路短路保护
FU3	熔断器	RL1-10，55×78、25 A	2	变压器短路保护
FU4	熔断器	RL1-15，5 A	1	照明电路保护
FU5	熔断器	RL1-15，5 A	1	指示灯电路保护
FU6	熔断器	RL1-15，5 A	1	控制电路保护
KM	交流接触器	CJ20-20，线圈电压 110 V	3	控制 M1
KA1	中间继电器	JZ7-44，线圈电压 110 V	1	控制 M2
KA2	中间继电器	JZ7-44，线圈电压 111 V	1	控制 M3
SB1	按钮	LAY3-01ZS/1	1	停止 M1
SB2	按钮	LAY3-10/3.11	1	启动 M1
SB3	按钮	LA9	1	启动 M3
SB4	按钮	LAY3-10X/2	1	控制 M2
SQ1	位置开关	JWM6-11	2	断电保护
HL	信号灯	ZSD-0.6 V	1	照明
QS	断路器	AM2-40，20 A	1	电源引入
TC	控制变压器	JBK2-100，380 V/110 V/24 V/6 V	1	改变交流电压

第二节　塔式起重机的电气控制系统

　　塔式起重机简称塔机，具有回转半径大，提升高度高、操作简单、容易等优点，是建筑行业中普遍使用的一种起重机械。塔机外形如图 3.2 所示，由金属结构部分、机械传动部分、电气系统和安全保护装置组成。电气系统由电动机、控制系统、照明系统组成。通过操作控制开关完成重物升降、塔臂回转和小车行走操作。

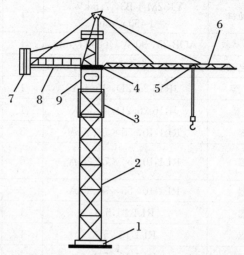

1. 机座；2. 塔身；3. 顶升机构；4. 回转机构；5. 行走小车；
6. 塔臂；7. 驾驶室；8. 平衡臂；9. 配重

图 3.2　塔式起重机外形示意图

塔机又分为轨道行走式、固定式、内爬式、附着式、平臂式、动臂式等,目前建筑施工和安装工程中使用较多的是上回转自升固定平臂式塔机。下面以 QTZ80 型塔式起重机为例,对电气控制原理进行分析。

1. 主回路

QTZ80 型塔式起重机主回路部分电路如图 3.3 所示。

2. 小车行走控制

小车行走控制线路如图 3.4 所示。操纵小车控制开关 SA3,可控制小车以高、中、低三种速度向前、向后行进。此控制线路具有 3 种线路保护:

① 终点极限保护:当小车前进(后退)到终点时,终点极限开关 4SQ1(4SQ2)断开,控制线路中前进(后退)支路被切断,小车停止行进。

② 临近终点减速保护:当小车行走临近终点时,限位开关 4SQ3、4SQ4 断开,中间继电器 4KA1 失电,中速支路、高速支路同时被切断,低速支路接通,电动机低速运转。

③ 力矩超限保护:力矩超限保护接触器 1KM2 常开触头接入向前支路,当力矩超限时,1KM2 失电,向前支路被切断,小车只能向后行进。

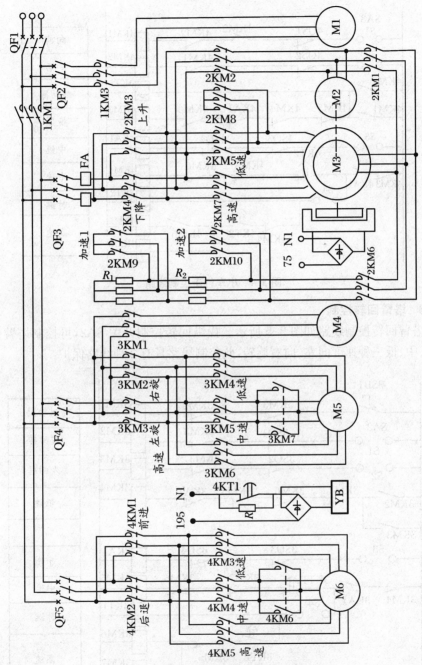

图 3.3 QTZ80 塔式起重机电气控制主线路

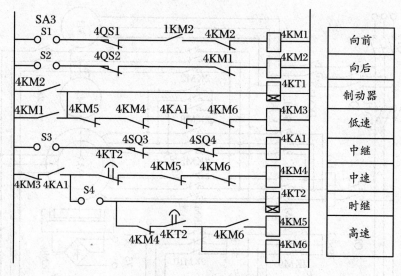

图 3.4　小车行走控制线路

3. 塔臂回转控制

塔臂回转控制线路如图 3.5 所示。操纵回转控制开关 SA2,可控制塔臂分别以高、中、低三种速度向左、向右旋转,此控制线路具有 2 种线路保护:

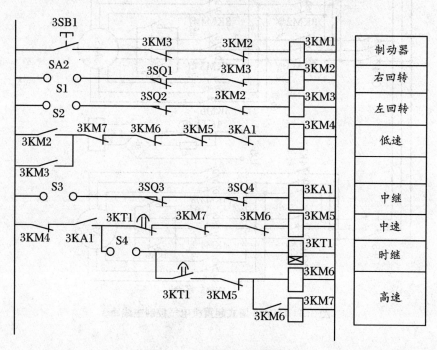

图 3.5　塔臂回转控制线路

① 回转角度限位保护:当向右(左)旋转到极限角度时,限位器 3SQ1(3SQ2)动作,3KM2(3KM3)失电,回转电动机停转,只能做反向旋转操作。

② 回转角度临界减速保护:当向右(左)旋转接近极限角度时,减速限位开关 3SQ3(3SQ4)动作断开,3KA1、3KM5、3KM6、3KM7 失电,3KM4 得电,回转电动机低速运行。

4. 起升控制

操作起升控制开关 SA1 分别置于不同挡位,可用低、中、高三种速度起吊。起升控制线路如图 3.6 所示,为了便于分析电气控制过程,将提升状态五个挡位对应控制线路分解叙述,如图 3.7～图 3.10 所示。

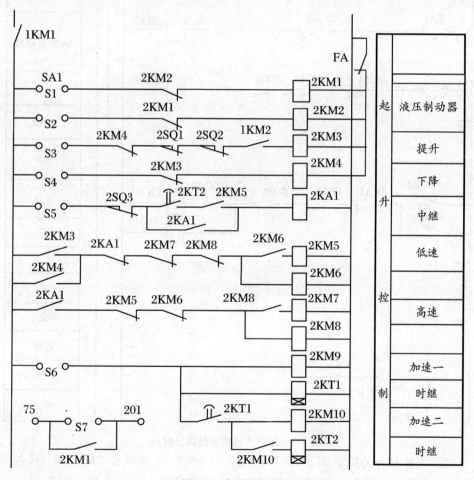

图 3.6　起升控制线路

① 控制开关拨至上升第 Ⅰ 挡时,S1、S3 闭合,控制线路分解为如图 3.7 所示。

接触器 2KM1 得电,力矩限制接触器 1KM2 触头处于闭合状态,2KM3 得电使低速支路长开触头闭合,2KM6、2KM5 相继得电,对应主线路 2KM6 闭合,转子电阻全部接入,2KM1 闭合,转子电压加在液压制动器电机 M2 上使之处于半制动状态,2KM5 闭合,滑环电动机 M3 定子绕组 8 级接法,2KM3 闭合,电动机得电低速正转(上升)。通过线间变压器 201 抽头 110 V 交流电经 2KM1 触头再经 75 号线接入桥堆,涡流制动器启动。

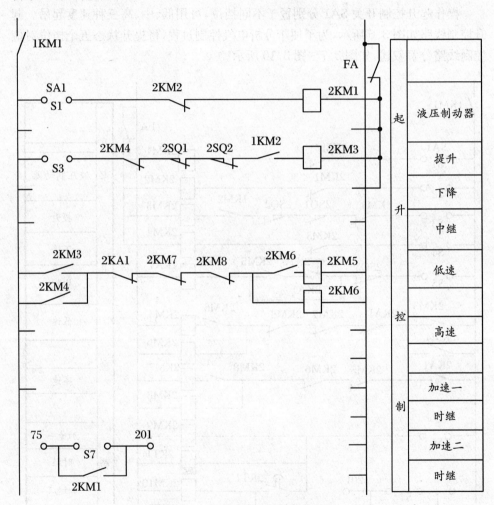

图 3.7　起升Ⅰ挡控制线路分解图

　　② 当控制开关拨至第Ⅱ挡时,S2、S3、S7 闭合,S1 断开使 2KM1 失电,制动器支路 2KM1 常闭触头复位。S2 闭合使 2KM2 得电,S3 闭合使 2KM3 继续得电,控制线路分解为如图 3.8 所示电线路。主电路 2KM1 断开、2KM2 闭合使三相交流电直接加在液压制动器电机 M2 上,制动器完全松开。S7 闭合使涡流制

动器继续保持制动状态,2KM5、2KM6 依然闭合,电动机仍为 8 级接法低速正转(上升)。

③ 当控制开关拨至第 Ⅲ 挡时,S2、S3 闭合,除 S7 断开使涡流制动器断电松开以外,电路状态与第 Ⅱ 挡时一样。

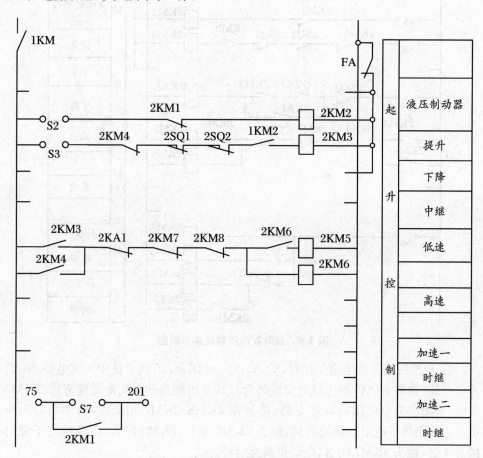

图 3.8　起升 Ⅱ、Ⅲ 挡控制线路分解图

④ 当控制开关拨至第 Ⅳ 挡时,S2、S3、S6 闭合,S6 闭合使 2KM9 得电,时间继电器 2KT1 得电,触头延时闭合使 2KM10 得电继而使时间继电器 2KT2 得电。主电路电动机转子因 2KM9 和 2KM10 相继闭合使电阻 R1、R2 先后被短接,使电动机得到两次加速。中间继电器控制支路触头 2KT2 延时闭合,为下一步改变电动机定子绕组接法,高速运转做好准备,如图 3.9 所示。

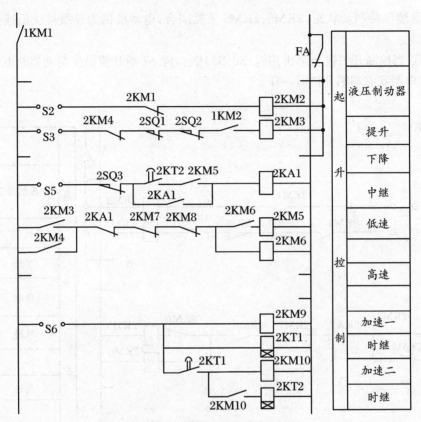

图 3.9　起升 Ⅳ 挡控制线路分解图

⑤ 当控制开关拨至第 Ⅴ 挡时，S2、S3、S5、S6 闭合，S5 闭合使中间继电器 2KA1 得电自锁（触头 2KM5 在 Ⅰ 挡时完成闭合），其常闭触头动作切断低速支路，2KM5 失电，常闭触头复位接通高速支路，接触器 2KM8、2KM7 相继得电，如图 3.10 所示。主回路转子电阻继续被短接，触头 2KM5 断开、2KM8 闭合，电动机定子绕组接为 4 级，触头 2KM7 闭合，电动机高速运转。

⑥ 提升控制线路中设有力矩超限保护 2SQ1、提升高度限位保护 2SQ2、高速限重保护 2SQ3，保护原理分别叙述如下：力矩超限时 2SQ1 动作，切断提升线路，2KM3 失电，提升动作停止，同时总电源控制线路中单独设置的力矩保护接触器常开触头 1KM2 再次提供了力矩保护；当提升高度超限，高度限位保护开关 2SQ2 动作，提升线路切断，2KM3 失电，提升动作停止；当控制开关在第 Ⅴ 挡，定子绕组 4 级接法，转子电阻短接，电动机高速运转时，若起重量超过 1.5 t，超重开关 2SQ3 动作，2KA1 失电，2KM7、2KM8 相继失电，2KM6、2KM5 相继得电，电动机定子绕组由 4 级接法变为 8 级接法，转子电阻 R1、R2 接入，电动机低速运转。

另外，提升控制线路中接有瞬间动作限流保护器 FA 常闭触头，当电动机定子电流超过额定电流时 FA 动作,切断提升控制线路中相关控制器件电源,电动机停止运转。如遇突然停电,液压制动器 M2 失电对提升电动机制动,避免起吊物体荷重下降。

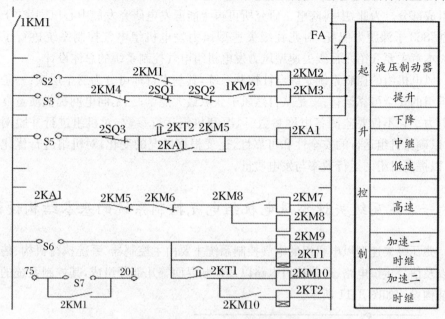

图 3.10　起升 V 挡控制线路分解图

第三节　兆瓦级失速型风力发电机组的电气控制系统

随着世界经济的深入发展和国际工业化的进程,世界各国对能源的需求越来越大,人类正面临着能源紧缺和环境保护两方面的压力,能源与环保已成为当今世界所面临的两个重大课题。经过多年的发展,可再生能源已在世界能源供应的战略结构中占据了一席之地,开发利用可再生能源已成为大多数发达国家和部分发展中国家 21 世纪能源发展战略的重要组成部分。而风能作为一种丰富清洁的绿色能源,是近期内大规模开发利用前景最好的可再生能源。风电机组利用其叶轮的旋转将自然风能通过发电机转换成可利用的电能,既可以联网运行,也可以独立运行或与其他发电装置互补运行。大中型风电机组联网发电是当前世界范围内风能利用的主要形式。目前商品化的兆瓦级风力电机组已成为新建风力电厂的主力机型。

电气控制系统是风力发电机组的大脑,是机组安全可靠运行以及实现最佳效率的保证。我国的风力发电与风电发达国家相比还存在一些差距。目前我国联网型风电机组大部分依靠进口,研究开发水平也落后于国外。因此,加快兆瓦级风电机组国产化进程已成为我国风电事业持续快速增长的决定性条件。

电气控制系统作为风电机组的核心技术之一,是兆瓦级风电机组国产化的重要组成部分。为此,中科院电工研究所可再生能源发电研究发展中心以国家"十五计划"863子课题为依托,对兆瓦级失速型风力发电机组电气控制系统进行了研究。本章主要介绍兆瓦级失速型风力发电机组电气控制系统的总体设计。

风电机组的控制系统是综合性控制系统,其基本目标可分为三个层次:一是保证机组的安全可靠运行;二是从自然风中获取最大能量;三是向电网提供质量良好的电力。它不仅要监测各电网参数、风况和机组运行参数,对机组进行并脱网控制,以确保机组运行的安全性和可靠性,还要根据风况的变化,对机组进行优化控制,以提高机组的运行效率与发电质量。

一、兆瓦级失速型风电机组电气控制系统的基本结构设计

兆瓦级失速型风电机组的电气控制系统主要由主控制器、系统执行机构、传感器以及信号接口电路、通信接口电路以及控制界面等几部分组成,其控制系统的总体结构设计如图 3.11 所示。

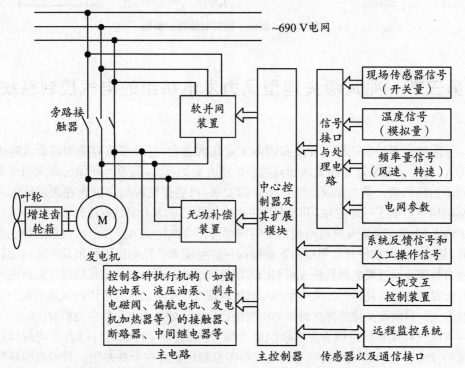

图 3.11　兆瓦级失速型风电机组电气控制系统的基本结构

电气控制系统各部分功能如下：传感器采集风电机组运行所必需的参数；信号接口电路用于将传感器采集到的信号以标准形式传送到控制器的输入模块；中心控制器通过传感器监控风电机组的各种运行参数，同时与其他功能模块保持通信，根据各方面的情况作出综合分析后，通过其输出模块给执行机构发出控制指令；通讯接口用于实现风电机组单机控制系统与远程监控系统以及人机交互控制装置之间的通讯。

二、兆瓦级失速型风电机组运行信号分析

在机组运行过程中，将系统信号输入到中心控制器的输入模块，然后中心控制器输出信号给相应的执行机构，从而完成各种控制功能。在保证机组安全运行的前提下，选取具有代表性的参数，并使输入到中心控制器的信号简单、可靠、统一，以便中心控制器能够实时有效地控制风电机组。兆瓦级失速型风电机组控制系统对以下几类参数进行监测：

① 开关量输入信号：主要包括各种传感器信号、人工操作信号以及系统运行反馈信号。

② 模拟量输入信号：主要是各种温度信号。

③ 频率信号输入信号：主要包括风向、风速信号、叶轮转速信号、发电机转速信号以及偏航计数信号等。

具体来说，电气控制系统监控的参数如下：

① 电量采集，主要是对电网三相电压、三相电流、电网频率、功率因数以及风电机组的有功功率、无功功率和累积电度等电量进行监测。

② 风况监测：主要是对风向与风速的采集。

③ 温度信号的采集：主要是采集主传动轴承温度、发电机绕组温度、发电机前后轴承温度、齿轮箱高速轴温度、齿轮油温度、机舱温度、环境温度以及可控硅工作温度等。

④ 液压系统压力监测：主要是监测液压系统油压、叶尖油压等。

⑤ 油位状态监测：主要是监测机械刹车阀油位、偏航刹车阀油位以及齿轮箱油位等。

⑥ 转速测量及匹配校验：主要是对叶轮转速和发电机转速的测量。

⑦ 对扭缆与机舱振动故障的监测。

⑧ 对高速轴与低速轴制动闸片磨损的监测。

⑨ 对人工操作信号与系统反馈信号的接收。

另外，系统的开关量输出信号主要是各种执行机构的控制信号。由此可见，控

制系统的输入信号为开关量、模拟量和数字量,输出信号为开关量,主要控制各种电磁阀、接触器、继电器或断路器的开合,由此实现对各种执行机构的控制。

三、兆瓦级失速型风电机组电控系统的基本功能设计

风电机组总的控制要求为:当风速连续大于启动风速达到一定时间时,控制系统根据风向传感器指示的方向,驱动机舱自动对风,使叶轮自动处于迎风位置。当风速连续达到切入风速至一定时间时,制动器松闸,风力机由待机状态进入低风速启动,叶轮吸收风能,通过增速齿轮箱带动发电机转动。当发电机转速接近同步转速时,发电机并入电网。当风速超过切出风速或机组出现故障时,机组停机,制动保护装置动作,叶轮侧风保护。

兆瓦级失速型风电机组电气控制系统实现如下基本功能:正常运行控制、人机交互控制、制动与安全保护控制、远程通讯与监控、系统状态监测与故障检测处理等。另外,风电机组长期运行于恶劣的自然环境中,对其控制系统的可靠性和安全性要求很高,对输入输出信号要作电气隔离处理。

(一)正常运行控制功能

正常运行控制功能主要包括:风电机组的启停控制;发电机并脱网控制;大小电机互相切换控制;补偿电容的自动投切控制;偏航与解缆控制;叶尖扰流器的打开与收回;制动闸块的自动释放及其磨损监测;液压油泵的启停控制及液压油温度控制;齿轮油泵的启停控制及齿轮油温度控制等。

具体功能分析与设计如下:

1.自动启停控制

风电机组设计成以下几种启动方式:自动启动、控制面板启动和远程监控启动,并根据具体的控制要求对各种启动方式设定不同的优先级。当系统执行优先级高的操作时,自动屏蔽或取消优先级低的启动指令。机组停机设为三种方式:当故障不会对机组造成损害时,执行正常停机;当故障会对机组造成一定程度的损害时,执行安全停机;当故障会对机组造成严重甚至致命的损害时,执行紧急停机过程,切除补偿电容,偏航刹车、空气动力刹车和高速机械刹车同时动作,使风电机组立即处于停机状态。

2.大小电机切换控制

大小电机的切换控制一般以发电机输出功率的瞬时值或某段时间内的平均值为预置切换点。由于大电机稳定域对应的输入机械转矩范围大于小电机稳定域对应的输入机械转矩范围,所以小电机能够平稳地切换到大电机。而对于从大电机切换到小电机,情况则没这么简单。由于风电机组本身惯性很大,而且切换前大电

机转速较高,若不采取有效的措施就直接切换到小电机,会导致小电机在不稳定域运行,最终造成风电机组的网上飞车事故,这是必须避免的。所以,大小电机相互切换控制的关键是从大电机到小电机的切换控制,切换控制方式不恰当或把握不好切换时机容易导致机组在不稳定域运行;切换过于保守又降低了风能的利用效率。目前较常用的从大电机到小电机的切换控制方法是在大电机切出电网时,施加机械负载转矩,如释放叶尖扰流器,使转速降至小电机并网转速附近(为安全起见,通常将转速拖到远低于小电机并网转速),再收回叶尖扰流器,待转速上升后小电机入入电网。这种切换控制方法的缺点是切换时间长,机组启停次数多,同时降低了风能利用率。

　　另外一种方法就是利用从大电机到小电机切换过程中的冲击电流,通过可控硅将其限制在小电机能够承受的冲击电流范围内,同时保证电流下限值满足将小电机拖入稳态运行的要求,以实现从大电机到小电机的优化切换。

　　3. 自动偏航与解缆控制

　　自动偏航与解缆控制技术是兆瓦级风电机组电气控制系统的核心技术之一。当风力电机叶轮法线方向与风向一致时,风力电机吸收风能量最大。因此,当风力电机叶轮法线方向与主风向出现较大偏差时,偏航系统根据风向传感器的信号驱使叶轮左右调向,使叶轮法线方向与风向基本保持一致。

　　偏航控制系统主要由偏航测量、偏航驱动传动部分、扭缆保护装置三大部分组成,并将其设计成自动偏航和90°侧风、远程控制偏航和控制面板偏航等几种方式,而且根据具体的控制要求设定不同的优先级。执行优先级高的偏航操作时,系统自动屏蔽或清除优先级低的偏航指令,并就级别高与级别低的偏航方向一致或不一致两种情况分别进行处理。当系统处于维护状态或发生故障时,系统屏蔽所有的偏航指令。偏航系统设计有左偏航和右偏航两种执行动作,而且这两种偏航动作在硬件线路、软件设计以及机械机构上互锁,以保证偏航系统安全。为使叶轮以较小角度跟踪风向,控制系统准确判断应执行左偏航还是右偏航。大风情况下,控制系统进行叶轮90°侧风保护。此时,控制系统根据主风向和叶轮法线的相对位置,控制偏航电机驱使叶轮以最短路径迅速偏离主风向,并在侧风结束后抱紧偏航闸,同时继续跟踪风向的变化,以确保风电机组安全。

　　由于发电机电缆与部分通信电缆从机舱引入塔筒,如果偏航系统连续跟踪风向,可能造成电缆缠绕,解缆系统能根据传感器的信号自动解缆。解缆系统分为扭缆传感器控制的自动解缆和扭缆开关控制的安全链保护两种。当电缆缠绕达到设定值时,控制系统根据扭缆传感器发出的信号控制偏航系统进行电缆解缆。万一控制系统没有进行自动解缆,当电缆绕达到警戒线时就会触发解缆的安全链保护,机组紧急停机,同时报告不可自复故障,等待人工解缆。另外,系统执行自动解缆操作时,屏蔽或清除其他所有偏航请求,同时屏蔽风向标故障检测。

4. 电容补偿控制

随着发电机的有功输出增加,其从电网吸收的无功功率也同时增加,致使电网功率因数变坏,因此,要进行电容无功补偿以改善功率因数。联网风电机组一般要求其功率因数达到 0.99 以上。由于风况的随机性,发电机在达到额定功率以前,其输出功率是随机变化的,因此要根据发电机的有功功率与功率因数情况进行补偿电容的分组投切控制。由于电机并网过程中谐波分量较大,并网时不进行电容补偿。同时为防止补偿电容的频繁投切,对投入和切出的功率值要设置一定的回差值。

(二) 人机交互控制

电气控制系统具有人机交互控制装置,其与远程监控系统和单机就地控制系统建立通信连接,提供一种操作人员与主控制器进行交互的平台,这样操作人员可以查询风电机组当前的运行状态、参数以及设置运行参数等。此外,人机交互控制装置还可实现对风电机组的基本控制,如机组的启停控制、复位、左右偏航以及解缆等。

(三) 制动和安全保护控制设计

制动保护功能必须保证风电机组在任何运行状态下的安全。安全保护及处理系统设为三层结构:主控制系统、独立于主控制系统的安全保护系统以及器件本身的保护措施。器件本身的保护措施主要是对线圈增加 RC 吸收回路、压敏电阻或反向二极管;制动系统至少有两套互不依赖的刹车装置,即叶片的空气动力刹车和高速轴上的机械盘式刹车;独立于主控制系统的安全保护系统按 fail-safe 原则进行设计。对于特别重要的参数采用两套独立的传感器,其中第二套传感器组成一个独立于主控制系统的安全链,安全链具有最高的优先级,主控制系统的自诊断也是该安全链的一个环节,以确保即便主控制系统本身出现故障仍能启动安全链制动系统。激活安全链保护的信号包括:叶轮过速、发电机过速、电缆缠绕、机舱超常振动、紧急停机按钮动作以及主控制系统或电网发生故障等,只要这些信号中的任何一个动作出现,安全链保护系统就立即动作,以确保风电机组可靠脱网、停机,使机组处于复位闭锁状态。

另外,控制系统还对一些执行机构进行过载保护,这主要包括液压电机过载保护、齿轮油泵电机过载保护、发电机过载保护、风扇电机过载保护以及可控硅过热保护等。此外,为安全起见,当顶部机舱盖打开时,机组执行正常停机过程,而且不能设置机组启停、偏航、解缆、复位等顶舱操作。

在软件方面,确保所有的临界资源在某一时刻只被一个任务所控制;在风电机组的任何状态下,不承认非法操作或机组安全停机;进行软件设计时,设置用户密码权限,以防止程序被非法修改。

（四）远程通信控制

风电机组的电气控制系统具有远程通信控制功能,以实现风电场的集中管理和远程控制。中央控制室远程监控系统主要实时监测显示风电机组的各种运行状态和参数,并记录存储发电电度及发电时间并形成报表,进行相关数据的统计分析,自动绘制风电机组功率曲线等。另外远程监控系统还具有对机组的简单控制功能,如偏航、解缆、复位、启动、停机等。

（五）运行状态监测与故障处理

控制系统随时对机组的各种运行参数与状态进行监控,并自动检测出所发生的故障,根据故障类型分别进行正常停机、安全停机、紧急停机或报警处理,而且将相应的故障信息显示在人机交互界面上。控制系统可以自动清除可自复故障,故障清除后可自动重启风电机组;当发生不可自复故障后,系统不能自动清除故障,要先停机,待人工清除故障后,方可重新启动机组。

四、兆瓦级失速型风电机组电气控制系统主控制器的硬件设计

风能作为一种自然资源,风速和风向都随机变化,风电机组大多工作于高温、高寒、高湿、盐雾、风沙等恶劣的自然环境与强电磁干扰环境中,且无人值守,要求其主控制器抗干扰能力强,工作可靠性高。另外,要求各种运行参数测量准确,控制策略合理,对故障的判断处理及时准确。通过分析机组的控制要求与特点,顺序控制较多,控制系统需要处理的输入输出信号也大都是开关信号,所以选用 PLC 作为主控制器可以满足风电机组对其控制系统的要求。

通过对市场上 PLC 的调研,选择西门子公司的中档模块化 S7-300 型 PLC 作为兆瓦级失速型风电机组的中心控制器,控制系统结构如图 3.12 所示。

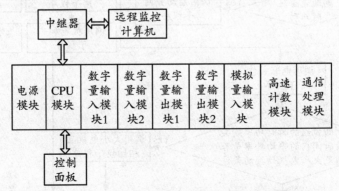

图 3.12 兆瓦级失速型风电机组 PLC 控制系统的结构图

下面介绍控制系统的主程序流程,如图 3.13 所示。

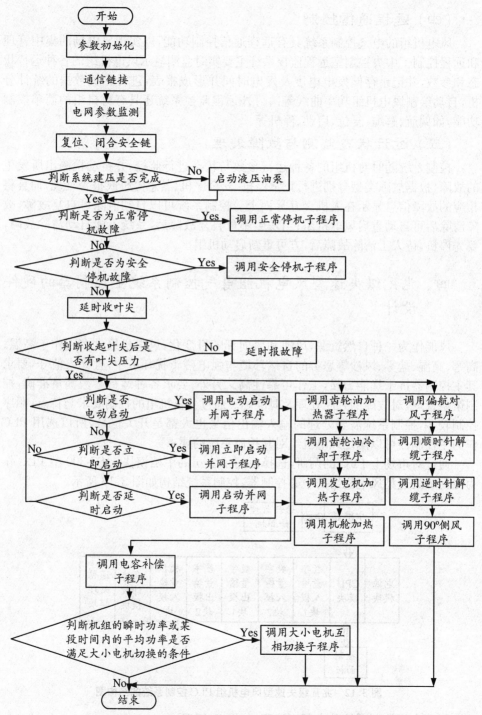

图 3.13　兆瓦级失速型风电机组控制系统主程序流程图

五、兆瓦级失速型风电机组电气控制系统主程序结构设计

为便于程序的调试和阅读,把风电机组所要实现的控制功能分解成多个相对独立的任务,按照模块化的软件编程方法进行编程,其中主程序主要完成风电机组的正常运行控制以及可自复故障的处理,包括机组启动、软并网控制、大小电机切换控制以及补偿电容分组投切等;事件处理子程序主要包括:正常停机子程序、安全停机子程序、紧急停机子程序、偏航子程序、解缆子程序、齿轮油泵启/停控制、液压油泵启/停控制以及齿轮油加热与冷却子程序等。

习题与思考题

1. CA6140 型卧式车床的电气控制系统主电路中有几台电机? 它们的主要作用是什么? 它们是如何控制的?

2. 塔式起重机由哪几部分组成? 它们的主要作用是什么?

3. 桥式起重机对电力拖动有哪些要求?

4. 桥式起重机的三种起升速度是如何实现的?

5. 兆瓦级失速型风电机组是如何实现自动启停控制的?

6. 兆瓦级失速型风电机组怎样实现大小电机切换控制的?

7. 试设计两台笼形电动机 M1、M2 的顺序启动、停止的控制电路及主电路。

要求:M1 启动后 M2 启动,M1 可点动,并能同时或分别停止。

8. 试设计一个工作台前进—退回控制电路:工作台由电动机 M 带动、行程开关 SQ1 和 SQ2 分别装在工作台的原点和终点,要求如下:

(1) 前进—后退—停止到原位。

(2) 工作台到达终点后停一下再后退。

(3) 工作台在前进中能立即后退到原位。

(4) 有终端保护。

第四章 可编程控制器概述

第一节 概　述

一、可编程控制器的定义、产生与发展

（一）定义

可编程控制器是一种工业级的智能控制装置。它是综合了计算机技术、自动控制技术和通信技术等而发展起来的，被广泛地应用于工业生产的各个领域。早期的可编程控制器是为了取代继电器控制线路，实现逻辑控制而设计的，所以被称为可编程逻辑控制器（Programmable Logic Controller），简称 PLC。随着计算机微处理器技术的发展，现代的可编程控制器将微处理器作为中央处理器，具有智能控制、通信等功能，是一种真正意义上的微型计算机工业控制装置，被称为可编程控制器（Programmable Controller），简称 PC。为了避免和个人计算机（Personal Computer，也简称 PC）混淆，故一般把可编程控制器仍称为 PLC。

国际电工委员会（IEC）对可编程控制器的定义是：可编程控制器是一种数字运算操作的电子系统，专为在工业环境下应用而设计。它采用可编程的存储器，用来在其内部存储执行逻辑运算、顺序控制、定时、计数和算术运算等操作的指令，并通过数字的、模拟的输入和输出，控制各种类型的机械或生产过程。可编程控制器及其有关设备，都应按易于与工业控制系统形成一个整体，易于扩充其功能的原则设计。

（二）PLC 的历史沿革

PLC 出现之前，机械控制及工业控制采用的控制器件是继电器，它具有"与""或""非"等逻辑运算控制功能。由于其具有结构简单、价格便宜、容易掌握等优点，曾得到了广泛的应用。但是因为其采用继电器控制器件多、线路复杂、灵活性较小、功能较少。因此，当工业控制发展到一定阶段时，寻找一种新型的控制装置

取代继电器控制是一种必然的趋势。

1969 年,美国数据设备公司(DEC)生产了世界上第一台可编程控制器,当初的可编程控制器只具备逻辑控制、定时、计数等功能。随着 PLC 技术的不断发展,PLC 在结构及性能上都有了很大的改进和提高。总的来讲,PLC 的发展过程经历了以下三个阶段:

1. 早期的 PLC

20 世纪 60 年代到 70 年代中期,可编程控制器的出现使工业控制由原来的继电器控制方式改为由硬件和软件共同实现的控制方式。

在硬件上,PLC 实际上是一种以准计算机的形式,控制器部分由分立元件和中小规模集成电路组成,存储器采用的是磁芯存储器,I/O 接口部分为了适应工业控制和提高抗干扰能力做了相应的处理。软件编程方面,采用电气工程技术人员熟悉的继电器控制线路的方式,即梯形图程序,这种程序具有直观、易懂、编程简单等优点,这也是梯形图作为 PLC 特有的编程语言沿用至今的原因所在。

2. 中期的 PLC

20 世纪 70 年代到 80 年代中期,PLC 的性能有了很大的提高。这些主要是由于 70 年代微处理器(即将组成计算机的运算器、控制器、寄存器集成在一个芯片中的器件)出现的原因,该器件具有功能强、体积小、价格便宜等优点,很快被应用于 PLC。

中期的 PLC 在硬件上除了使用了微处理器外,储存器容量也进一步扩大,I/O 接口除了保持原有的开关量 I/O 接口外,还增加了模拟量 I/O 接口、远程 I/O 接口以及一些特殊的功能模块。软件方面除了原有的逻辑运算、定时、计数等功能外,增加了算术运算、通信等功能。

3. 现代的 PLC

20 世纪 80 年代中后期到现在,随着电子行业超大规模集成电路技术的发展,微处理器的性能及档次也有了进一步的提升,并且各制造商还纷纷研制了专用的微处理器,使得 PLC 在软硬件上有了很大的改变。在原来的基础上 PLC 的数学运算能力、数据处理能力、运动控制能力、数据通信能力等方面有了很大的提高。目前,PLC 被广泛地应用在各个工业部门。

(三) PLC 的发展趋势

今后,PLC 的发展将会朝着以下几个方面进行:

1. 方便灵活、小型化

工业上大多数的单机自动控制系统只需监测控制参数和有限的动作,不需要大型的、高性能的 PLC。为了满足这些要求,PLC 生产厂开发了适用于这些场合的结构简单、使用方便灵活的小型 PLC。小型 PLC 根据实际的工程需要,在功能上不断增加;在体积上不断减小,使用灵活。

2．大容量、高性能化

大容量的 PLC 点数多在 1 024 点之上,甚至达到 5 000～10 000 点,可以满足钢铁工业、化工工业等大型企业生产过程自动控制的需要。这些大型的 PLC 产品通常采用的是高性能的 16 位或 32 位微处理器,而且常常采用多处理器结构,具有较强的科学计算、数据处理、数据通信能力;同时它们大都配有较大容量的存储器。与通用计算机相比,PLC 不仅灵活方便,具有可以面向对象的 I/O 接口,同时在大量数据处理、数据通信等方面正向着通用计算机靠近。

3．机电一体化

机电一体化技术是机械、电子、信息技术的融合,它的产品通常是由机械本体、微电子装置、传感器、执行机构等组成。目前,可编程控制器在机械行业得到了广泛的应用,开发了大量机电技术相结合的产品和设备。以后,为了适应机电一体化的产品需求,PLC 应该不断加强自身的性能,这也是 PLC 发展的一个重要方向。

4．通信和网络标准化

随着生产技术不断地发展,必然会使 PLC 从单机自动化向全厂生产自动化过渡。这就要求各个 PLC 之间以及 PLC 与计算机或与其他设备之间能够迅速、准确、及时的互通信息,以便步调一致,进行控制与管理,这也是自动化控制发展的方向。为了实现这些功能,最基本的要求就是 PLC 的通信和网络功能,所以 PLC 的通信和网络标准化将得到进一步发展。

二、可编程控制器的特点及应用

(一) PLC 的主要特点

1．可靠性高,抗干扰能力强

可靠性是电气控制设备的关键性能。PLC 由于采用现代大规模集成电路技术,采用严格的生产工艺制造,内部电路采取了先进的抗干扰技术,具有很高的可靠性。例如,三菱公司生产的 F 系列 PLC 平均无故障时间高达 30 万小时。一些使用冗余 CPU 的 PLC 的平均无故障工作时间则更长。从 PLC 的机外电路来说,使用 PLC 构成控制系统和同等规模的继电接触器系统相比,电气接线及开关接点已减少到数百甚至数千分之一,故障率也就大大降低。此外,PLC 带有硬件故障自我检测功能,出现故障时可及时发出警报信息。在应用软件中,应用者还可以编入外围器件的故障自诊断程序,这使系统中 PLC 以外的电路及设备也获得故障自诊断保护。这样,整个系统具有极高的可靠性也就不奇怪了。

2．配套齐全,功能完善,适用性强

PLC 发展到今天,已经形成了大、中、小各种规模的系列化产品。可以用于各

种规模的工业控制场合。除了逻辑处理功能以外,现代 PLC 大多具有完善的数据运算能力,可用于各种数字控制领域。近年来 PLC 的功能单元大量涌现,使 PLC 渗透到了位置控制、温度控制、CNC 等各种工业控制中。加上 PLC 通信能力的增强及人机界面技术的发展,使用 PLC 组成各种控制系统变得非常容易。

3. 易学易用,深受工程技术人员欢迎

PLC 作为通用工业控制计算机,是面向工矿企业的工控设备。它接口容易,编程语言易于为工程技术人员接受;梯形图语言的图形符号与表达方式和继电器电路图相当接近,只用 PLC 的少量开关量逻辑控制指令就可以方便地实现继电器电路的功能,为不熟悉电子电路、不懂计算机原理和汇编语言的人使用计算机从事工业控制打开了方便之门。

4. 系统的设计、建造工作量小,维护方便,容易改造

PLC 用存储逻辑代替接线逻辑,大大减少了控制设备外部的接线,使控制系统设计及建造的周期大为缩短,同时维护也变得容易起来。更重要的是使同一设备经过改变程序而改变生产过程成为可能。这很适合多品种、小批量的生产场合。

5. 体积小,重量轻,能耗低

以超小型 PLC 为例,近期出产的品种底部尺寸小于 100 mm,重量小于 150 g,功耗仅数瓦。由于体积小很容易装入机械内部,是实现机电一体化的理想控制设备。

(二) PLC 的应用

随着 PLC 的不断发展,PLC 已从小规模的单机顺序控制发展到包括过程控制、位置控制等场合的所有控制领域,并可以组成工厂自动化综合控制系统。

目前 PLC 已经成功地应用到机械、汽车、冶金、石油、化工等工业控制的各个领域,使用情况大致可以归纳为如下几类。

1. 开关量控制

PLC 最原始的功能是取代继电器实现具有"与""或""非"等逻辑控制功能的器件,可以实现触点与电路的串联、并联进行组合逻辑控制、顺序控制、定时控制等,最终实现对开关量输入、输出的控制。开关量的输入输出控制是 PLC 最基本的功能。

2. 运动控制

PLC 使用专用的指令或运动控制模块,可以实现对直线或曲线运动进行控制,从而实现单轴、多轴的位置控制,使运动控制、顺序控制有机地结合,广泛应用于各种机械生产过程,如金属切削机床、金属成型机械、装配机械、机器人、电梯控制等。

3. 过程控制

过程控制是指对温度、压力、流量等模拟量的闭环控制。作为工业控制计算

机,PLC 能编制各种各样的控制算法程序,完成闭环控制。PID 调节是一般闭环控制系统中用得较多的调节方法。大中型 PLC 都有 PID 模块,目前许多小型PLC 也具有此功能模块。PID 一般是运行专用的 PID 子程序。过程控制在冶金、化工、热处理、锅炉控制等场合有非常广泛的应用。

4. 数据处理

现代的 PLC 不仅具有逻辑运算、算术运算的功能,还可以完成数据传送、转换、存储,可以实现数据的采集、分析与复杂的数据处理。数据处理一般用于大型控制系统,也经常用于过程控制系统。

5. 通信联网

随着计算机通信技术、网络技术的飞速发展,各 PLC 厂商也十分重视 PLC 的通信功能,纷纷推出各自的网络系统。目前,各厂家生产的 PLC 都具有通信接口,网络通信功能较强。

三、可编程控制器的分类及性能指标

(一) 可编程控制器的分类

PLC 发展到今天,已经分化出很多类型,而其功能各不相同。分类时,一般按照以下几种情况进行分类。

1. 按照 PLC 的控制规模进行分类

描述 PLC 规模大小的一个参数是 PLC 的点数。PLC 的点数即 PLC 输入及输出数量的总和。根据 PLC 点数的多少可以对 PLC 进行分类,分为大型、中型、小型、微型 PLC。I/O 点数在 256 以下的属于小型 PLC,点数在 256 与 1 024 点之间的 PLC 属于中型的,点数在 1 024 点之上的属于大型 PLC。

2. 按照结构进行分类

按照 PLC 组成的结构形式进行分类,PLC 可以分为整体式、模块式和分散式的。

① 整体式结构:整体式的 PLC 是将组成 PLC 的 CPU、内存、I/O 接口、电源等集中在一个箱体中的结构。整体式的 PLC 只要上电,PLC 就可以工作。它的特点是结构紧凑、体积小、成本低、安装方便,但是输入输出点数固定,使用不够灵活。维修不够方便。

一般小型的 PLC 在结构上采用整体式的。

② 模块式结构:模块式的 PLC 是将组成 PLC 的 CPU、内存、I/O 接口、电源等分别做成不同的模块,即由 CPU 模块、电源模块、I/O 模板、通信板等组成,PLC工作时需要将各模块插在插槽上通过总线连接后加电方可以工作。特点是组成比较灵活,但是结构复杂、插件较多、成本较高。

一般大型、中型的 PLC 在结构上采用模块式的。

③ 分散式结构：分散式的 PLC 是将组成 PLC 的电源、CPU、内存集中放置在控制室，而 I/O 接口模块放置在各个工作站，I/O 接口模块通过通信线与 CPU 进行通信连接，实现集中控制。

3. 按照用途进行分类

PLC 按照用途分为用于顺序控制的 PLC、用于闭环控制的 PLC 和用于多级分布式或集散控制系统的 PLC。

顺序控制是 PLC 最基本的控制功能，具有顺序控制的 PLC 应用场合最多，比较典型的应用如自生产线的多机控制、电梯控制、皮带运输机的顺序控制等。

闭环控制 PLC 是应用在闭环控制系统中的 PLC。在闭环控制系统中，PLC 处理的不仅有开关信号，同时还要采集模拟信号。PLC 根据采集的模拟信号内部进行处理、PID 调节等，再输出控制，实现系统的闭环控制。

集散控制系统中使用的 PLC，通常情况下对 PLC 要求较高，系统不仅要求 PLC 要有最基本的开关量顺序控制、闭环过程控制等功能，还要求 PLC 要有较强的通信功能。集中控制的 PLC 通过通信可以实现个工作站之间的信息交换和远程控制，最终实现高性能的自动化集散控制系统。

4. 按照厂家进行分类

生产 PLC 的厂家有很多，主要有三菱、欧姆龙、西门子、施耐德、AB 等。每个厂家的 PLC 按照其控制规模、容量、功能等各成系列，如日本三菱公司的 F 系列、日本欧姆龙的 C 系列、德国西门子的 S5 和 S7 系列、美国施耐德的 NEZA 系列等。

（二）可编程控制器的性能指标

不同厂家的 PLC，其性能指标各不相同，用户选用 PLC 时，为了解其性能的好坏，可以参考厂家提供的性能指标。下边简单介绍一些 PLC 最基本的性能指标。

1. 输入输出点数

输入输出点数是 PLC 最基本的性能指标，它从某种意义上反映了 PLC 的控制规模，所以工程技术人员往往根据控制系统的点数选择合适的 PLC 输入输出点数。

2. 内存容量

PLC 实质上就是一种工业控制计算机，其内部的 CPU 通过执行指令完成各部分的操作，过程变量或大量的程序均是存在内存单元中，因此内存容量的大小决定了可以存储的数据量、程序量，选用 PLC 时，要充分考虑内存容量的大小。

3. 指令系统

PLC 指令系统中，指令的种类反映了 PLC 软件系统功能的强弱，指令越丰富，用户编程越方便，越容易实现复杂的功能。因此 PLC 的指令系统通常也是衡量 PLC 性能的指标之一。

4．扫描速度

PLC 的扫描速度反映的是 PLC 中 CPU 执行指令的速度，CPU 执行一遍程序所用的时间称为一个扫描周期，通常扫描周期越短说明 CPU 执行速度越快，PLC 的响应速度就越快。在工业控制中，某些场合下要求 PLC 的响应速度要很快，只有 PLC 的扫描速度越快，响应才越快。

5．特殊功能及模块

除了 PLC 一些最基本的功能外，评价 PLC 技术水平的还有一些 PLC 的特殊功能，这些功能一般是通过特殊功能模块实现的，如高速计数器模块、位置控制模块、闭环控制模块、温度处理模块等，我们选用 PLC 时，要根据系统的功能要求充分考虑其特殊功能。

第二节　可编程控制器系统及结构组成

一、系统及结构组成

可编程控制器作为一种基于电子计算机的工业控制器，其工作原理及结构组成与计算机基本相同。PLC 的基本组成包括中央处理器（CPU）、存储器、接口（输入输出接口、通信接口、扩展接口、通信接口）、外部设备编程器及电源模块组成。图 4.1 所示为 PLC 的结构组成框图。PLC 内部各组成单元之间通过电源总线、控制总线、地址总线和数据总线连接，外部则根据实际控制对象配置相应设备与控制装置构成 PLC 控制系统。

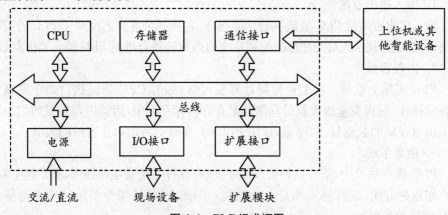

图 4.1　PLC 组成框图

二、中央处理器

中央处理器是 PLC 结构组成的核心器件,它由控制器、运算器、寄存器组成,具有取指令和执行指令的功能。CPU 按照 PLC 内系统程序赋予的功能指挥 PLC 控制系统完成各项工作任务:

① 定期接收或采集输入信息。

② 电源诊断、PLC 内部自检(系统自检)。

③ 完成用户程序所规定的逻辑运算、算术运算及数据处理等功能。

④ 根据程序执行的结果定期地刷新输出电路,完成 PLC 的输出。

⑤ 完成与其他设备的通信。

可编程控制器中常用的 CPU 主要采用通用微处理器、单片机和双极型位片式微处理器三种类型。通用微处理器(CPU)有 8080、8086、80286、80386 等;单片机有 8031、8096 等;位片式微处理器有 AM2900、AM2903 等。FX2 可编程控制器使用的微处理器是 16 位的 8096 单片机。

三、存储器(RAM、ROM)

存储器的功能是存储数据和程序,操作时为了区别不同的存储单元,一般要对其编址。存储器的容量大小不同,容量大的存储器可以存储较多的数据或程序。因此选用 PLC 时,存储器的容量也是 PLC 的性能指标之一。

可编程控制器内部的存储器按其特点进行划分,分为 RAM 和 ROM,RAM 又称随机存储器,特点是可以对其进行读或写操作,但是掉电后数据丢失;ROM 又称只读存储器,特点是正常工作时对其的操作一般是只读的,但是具有掉电后保存数据的功能。

PLC 的存储器按其功能进行划分可分为系统存储器和用户存储器。

系统存储器用于存放 PLC 生产厂家编写的系统程序或厂家固化的系统数据,这部分存储区对用户不开放,即通常情况下用户程序是不可访问或修改这些单元的。PLC 的所有功能都是在系统程序的管理下实现的。存放系统程序和系统数据的存储单元一般由只读存储器实现。

用户存储器一般分为程序存储器和数据存储器,程序存储器用于存放用户编制的控制程序或数据表,数据存储器一般用于存放程序执行过程中需要的或产生的中间数据。用户用程序存储器一般由 E^2PROM、Flash Memory 实现,用户用数据存储器一般由 RAM 实现。

四、接口

PLC 的接口一般分为三类，分别为 I/O 接口、通信接口和扩展接口。

（一）I/O 接口

I/O 接口是指连接用户输入输出设备和 PLC 的接口，该接口可以将各输入信号转换成 PLC 内部标准的电平供 PLC 处理，再将处理好的输出信号转换成用户设备所要求的信号输出驱动外部负载。PLC 的各种输入、输出接口均采取了抗干扰措施。例如，带有光耦合器隔离使 PLC 与外部输入、输出信号隔离，并且通常在输入接口还设有 RC 滤波器，用以消除输入信号的抖动和外部噪声干扰。

对于一个面向对象的控制装置，I/O 接口是 PLC 的重要组成部分。PLC 的 I/O 接口类型有：模拟量输入输出接口、开关量输入输出接口。用户应根据输入输出信号的类型选择合适的输入输出接口。对 I/O 的要求一般包括：良好的抗干扰能力，对各类输入输出信号（开关量、模拟量、直流量、交流量）的匹配能力。

为了能够正确使用 PLC 的 I/O 接口，必须了解 I/O 接口的接口电路形式。下面简单介绍各种输入、输出接口电路的形式。

1. 开关量输入接口电路

通常开关量的输入接口电路形式有三种类型：干结式的、直流输入式的、交流输入式的。

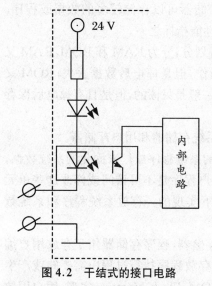

图 4.2　干结式的接口电路

（1）干结式的接口电路

如图 4.2 所示为干结式输入接口电路，由图可知，当外接开关信号开关闭合时，内部电路工作，致使内部电路中的输入映像寄存器单元中值为 1，否则为 0，即输入映像寄存器中的"1"或"0"反映的是外部开关的状态。PLC 内部可以根据映像寄存器中的值判断开关的状态。由此可见，一路干结式的输入外部设有两个端子，外部在引入开关信号时，不需外加电源，只需将开关信号引到一路开关量输入的端子上即可。

为了减少接线端子，减小 PLC 体积，干结式的开关量输入接口端子组合形式有三种：独立式的、汇点式的、分组式的。独立式的是指每路输入的两个端子分别独立存在，不存在公共端子；汇点式的是指把每路输入的一个端子公用,形成一个公共端子,另外一端分别引出去的组合形式;分组式的是指把开关量输入点数分成多组,每一组设置一个公共端子,各组的公共点相互隔离。如图 4.3 所示为干结式的输入接口端子组合形式图。

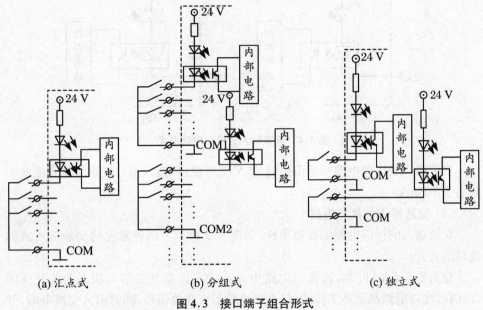

(a) 汇点式　　　　　(b) 分组式　　　　　(c) 独立式

图 4.3　接口端子组合形式

(2) 直流输入的接口电路

直流输入的接口电路很多,如图 4.4 所示为常见的两种直流输入式的接口电路形式。

分析图 4.4(a),当该路直流输入接口的两个外接端子接开关信号时,无论开关信号为断开还是闭合,其接口电路均没有反应,因为接口电路中没有工作电压。因此,对于直流输入式的接口电路,在外部引入开关信号的同时,需要引入直流电源。当同时引进开关信号和直流电源时,电源的正负极不可乱接,只有如图 4.4(a)所示端子“1”接电源的正端时,开关闭合和断开才可以使接口电路有不同的变化。外接电路正确的情况下,外部开关状态为闭合时,接口电路工作,使图 4.4(a)中的“内部电路”工作。当“内部电路”工作时,会使内部电路中的输入映像在寄存器中的值为“1”,否则为“0”,PLC 内部的 CPU 可以根据映像寄存器中的值判断开关的状态。同理可以分析图 4.4(b)。两图所不同的是,后者接口电路当外接开关信号同时引入直流电时,输入的两个端子没有区别。

直流输入式的开关量输入接口端子组合形式同干结式的,也分为独立式、汇点式、分组式三种。并且对于内部使用单向二极管的接口电路,其端子在组合式时,由于每路的两个端子不同,因此组合的公共端子有可能需要接直流电正极,有的需要接直流电源地。对于公共端需要接直流电正极的称为源型的,接电源地的称为漏型的。

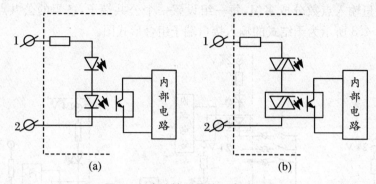

图 4.4　直流输入式接口电路形式

直流输入模块的电源一般由机内 24 V 电源提供,输入信号接通时输入电流一般小于 10 mA。

(3) 交流输入的接口电路

交流输入的接口电路也有很多种,如图 4.5 所示为两种常见的交流输入式的接口形式。

分析图 4.5(a)可知,该接口电路中无论输入设备开关信号状态为断开或闭合,内部接口电路都是不工作的,只有当外部引入开关信号,同时引入交流电时,开关的断开和闭合方可影响接口电路。在外部开关及电源接线正确的情况下,外部的开关闭合时,接口电路工作,会致使"内部电路"中的输入映像寄存器单元中值为"1",否则为"0"。因为外加电源的为交流电,所以一路交流输入式接口电路的两个端子是没有差别的。图 4.5(a)中给出的是一种交流输入式接口电路形式,而图 4.5(b)中给出的是另外一种常见的交流输入式接口电路,其内部采用桥式整流电路将交流信号转换成直流,然后通过光电耦合隔离输入内部电路。由此可见,同样的输入接口形式,内部接口电路有可能有微小的差别。

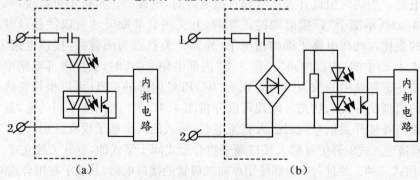

图 4.5　交流输入式的接口形式

交流输入式的接口端子组合方式与其他两种输入形式一样。交流输入模块的电源一般由用户提供。

2. 开关量输出接口电路

PLC 通过开关量的输出接口电路可以控制现场的执行部件,如接触器、继电器、电磁阀、指示灯、报警装置等,开关量的输出接口电路通常有三种形式,即继电器式的输出、晶体管式的输出和晶闸管式的输出。

(1) 继电器式的输出接口电路

图 4.6 所示为继电器式输出接口电路。当 PLC 通过该输出接口电路输出时,CPU 通过"内部电路"输出控制接口电路中继电器工作,继电器触点动作,若输出端子外接电源和负载时,则继电器的触点可以控制外部负载的工作;同样,若不输出时,CPU 会通过控制内部电路使继电器不工作,继而外部的负载不会工作。

通过分析可知,继电器式的输出接口对外部提供的是一组开关信号,通过该开关信号可以控制外部的负载工作或不工作。当然,若用

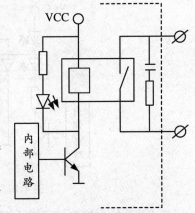

图 4.6　继电器式输出接口电路

该输出信号控制外部负载时,在外加了负载的同时还需要外加电源,电源可以是直流电,也可以是交流电。继电器式的输出接口与晶体管式的输出相比,允许流过的电流较大,外加电源可以是直流的,也可以是交流的,但是由于它是有触点输出的,工作频率不能过高,工作寿命没有无触点的半导体元件长。因此继电器式的输出接口适用于低速大功率负载。

(2) 晶体管式的输出接口电路

图 4.7 为晶体管式的输出接口电路,当外接直流电源和直流负载时,直流负载的工作受 PLC 内部的控制。当内部输出时,晶体管工作,外部负载工作,否则负载不工作。晶体管式的输出适用于直流负载或 TTL 电路。由于外部负载的工作是靠内部晶体管控制的,所以输出的开关频率可以较高,但是电流较小。晶体管式的输出接口适用于高速小功率直流负载。

(3) 晶闸管式的输出接口电路

图 4.8 所示为晶闸管式的输出接口电

图 4.7　晶体管式的输出接口电路

路,当外接交流电源和交流负载时,交流负载的工作受 PLC 内部的控制。当内部
输出时,晶闸管工作,外部负载工作,否则负载不工作。晶闸管式的输出适用于交
流负载。与继电器式的输出接口电路相比,开关的频率可以增大。晶闸管式的输
出接口适用于高速较大功率交流负载。

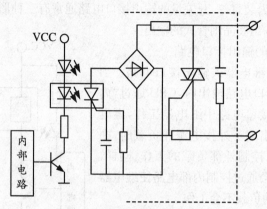

图 4.8　晶闸管式输出接口电路

　　开关量的输出接口端子组合形式也有独立式、汇点式、分组式三种,对于分组
式的,组内的各点必须使用同一电压类型和同一电压等级,各组之间可使用不同电
压类型和等级的负载。并且开关量输出端的负载电源一般由用户提供,输出电流
一般不超过 2 A。

3. 模拟量的输入接口

　　小型的 PLC,主 CPU 模块上设置的 I/O 接口一般是开关量的,不是模拟量
的。即小型的 PLC 模拟量的 I/O 接口在扩展模块上,并且模拟量 I/O 接口扩展模
块上一般不设置开关量的 I/O 接口。

　　模拟量的输入接口电路原理框图如图 4.9 所示。

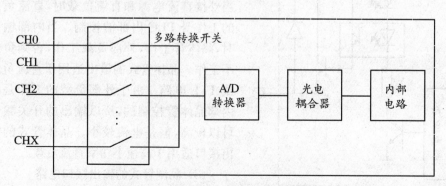

图 4.9　模拟输入接口电路原理框图

　　由图 4.9 可知,当传感器将被控对象中连续的物理信号转换成对应连续的电压或电流信号送给 PLC 时,PLC 内部首先经过一个多路转换开关进行选择,经 A/D 转换器将模拟信号转换成数字信号,再经光电隔离器将数字信号传至内部电路储存起来。通常,一路模拟量的输入设有三个端子,一个是模拟电压信号的输入端,一个是模拟电流信号的输入端,还有一个地端。模拟输入电压信号量程一般为 0~5 V 或 0~10 V 的,电流信号量程一般是 4~20 mA 或 0~10 mA 的。

4. 模拟量的输出接口

　　模拟量的输出接口原理与输入接口原理正相反,这里不再赘述。同样,一路模拟量的输出接口端子也设有三个,分别是:模拟电压信号的输出端、模拟电流信号的输出端、地端。模拟输出信号的电压量程一般为 0~10 V 或 0~5 V,电流量程一般为 4~25 mA。

（二）通信接口

　　通信接口是指在 PLC 的主 CPU 模块上或专用的通信模块上设置的,可以与其他 PLC 或上位机、远程 I/O 设备、监视器、编程器等外部设备进行数据交换的接口。通过通信接口的连接,可以组成局域网络或"集中管理,分散控制"的多级分布控制系统。通信接口在传输数据时一般采用串行方式传输。

（三）扩展接口

　　扩展接口是指连接 PLC 各模块之间的接口。当 PLC 主 CPU 模块的 I/O 点数不能满足要求,需要扩展 I/O 接口或需要增加通信接口、扩充 CPU 模块时(多 CPU 模式),可以通过扩展接口连接。

五、外部设备

　　对于 PLC 来讲,外部设备包括编程器、打印机、人机界面、用户输入输出控制设备等。

　　编程器是人们以往最常用的编程工具,它又分为简易的编程器和智能的编程器,设计人员用它可以进行程序编辑、输入、调试和监视,还可以通过键盘去调试和显示 PLC 的一些内部继电器状态和系统参数,经过 PLC 上专用接口与 CPU 联系,完成人机对话。通过简易的编程器输入程序还必须把编好的梯形图转为编程器认可的助记符,用很长的时间逐条将程序敲进去。编程器一般由厂家提供,不同的生产厂家,所使用的 PLC 编程器也是不一样的。

　　打印机对于 PLC 来讲是一个输出设备,PLC 可以在工作的过程中根据将一些数据或程序需要输出到打印机上进行打印,可以用于历史有效数据和程序的保存。

用户输入输出设备中,输入设备器件通常有:控制开关和检测元件,即各种开关、按钮、传感器等;用户输出设备通常有:接触器、电磁阀、指示灯等。

六、电源

PLC 的外部供电电源一般是工业电源,也有用直流 24 V 电源供电的。通常 PLC 还备有锂电池(备用电池),使 PLC 电源发生故障时内部重要数据不会丢失。PLC 内部电路使用的是经开关电源输出的直流电,大多数的机型还可以输出主流 24 V 电源,为现场的开关信号、外部传感器提供一个直流电源。

第三节 可编程控制器的工作原理

一、可编程控制器的等效电路

一个继电器控制系统一般包括三大部分,它们分别是输入部分、逻辑电路部分和输出部分。输入部分通常由各类按钮、转换开关、行程开关、接近开关、光电开关等组成,输出部分通常是由各种电磁阀、接触器、电阻丝以及信号指示灯等执行元件组成。将输入部分与输出部分联系起来的就是逻辑电路部分,一般由继电器、计数器、定时器等器件触点和线圈组成。逻辑电路通常按照系统的功能要求以及各器件之间的逻辑关系连接而成,使系统能够根据一定的输入状态输出控制输出部件的动作。

同样,对于一个 PLC 系统通常也包括上述的三大部分,唯一的区别就是 PLC 的逻辑电路部分是用 PLC 软件来实现的,用户所编制的控制程序体现了输入与输出之间一定的逻辑关系。PLC 的 CPU 通过采用顺序逻辑扫描用户程序的运行方式执行程序,程序中根据输入部分采集的信号进行处理、控制,最终输出到输出接口电路上控制输出部分。

如图 4.10 所示,为 PLC 的等效电路。对于 PLC 来讲,一路输入内部有一个接口电路,接口电路的输出状态反映的是输入信号的状态,且将其存储在输入映像寄存器中。指令可以读取输入映像寄存器中输入信号的状态,经程序中设定的逻辑关系输出到输出映像寄存器中。输出映像寄存器中的状态将定期通过输出接口电路输出控制 PLC 外部的负载。

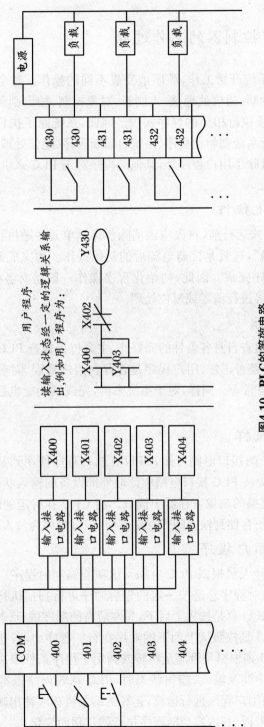

图4.10　PLC的等效电路

二、可编程控制器的工作过程

PLC 上电后,系统开始工作,顺序地完成不同的操作。整个工作的过程包括系统的初始化、自诊断、通信处理、输入刷新、对象控制、输出刷新等功能。要实现这些功能,CPU 必须执行相应的程序实现。因此,系统除了执行用户程序完成对象控制外,还要执行系统初始化程序、系统自诊断程序、通信处理程序、输入刷新和输出刷新程序等,且除了用户程序外,其他的程序对于 PLC 来讲均属于系统程序,即系统集成的程序。

(一) 初始化操作

PLC 未进入正式运行前,首先应该消除各存储单元的随机状态,为 PLC 开始正常工作"清理现场",这就是接通电源后的初始操作。为完成此操作,CPU 必须通过一段初始化程序完成。因此,初始化程序操作一般是对各标志位、映像寄存器、定时器、计数器等进行清零或复位处理。

(二) 自诊断

自诊断即自我检查自身各器件的完好性,主要包括检查 PLC 电源电压的正常性、I/O 单元的连接是否正常、用户程序是否存在语法错误、对看门狗定时器定期的复位、CPU 是否正常等。同样,对于系统来讲,完成该功能也是通过执行一段程序完成该功能。

(三) 输入采样

通过介绍 PLC 的接口电路可知,CPU 在执行程序使用到某输入信号的状态时,CPU 是不能直接从 PLC 接口电路中读取外部设备的输入状态的,而是直接到与 CPU 进行信息交换的映像寄存器中读取。当 CPU 在特定的时间采样时(允许输入时),输入信号便存储到输入映像存储器中,该过程称为输入刷新。

(四) 执行用户程序

用户程序即设计人员根据 PLC 应用系统功能编制的程序。PLC 在运行模式下执行用户程序时,对程序总是按一定的先后顺序进行扫描执行。若程序是使用梯形图编写的,则 CPU 总是按先上后下,先左后右的顺序进行;若使用的是语句表编写的程序,则 CPU 是按照从上到下的顺序执行。程序中,若遇到程序跳转或调用子程序指令,CPU 则根据是否满足跳转或调用子程序条件来决定是否要改变程序的走向。当指令中涉及输入、输出状态时,PLC 从输入映像寄存器和元件映象寄存器中读出,根据用户程序进行运算,运算的结果再存入输出映象寄存器中。对于输出映象寄存器来说,其内容会随程序执行的过程而变化。

（五）输出刷新

当扫描用户程序结束后，PLC 就进入输出刷新阶段。在此期间，CPU 按照输出映象寄存器区内对应的输出状态和数据刷新所有的输出锁存电路，再经输出接口电路驱动相应的外设。此时，才是 PLC 的真正输出。

（六）通信处理

CPU 执行通信处理程序实现的功能是使 PLC 与网络及总线上其他设备进行通信。其中包括 PLC 与 PLC、计算机、智能 I/O 模块、数字处理器等设备之间的信息交换。

三、可编程控制器的工作原理

各种 PLC 整个工作的过程均采用循环扫描的方式，即 CPU 按照一定的先后顺序循环执行 PLC 的程序。具体一个工作过程中，CPU 完成不同操作执行程序的先后顺序大同小异，我们以西门子 PLC 为例介绍一下 PLC 的循环工作过程。

图 4.11 所示为一 PLC 上电后的工作流程图。由图 4.11 可知，系统上电后首先完成的系统初始化，然后进入循环执行操作阶段。在循环操作阶段中，PLC 首先完成对输入状态的采样，并且输入采样只在输入采样阶段进行。当 PLC 进入其他程序执行阶段后输入端将被封锁，无论输入信号如何变化，输入映像存储器中的内容将保持，直到下一个扫描周期的输入采样阶段才对输入状态进行重新采样。这方式称为集中采样，即在一个扫描周期内，集中一段时间对输入状态进行采样。由于 PLC 的扫描周期一般为几十毫秒，输入刷新两次的时间间隔很短，对一般的开关量而言，可以认为采样是连续的。同样，在一个扫描周期内，执行到输出刷新程序时，只在输出刷新阶段才将输出状态从输出映象寄存器中输出，对输出接口进行刷新。在其他阶段里输出状态一直保存在输出映象寄存器中。这种方式称为集中输出。

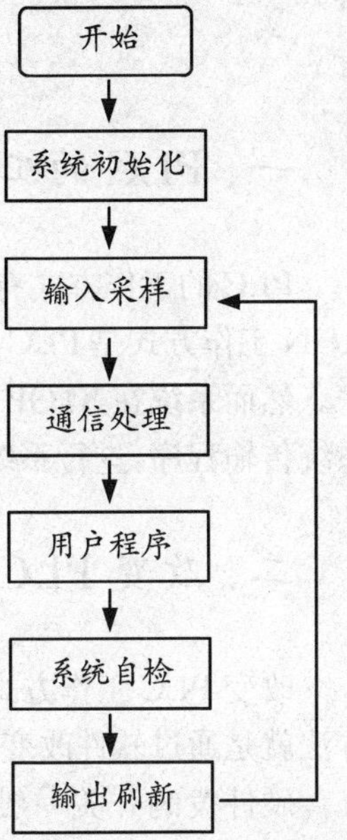

一个扫描周期中，系统执行完输入采样程序后，执行用户程序和通信处理等。用户程序主要是工程设计人员根据 PLC 被控系统的功能而编制的程序，以实现对象控制等功能。通信处理程序则主要是完成 PLC 与其他智能模块或编程器件的通信功能。

由以上分析可知，当 PLC 的输入端输入信号发生变化到 PLC 输出端对该输

图 4.11　PLC 工作流程图

入变化作出反应需要一段时间,这种现象称为 PLC 输入/输出响应滞后。对一般的工业控制而言,这种滞后是可以允许的。应该注意的是,这种响应滞后不仅源于 PLC 扫描工作方式,更主要是由 PLC 输入接口的滤波环节带来的输入延迟输出接口中驱动器件的动作时间带来的输出延迟,同时还与程序设计有关。滞后时间是设计 PLC 应用系统时应注意把握的一个参数。

对于小型 PLC,其 I/O 点数较少,用户程序较短,一般采用集中采样、集中输出的工作方式,虽然在一定程度上降低了系统的响应速度,但使 PLC 工作时大多数时间与外部输入/输出设备隔离,从根本上提高了系统的抗干扰能力,增强了系统的可靠性。

而对于大中型 PLC,其 I/O 点数较多,控制功能强,用户程序较长,为提高系统响应速度,可以采用定期采样、定期输出方式,或中断输入、输出方式以及采用智能 I/O 接口等多种方式。

第四节　可编程控制器的工作方式

一、PLC 的工作方式

PLC 的工作方式有两种,一种是运行(RUN)方式,一种是停止(STOP)方式。RUN 工作方式是 PLC 一种正常运行时的工作方式,PLC 上电后,系统运行所有程序。然而系统在 STOP 工作方式下,是不运行用户程序的,该工作方式下,可以向系统传输程序,进行系统设置或程序编辑等。

二、改变 PLC 工作方式的方法

改变 PLC 工作方式的方法有两类,一类是通过硬件拨码开关改变,另外一类方法就是通过软件改变。

硬件拨码开关一般会设置两位,一个为"STOP"位,另一个是"RUN"位,当拨向"STOP"位时,PLC 以停止方式工作,当拨向"RUN"位时,PLC 以运行方式工作。

软件方式改变工作方式中除以上两种外还可以通过编程软件改变其工作方式和通过软件指令改变其工作方式。一般编程软件上设置有控制 PLC 运行方式的功能按键或菜单项,当选择了不同的工作方式,编程软件上的设置可以通过编程电缆传输到 PLC 内部；有些厂家的 PLC 还设置有软件指令可以改变 PLC 的工作方式，但只能由 RUN 改为 STOP 运行模式，例如西门子 S7-200PLC 指令系统中设有"STOP" 指令。

第五节 可编程控制器的编程语言

PLC 提供的编程通常情况下有梯形图、语句表、功能块、高级语言等。

一、梯形图

梯形图是一种图形编程语言，是从继电器控制线路原理的基础上简化了符号而演变过来的，具有形象、直观、实用等特点，因此熟悉继电器控制线路的电气技术人员是很容易接受和理解的。梯形图编程语言是 PLC 应用中最基本、应用最普遍的一种编程语言。梯形图指令的设置，与继电器控制系统的基本思想是一致的，它不仅沿用了继电器的触点、线圈、串并联等术语和图形指令，同时还增加了电气线路控制系统中没有的特殊功能指令。设计梯形图程序时，工程技术人员完全可以沿用电气控制线路中典型的自锁、互锁、联锁等环节的设计思想来设计程序，编程简单、易懂。

如图 4.12(a)、(b)所示为一电气控制线路和梯形图程序的对比图。图 4.12(a)中的 SB1、SB2 分别为两个按钮的常开触点，SB3 为一个按钮的常闭触点，K1、K2 为两个继电器，当 SB1 按下时，K1 线圈工作，K1 触点动作，因此 K1 常开触点闭合形成自锁，常闭触点断开形成互锁，当按下 SB3 时，K1 线圈停止工作；按下按钮 SB2 的动作同按下按钮 SB1 的。图 4.12(b)中的，X1、X2、X3 为三路输入的地址，代表的是三路输入信号的状态，Y1、Y2 是两路输出的地址，同样代表的是两路输出，┤├代表的是常开触点指令，┤╱├ 代表的是常闭触点指令，当 X1 输入时常开触点指令闭合，Y1 输出，同时 Y1 的常开触点闭合形成自锁，Y1 的常闭触点指令断开形成互锁，输入 X3 信号时，Y1 停止工作；输入 X2 的过程与输入 X1 的过程相同。

由以上分析可知，图 4.12(a)和图 4.12(b)的表示思想是一样的，表达的逻辑关系均是典型的起保停逻辑控制，再加上互锁环节，但两者表示的方法是不同的，前者使用的是电气器件的触点和线圈实现输入与输出之间的逻辑控制关系，而后者使用的是软件指令实现了输入与输出之间的逻辑控制关系。后者使用灵活，修改方便,是电气器件硬件控制无法比拟的。

图 4.12(b)中为一梯形图程序,图中左边的垂直线一般称为主母线,右边的称为副母线(有的 PLC 梯形图没有副母线,只保留主母线),主母线和副母线之间为梯形图指令组成的梯形图程序。编写梯形图程序时一般遵循从上到下,从左到右的书写顺序,同样,CPU 在执行指令时,执行的顺序也是从上到下,从左到右。

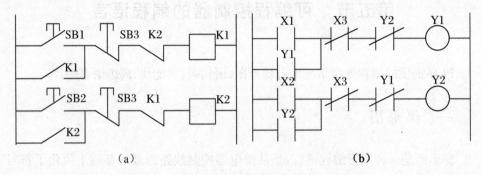

（a）　　　　　　　　　　　　　　　　　　（b）

图 4.12　电气控制线路与梯形图程序的对比图

二、语句表

语句表是 PLC 的一种最基础的编程语言,它由指令助记符组成,类似于计算机的汇编语言。语句表编制的程序最基本的组成就是语句表指令,一条语句表指令是由操作码和操作数组成。操作码是用来明确指令实现的功能,如逻辑运算、数据传送、定时、计数功能等,操作数是指令的操作对象,如输入映像寄存器、输出映像寄存器、变量储存器等。如表 4.1 所示为图 4.12(b)所示梯形图程序所对应的语句表程序。

表 4.1

LD	OR	ANI	ANI	OUT	LD	OR	ANI	ANI	OUT
X1	Y1	X3	Y2	Y1	X2	Y2	X3	Y1	Y2

语句表编程语言是一种面向机器的编程语言,具有指令简单、执行速度快等优点。语句表编程语言通常是手持式编程器使用的编程语言。

三、功能块图

功能块图是一种以逻辑门图形组成功能块表达命令的图形语言,这种语言中的基本指令是由输入段、输出段及逻辑关系函数组成,功能块指令的组合最终可以实现加、乘、比较等高级功能,是一种功能较强的编程语言。如图 4.13 所示即为一段功能块语言编写的程序。

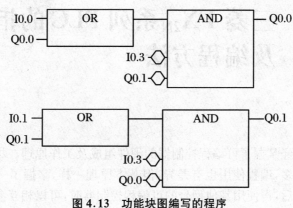

图 4.13　功能块图编写的程序

四、高级语言

近年来,一些厂家推出的 PLC 可以采用 C 语言、PASCAL、BASIC 等高级语言编程。由此可以看出,PLC 的发展方向之一就是像使用普通的计算机编程一样进行 PLC 结构化编程,这不仅可以实现一些电气控制中经常用到的逻辑控制,还可以实现一些较为复杂的功能,并且很容易和计算机进行联网通信。

习题与思考题

1. PLC 的定义是什么? 有什么特点?

2. PLC 的分类有哪些?

3. PLC 的发展经历了哪几个阶段? 发展趋势是什么?

4. PLC 的性能指标有哪些?

5. PLC 输入输出接口端子组合形式有哪些? 它们各有什么特点?

6. 简述 PLC 的硬件组成,并分析 PLC 输入输出接口类型及特点。

7. 简述 PLC 的工作原理。

8. PLC 的工作方式有哪些? 如何改变 PLC 工作方式?

9. PLC 一般可以采用哪些编程语言编程? 它们各有什么特点?

10. 可编程控制器与传统的继电器控制系统相比有哪些特点?

第五章　三菱 FX$_{2N}$ 系列 PLC 的指令系统及编程方法

前面我们已经掌握了可编程控制器的硬件组成及工作原理。尽管现在的可编程控制器种类繁多,编程使用也有差异,但基本原理一样,掌握了一种型号的可编程控制器的使用后,再使用其他型号的可编程控制器时,可以相互参照,触类旁通。本章以三菱 FX$_{2N}$ 可编程控制器为例,主要讲解可编程控制器的指令系统及编程方法。

第一节　三菱 FX$_{2N}$ 系列 PLC 简介

一、三菱 FX$_{2N}$ 系列型号名称的含义

FX$_{2N}$ 系列可编程控制器的基本格式如下:

$$FX_{2N}\text{-}\;\underline{\square}\;\;\underline{\square\;\square}\;\;\underline{\square}\;\text{-}\;\underline{\square}$$
$$\quad\quad\quad ①\quad\quad ②\quad\;③\quad\;④$$

其中:

① 表示输入输出的总点数:范围从 4 到 128。

② 表示单元类型:M 表示基本单元;E 表示输入输出混合扩展单元与扩展模块;EX 表示输入专用扩展模块;EY 表示输出专用扩展模块。

③ 表示输出形式:R 表示继电器输出;T 表示晶体管输出;S 表示晶闸管输出。

④ 表示特殊品种的区别:D 表示 DC 电源,DC 输出;A1 表示 AC 电源,AC 输入;H 表示大电流输出扩展模块;V 表示立体端子排的扩展模块;C 表示接插口输

入输出方式；F 表示输入滤波器时间常数为 1 ms 的扩展模块；L 表示 TTL 输入型扩展模块；S 表示独立端子（无公共端）扩展模块；若无符号，表示 AC 电源、DC 输入、横式端子排；其中继电器输出：2A/1 点；晶体管输出：0.5A/1 点；晶闸管输出：0.3A/1 点。

　　例如，型号为 FX$_{2N}$-20MR-D 的 PLC 属于 FX$_{2N}$ 系列，有 20 个 I/O 点的基本单元，继电器输出型，使用 DC24 V 电源。

二、FX$_{2N}$ 系列 PLC 的基本构成

　　FX$_{2N}$ 是 FX 系列中功能最强、速度最高的微型 PLC。它的基本指令执行时间高达 0.08 μs，内置的用户存储器为 8 k 步，可扩展到 16 k 步，最大可扩展到 256 个 I/O 点，有 5 种模拟量输入/输出模块，有多种特殊功能模块或功能扩展板，可以实现模拟量控制、位置控制和联网通信等功能（表 5.1、表 5.2、表 5.3）。

表 5.1　FX$_{2N}$ 系列 PLC 扩展单元

型　　号			输入 点数	输出 点数	扩展模块 可用点数
继电器输出	晶体管输出	可控硅输出			
FX$_{2N}$-32ER	FX$_{2N}$-32ET	FX$_{2N}$-32ES	16	16	24-32
FX$_{2N}$-48ER	FX$_{2N}$-48ET	—	24	24	48-64

表 5.2　FX$_{2N}$ 系列 PLC 扩展模块

型　　号				输入 点数	输出 点数
输　　入	继电器输出	晶体管输出	可控硅输出		
FX$_{2N}$-16EX	—	—	—	16	—
FX$_{2N}$-16EX-C	—	—	—	16	—
FX$_{2N}$-16EXL-C	—	—	—	16	—
—	FX$_{2N}$-16EYR	—	FX$_{2N}$-16EYS	—	16
—	—	FX$_{2N}$-16EYT	—	—	16
—	—	FX$_{2N}$-16EYT-C	—	—	16

表 5.3　FX₂ₙ系列 PLC 基本单元

型　　　号			输入点 数	输出点 数	扩展模块可用点数
继电器输出	晶体管输出	可控硅输出			
FX₂ₙ-16MR-001	FX₂ₙ-16MT	FX₂ₙ-16MS	8	8	24-32
FX₂ₙ-32MR-001	FX₂ₙ-32MT	FX₂ₙ-32MS	16	16	24-32
FX₂ₙ-48MR-001	FX₂ₙ-48MT	FX₂ₙ-48MS	24	24	48-64
FX₂ₙ-64MR-001	FX₂ₙ-64MT	FX₂ₙ-64MS	32	32	48-64
FX₂ₙ-80MR-001	FX₂ₙ-80MT	FX₂ₙ-80MS	40	40	48-64
FX₂ₙ-128MR-001	FX₂ₙ-128MT	—	64	64	48-64

三、FX₂ₙ 系列 PLC 的性能指标及编程器件

FX₂ₙ系列 PLC 的基本性能见表 5.4。

表 5.4　FX₂ₙ系列 PLC 基本性能

项　　目		FX₂ₙ
程序运算控制方式		存储程序,反复运算方式
输入输出控制方式		批处理方式,I/O 指令可以刷新
运转处理速度	基本指令	0.08 μs/指令
	应用指令	1.52 至数百微秒/指令
编程语言		梯形图,指令表,步进顺序图
程序存取容量		内置 8 k 步,最大可加至 16 k 步
指令数	基本指令	基本指令 27 条,步进指令 2 条
	应用指令	128 种,298 个
输入继电器 输出继电器		X0～X267(128 点),最大软件可设定地址 256
		Y0～Y267(128 点),最大软件可设定地址 256
辅助继电器	通用辅助继电器	M0～M499(500 点)
	锁存辅助继电器	M500～M3071(2 572 点)
	特殊辅助继电器	M8000～M8255(256 点)
状态继电器	初始状态继电器	S0～S9(10 点)
	回零状态继电器	S10～S19(10 点)

续表 5.4

项 目		FX$_{2N}$
状态继电器	通用状态继电器	S20～S499(480 点)
	锁存状态继电器	S500～S899(400 点)
	信号状态继电器	S900～S999(100 点)
定时器	100 ms 定时器	T0～T199(200 点),定时范围 0～3 276.7s
	10 ms 定时器	T200～T245(46 点),定时范围 0～327.67 s
	1 ms 积算定时器	T246～T249(4 点),定时范围 0～32.767 s
	100 ms 积算定时器	T250～T255(6 点),定时范围 0～3 276.7 s
计数器	通用 16 位计数器	C0～C99(100 点),16 位加计数器,0～32 767
	锁存 16 位计数器	C100～C199(100 点),16 位加计数器,0～32 767
	通用 32 位计数器	C200～C219(20 点),32 位加减计数器 ($-2\ 147\ 483\ 648$～$+2\ 147\ 483\ 647$)
	锁存 32 位计数器	C220～C234(15 点),32 位加减计数器 ($-2\ 147\ 483\ 648$～$+2\ 147\ 483\ 647$)
	32 位高速计数器	C235～C240(6 点),32 位加减高速计数器
数据 寄存器	通用数据寄存器(可变)	D0～D199(200 点)
	锁存数据寄存器(可变) 锁存数据寄存器(不变)	D200～D511(312 点) D512～D7999(7 488 点)
	文件寄存器	D1000～D7999(7 000 点)
	特殊寄存器	D8000～D8511(512 点)
	变址寄存器	V0～V7,Z0～Z7(16 点)
指针	JAMP,CALL 分支用	P0～P127(128 点)
	输入中断	I0 ～I5 (6 点)
	定时器中断	I6 ～I8 (3 点)
	计数器中断	I010～I060(6 点)
嵌套层数	主控	N0～N7(8 点)
常数	十进制 K	16 位：$-32\ 768$～$+32\ 767$ 32 位：$-2\ 147\ 483\ 648$～$+2\ 147\ 483\ 647$
	十六进制 H	16 位：0～FFFF 32 位：0～FFFFFFFF
	浮点数	32 位：$\pm(1.175\times10^{-38}$～$3.403\times10^{38})$

前面我们所学的继电器系统是通过硬件线路实现其控制功能的,而 PLC 是通过程序实现其控制功能的。在前者的控制线路设计中要用到各种继电器、接触器等实际的逻辑器件,同样在 PLC 程序设计中也需要各种逻辑器件和运算器件,称编程器件,用来完成 PLC 程序的逻辑运算、算术运算、定时、计数等功能。这些器件不是真正的器件(在梯形图中可以无限制的使用),是由 PLC 内部的电子电路和用户存储区中的一个个存储单元构成的。在编程时按每种元件的功能给一个编号,与存储单元的地址相对应。

(一)输入继电器

输入继电器(X)是一种光电隔离的电子器件,是 PLC 与外部输入设备连接的接口单元,专门用于接收和存储外部开关量信号,PLC 通过光耦合器将外部的信号读入并存储在输入映像寄存器中。当外部输入电路接通时,对应的映像寄存器为"1",表示输入继电器常开触点闭合,常闭触点断开。输入继电器的状态唯一取决于外部输入信号的状态,不受用户程序的控制,因此在梯形图中绝对不能出现输入继电器的线圈。

FX$_{2N}$ 的 PLC 输入继电器采用八进制编号,地址为 X0~X177,最多可达 128 点,输入响应时间约为 10 ms。

(二)输出继电器

输出继电器(Y)能提供无数对常开、常闭触点用于内部编程;能用来将 PLC 的输出信号传送给输出模块,再用输出模块驱动外部负载。如果输出继电器对应的线圈"通电",继电器型输出模块中对应的硬件继电器的常开触点闭合,使外部负载工作。输出模块中的每一个硬件继电器只有一对常开触点,但在梯形图中,每一个输出继电器的常开触点和长闭触点都可以使用无数次。

FX$_{2N}$ 的 PLC 输出继电器采用八进制编号,地址为 Y0~Y177,最多可达 128 点。

(三)辅助继电器

辅助继电器(M)的作用相当于继电器控制线路中的中间继电器的作用。辅助继电器只能由内部触点驱动,每一个辅助继电器也有若干对常开、常闭触点供编程使用。但辅助继电器不能直接驱动外部负载,必须通过输出继电器来驱动。

1. 通用辅助继电器

通用辅助继电器没有断电保持功能。在 FX$_{2N}$ 系列 PLC 中,除了输入继电器和输出继电器的编号采用八进制外,其他编程元件的元件号都采用十进制。

2. 断电保持辅助继电器

PLC 在工作时如果出现掉电故障,输出继电器和通用辅助继电器都将断电变为初始状态,重新上电后,之前的工作状态将不能恢复。但是某些控制对象需要保存掉电前的工作状态,以便 PLC 在恢复工作时再现掉电前的状态,则可以通过断电保持继电器达到目的。

3. 特殊辅助继电器

FX$_{2N}$内有 256 个特殊辅助继电器,用来表示 PLC 的某些状态,提供时钟脉冲和标志(例如进位、借位标志),设定 PLC 的运行方式,或者用于步进顺控、禁止中断、设定计数器的计数方式等。特殊辅助继电器分为两类:

(1) 触点利用型特殊辅助继电器

此类辅助继电器的线圈由 PLC 的系统程序来驱动,但不能出现它们的线圈。

M8000:运行监视。一旦 PLC 运行,M8000 即为"ON"。M8000 可用于运行显示。

M8002:初始化脉冲。仅在 PLC 运行开始瞬间接通一个扫描周期,即仅在 PLC 由"OFF"变为"ON"状态时的第一个扫描周期内为"ON"。M8002 的常开触点可用于某些元件的复位和清零,也可给某些元件置初始值。

M8005:锂电池电压降低。锂电池电压下降至规定值时变为"ON",可以用它的触点驱动输出继电器和外部指示灯,提醒工作人员更换电池。

M8011～M8014 分别是 10 ms、100 ms、1 s 和 1 min 的时钟脉冲。

(2) 线圈驱动型特殊辅助继电器

由用户程序驱动线圈,是 PLC 执行特定的操作,用户并不使用它们的触点。

M8034 的线圈"通电"时,全部输出被禁止。

M8039 的线圈"通电"时,PLC 以 D8039 指定的扫描时间工作。

(四) 状态继电器

状态继电器(S)是构成状态转移图的重要器件,与 STL 指令一起用于步进顺序控制。具体分类参见表 5.4。

(五) 定时器

定时器(T)的作用相当于时间继电器的。PLC 中所有的定时器都是通电延时型,可以利用程序来实现断电延时功能。FX$_{2N}$中定时器分为通用定时器、积算定时器两种。它们是通过一定周期的时钟脉冲进行累计而实现定时的,当所计数达到设定值时触点动作。

1. 通用定时器

通用定时器(T0～T245)的特点是不具备断电保持功能,当输入电路断开或停电时被复位。T0～T199 为 100 ms 定时器,定时时间为 0.1～3 276.7 s,其中 T192～T199 为子程序、中断服务程序专用的定时器;T200～T245 为 10 ms 定时器,定时时间为 0.01～327.67 s。图 5.1 所示的是定时器的工作原理。当定时器线圈 T10 的驱动输入 X0 接通时,T10 的当前值计数器对 100 ms 的时钟脉冲进行累积计数,在当前值与设定值 K345 相等时,定时器的输出接点动作,即输出触点是在驱动线圈后的 34.5 s(100 ms×345 = 34.5 s)时才动作,当 T10 触点吸合后,Y1 就有输出。当驱动输入 X0 断开或发生停电时,定时器就复位,输出触点也复位。每个定时器只有一个输入,它与常规定时器一样,线圈通电时,开始计时;断电时,自动复位,不保存中间数值。定时器有两个数据寄存器,一个为设定值寄存器,另一个是现时值寄存器。

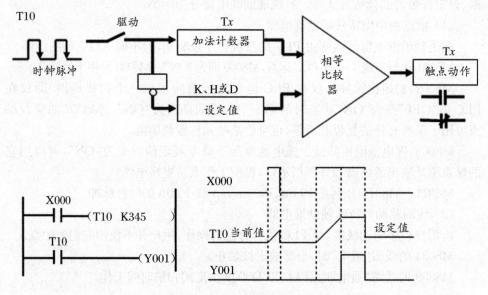

图 5.1　通用定时器的工作原理

2. 积算定时器

积算定时器(T246～T255),其中(T246～T249)为 1ms 积算定时器,定时时间为 0.001～32.767 s;(T250～T255)为 100ms 积算定时器,定时时间为 0.1～3 276.7 s。图 5.2 所示的是定时器的工作原理。当定时器线圈 T250 的驱动输入 X1 接通时,T250 的当前值计数器对 100 ms 的时钟脉冲进行累积计数,当该值与设定值 K345 相等时,定时器的输出触点动作。在计数过程中,即使输入 X1 在接通或复电时,计数继续进行,其累积时间为 34.5 s(100 ms×345＝34.5 s)时触点动作。当复位输入 X2 接通 ,定时器即复位,输出触点也复位。

(六) 计数器

1. 内部计数器

内部计数器是用来对 PLC 的内部映像寄存器(X、Y、M、S)提供的信号进行计数。内部计数器输入信号的接通或断开的持续时间应大于 PLC 的扫描周期。

(1) 16 位加计数器

16 位加计数器(C0～C255)。其中(C0～C99)为通用型,(C100～C199)为断

电保持型。设定值为 1～32 767,图 5.3 给出了加计数器的工作过程。其中 X10 常开触点接通后,C0 被复位,它对应的位存储单元被置为"0",其对应的常开触点断开,常闭触点接通,同时计数器当前值被置为"0"。X11 用来提供计数输入信号,当计数器的复位输入电路断开,计数输入上升沿到来时,计数器的当前值加"1",在 10 个计时脉冲后,C0 的当前值等于 10,它对应的存储单元的内容被置"1",其对应的常开触点闭合,常闭触点断开。再来计数脉冲时,当前值不变,直到复位信号到来,计数器被复位。

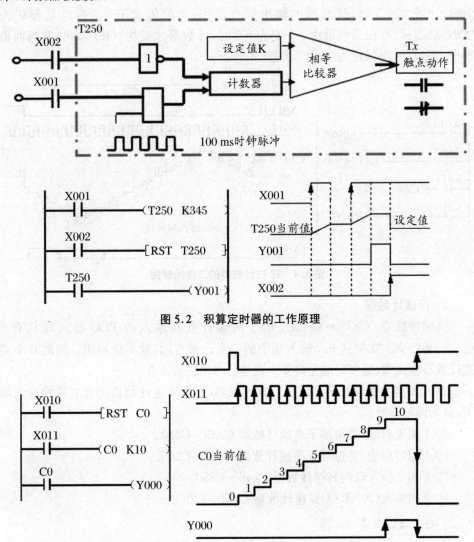

图 5.2　积算定时器的工作原理

图 5.3　16 位计数器工作原理图

(2) 32 位加/减计数器

32 位加/减计数器（C200～C234），其中（C200～C219）为通用型，（C220～C234）为断电保持型。设定值为 -2 147 483 648～+2 147 483 647。32 位加/减计数器的加/减计数方式由特殊辅助继电器 M8200～M8234 设定。当特殊辅助继电器为"OFF"，对应的计数器为加计数，反之为减计数。图 5.4 中 C200 的设定值是 -5，当 X12 断开，M8200 线圈断开时，对应的计数器进行加计数；当 X12 输入接通时，M8200 线圈通电，对应的计数器 C200 进行减计数。计数器只有在当前值由 -6 增为 -5 时，计数器的输出触点动作，当前值大于 -5 时计数器仍为"ON"状态；只有在当前值由 -5 变为 -6 时，计数器才变为"OFF"。只要当前值小于 -6，则输出保持为"OFF"状态。

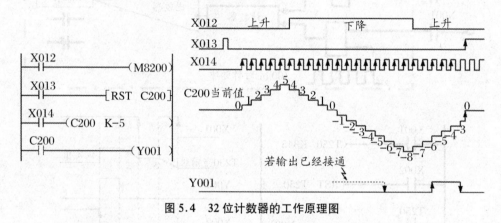

图 5.4　　32 位计数器的工作原理图

2. 高速计数器

高速计数器（C235～C255），用于高速计数器输入的 PLC 输入端只有 6 点——X0～X5，如果这 6 个输入端中的一个已被占用，就不能再用。因此 6 个高速计数器输入端，最多只能允许 6 个高速计时器同时工作。

21 个高速计数器均为 32 位加/减计数器，各个高速计数器均有对应的输入端子，分为四种类型：

① 1 相无启动/复位端子高速计数器 C235～C240。

② 1 相带启动/复位端子高速计数器 C241～C245。

③ 1 相 2 输入双向高速计数器 C246～C250。

④ 2 相输入（A-B）型高速计数器 C251～C255。

（七）数据寄存器

1. 通用数据寄存器

通用数据寄存器（D0～D199）。一般情况下此类寄存器只要不写入其他的数据,已存入的数据就不会改变,当 PLC 的运行状态由"RUN"变为"STOP"时,该类数据寄存器的内容均为零。利用特殊辅助继电器 M8033 置"1"时,PLC 由"RUN"变为"STOP"时,数据寄存器中的内容可以保持。

2. 断电保持数据寄存器

断电保持数据寄存器(D200~D511)。此类数据寄存器只要数据不被改写,其数据就不会丢失,无论电源接通与否或 PLC 运行与否都不会改变寄存器中的内容。利用外部设备的参数设定,可以改变通用数据寄存器与断电保持功能的数据寄存器的分配,D490~D509 供通信用。D512~D7999 的断电保持功能不能用软件改变,但可以用 RST 和 ZRST 指令清除它们的内容。

3. 特殊数据寄存器

特殊数据寄存器(D8000~D8255)是用来控制和监视 PLC 内部的各种工作方式和元件的,如电池电压、扫描时间、正在动作的状态的编号等。PLC 通电后,这些数据寄存器被写入默认的值。例如 D8000 存放监视定时器(WDT)的时间由系统 ROM 设定,也可以用(MOV)指令将所需的时间送入 M8000。该值在运行转为停止时不会改变。未定义的特殊数据寄存器用户不能使用。

4. 文件寄存器

文件寄存器(D1000~D2999)是被用于存放大量数据的专用数据寄存器,用于生成用户存储区。它占用用户程序存储器,以 500 点为 1 单位。在参数设置时,最多设置 7 000 点,可用编程器进行写操作,也可用编程软件进行设定、修改,依次传送进入 PLC。

5. 变址寄存器

变址寄存器(V0~V7,Z0~Z7)是一种特殊用途的寄存器,用于改变元器件的地址编号。例如当 Z = 6 时,数据寄存器的元件号 D8Z 相当于 D14(8 + 6 = 14)。通过改变地址寄存器的值,可以改变实际的操作数。变址寄存器也可以用来修改常数的值。V 和 Z 都是 16 位数据寄存器,在进行 32 位操作时,将 V 和 Z 串联使用并规定 Z 为低位,V 为高位。

(八) 指针与常数

指针有两种类型,分别是分支指令用指针和中断用指针。

常数也作为一种软器件使用,因为在 PLC 程序中或 PLC 内部存储器中,它都占用一定的存储空间。十进制用 K 表示,十六进制用 H 表示。

第二节　三菱 FX$_{2N}$ 系列 PLC 的基本指令

FX$_{2N}$ 系列 PLC 有 27 条基本指令、2 条步进指令和 100 多条应用指令,本节介绍基本指令。

一、三菱 FX$_{2N}$ 系列 PLC 的基本指令

(一)逻辑取及线圈输出指令(LD、LDI、OUT)

LD:取指令。常用于从母线开始取常开触点。

LDI:取反指令。常用于从母线开始取常闭触点。

OUT:输出指令。用于驱动输出继电器线圈。

如图 5.5 梯形图所示。

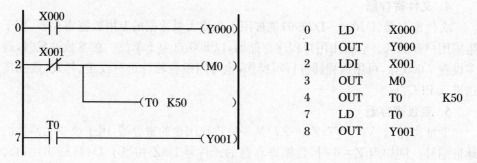

图 5.5　LD、LDI、OUT 的用法

使用说明:

① LD、LDI 指令的目标元件是 X、Y、M、S、T、C,用于触点与母线连接。另外,在分支电路的起始点处,此两条指令与后述的 ANB、ORB 指令一起使用。

② OUT 指令的目标元件是 Y、M、S、T、C,对这些目标元件进行驱动,接于右母线,但不能用来驱动输入继电器。OUT 指令并行输出时,可以连续多次使用。

③ LD、LDI 是 1 个程序步指令,1 个程序步即 1 个字;OUT 是多程序步指令,视目标元件而定。当 OUT 指令的目标元件是 T、C 时,必须有设定值;用编程器输入指令时,必须在设定值前按 SP 键。

(二) 触点串联、并联指令(AND、ANI、OR、ORI)

AND:与指令。用于单个常开触点的串联连接。

ANI:与非指令。用于单个常闭触点的串联连接。

OR:或指令。用于单个常开触点的并联连接。

ORI:或非指令。用于单个常闭触点的并联连接。

如图 5.6 梯形图所示。

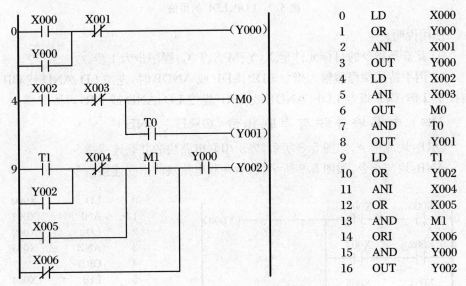

0	LD	X000
1	OR	Y000
2	ANI	X001
3	OUT	Y000
4	LD	X002
5	ANI	X003
6	OUT	M0
7	AND	T0
8	OUT	Y001
9	LD	T1
10	OR	Y002
11	ANI	X004
12	OR	X005
13	AND	M1
14	ORI	X006
15	AND	Y000
16	OUT	Y002

图 5.6　AND、ANI、OR、ORI 的用法

使用说明:

① AND、ANI 指令是用作单个触点串联,串联节点的数量不受限制,可以连续使用。图 5.6 中,指令"OUT M0"之后通过 T0 的触点去驱动 Y1,称为纵接输出。只要按正确的次序设计电路,可以重复使用纵接输出。

② OR、ORI 指令是用作单个触点并联连接。使用时一般紧跟在 LD、LDI 指令之后,并联的次数不受限制。

③ AND、ANI、OR、ORI 指令的目标元件是 X、Y、M、S、T、C,程序步为 1 步。

(三) 检测上升沿和下降沿的触点指令(LDP、LDF、ANDP、ANDF、ORF、ORP)

LDP、ANDP 和 ORP 是用来检测上升沿的触点指令。对应的触点仅在指定元件的上升沿(由"OFF"变为"ON")时接通一个扫描周期。LDF、ANDF、ORF 是用来检测下降沿的触点指令。对应的触点仅在指定元件的下降沿(由"ON"变为"OFF")时接通一个扫描周期。

如图 5.7 梯形图所示。

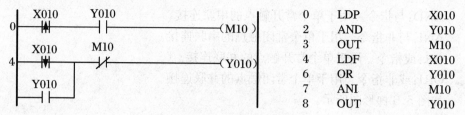

0	LDP	X010
2	AND	Y010
3	OUT	M10
4	LDF	X010
6	OR	Y010
7	ANI	M10
8	OUT	Y010

图 5.7 LDP、LDF 的用法

使用说明：

① 此 6 条指令的目标元件是 X、Y、M、S、T、C，程序步为 1 步。

② 用手持式编程器输入指令 LDP、LDF 或 ANDP 时，先按 LD、AND 或 OR，再按 P/I 键；输入指令 LDF、ANDF 或 ORF 先按 LD、AND 或 OR，再按 F 键。

（四）电路块并联与串联指令（ORB 、ANB）

ORB：块或指令，如图 5.8 所示，表示串联电路块的并联连接指令。

ANB：块与指令，如图 5.9 所示，表示并联电路块的串联连接指令。

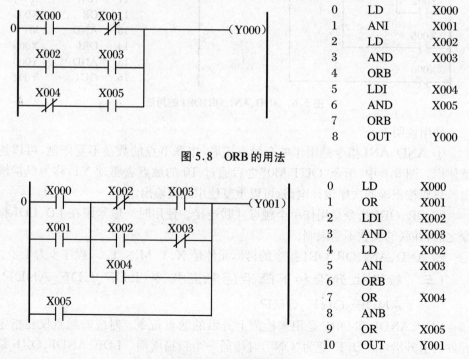

0	LD	X000
1	ANI	X001
2	LD	X002
3	AND	X003
4	ORB	
5	LDI	X004
6	AND	X005
7	ORB	
8	OUT	Y000

图 5.8 ORB 的用法

0	LD	X000
1	OR	X001
2	LDI	X002
3	AND	X003
4	LD	X002
5	ANI	X003
6	ORB	
7	OR	X004
8	ANB	
9	OR	X005
10	OUT	Y001

图 5.9 ANB 的用法

使用说明：

① ORB、ANB 指令都不带元件编号。

② 对 ORB 指令，串联支路并联的次数不受限制，但每并联一次就要用一次 ORB 指令。

③ 对 ANB 指令，当串联电路块与前面的电路并联时，分支的开始用 LD、LDI 指令，结束用 ANB 指令。

④ 对 ANB 指令，多个并联电路块连续串联连接，顺序用 ANB 指令，ANB 使用次数不受限制。

（五）多重输出指令（MPS、MRD、MPP）

MPS：进栈指令，用于运算结果的存储。

MRD：读栈指令，用于存储内容的读出。

MPP：出栈指令，堆栈内容的复位。

在 FX₂N 的 PLC 中，有 11 个暂存运算中间结果的存储器，称栈存储器。使用一次 MPS 指令，将运算结果推入栈的第一层；再次使用 MPS 指令时，当时的运算结果推入栈的第一层，先推入的数据依次向栈的后一段推移。利用 MRD 读出最上层的最新数据；MPP 指令使各数据依次向上层推移，最上层的数据在出栈后就从栈内消失。

所谓的多重输出是指从某一点经串联触点驱动线圈之后，再由这一点驱动另一线圈，或再经串联触点驱动另一线圈的方式。它与前面的纵接输出不同。

图 5.10 中 0 行的 Y0 和 Y1 为连续输出；执行第 4 行，将 X2 数据存储起来，将 X2 数据与 X3 数据运算后驱动线圈 Y2，执行 MPP 指令，读出存储的 X2 数据，当 X4 接通，运算后驱动 Y3。

注意图 5.11 中 Y2 和 Y3 是纵接输出，不必使用多重输出指令。

使用说明：

① 此类指令都是无目标元件的指令。

② MPS 和 MPP 必须成对使用。

③ 由于栈存储单元只有 11 个，所以最多栈的层次最多 11 层（图 5.12）。

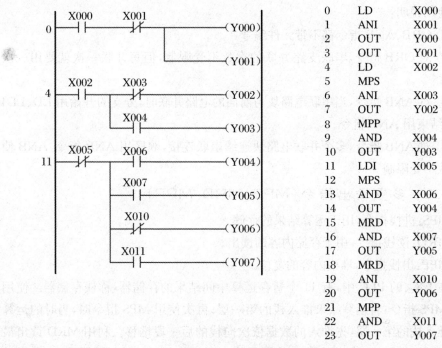

0	LD	X000
1	ANI	X001
2	OUT	Y000
3	OUT	Y001
4	LD	X002
5	MPS	
6	ANI	X003
7	OUT	Y002
8	MPP	
9	AND	X004
10	OUT	Y003
11	LDI	X005
12	MPS	
13	AND	X006
14	OUT	Y004
15	MRD	
16	AND	X007
17	OUT	Y005
18	MRD	
19	ANI	X010
20	OUT	Y006
21	MPP	
22	AND	X011
23	OUT	Y007

图 5.10　一层堆栈用法

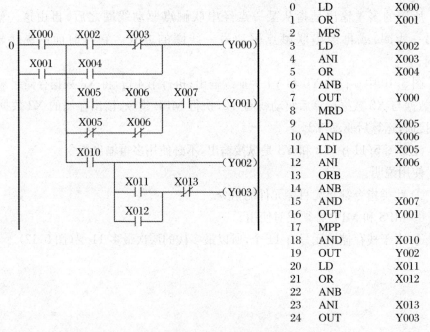

0	LD	X000
1	OR	X001
2	MPS	
3	LD	X002
4	ANI	X003
5	OR	X004
6	ANB	
7	OUT	Y000
8	MRD	
9	LD	X005
10	AND	X006
11	LDI	X005
12	ANI	X006
13	ORB	
14	ANB	
15	AND	X007
16	OUT	Y001
17	MPP	
18	AND	X010
19	OUT	Y002
20	LD	X011
21	OR	X012
22	ANB	
23	ANI	X013
24	OUT	Y003

图 5.11　MPS、MRD、MPP 与 ANB、ORB 的组合用法

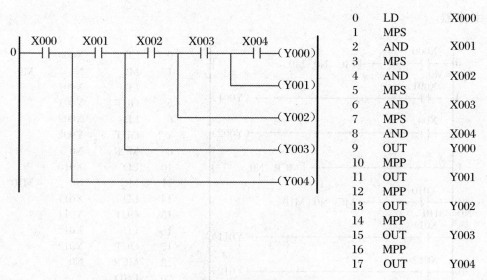

0	LD	X000
1	MPS	
2	AND	X001
3	MPS	
4	AND	X002
5	MPS	
6	AND	X003
7	MPS	
8	AND	X004
9	OUT	Y000
10	MPP	
11	OUT	Y001
12	MPP	
13	OUT	Y002
14	MPP	
15	OUT	Y003
16	MPP	
17	OUT	Y004

图 5.12 多层堆栈电路

（六）主控触点指令（MC、MCR）

MC：主控指令，表示主控区的开始。

MCR：主控复位指令，表示主控区结束。

在编程时，经常会遇到多个线圈同时受一个或一组触点控制的情况。如果在每个线圈的控制电路中串入同样的触点，将会占用很多存储单元，这时应使用主控指令。使用主控指令的触点称为主控触点，在梯形图中与一般的触点垂直，作用相当于一组电路的总开关。

使用说明：

① MC 指令只能用于 Y、M（不包含特殊辅助继电器）。

② MC 和 MCR 必须成对使用。

③ MC 指令可以嵌套使用，嵌套的层数 N0～N7，N0 为最高层，N7 为最底层。在没有嵌套时，通常用 N0（图 5.13、图 5.15）进行编程，N0 的次数没有限制。

（七）置位与复位指令（SET、RST）

SET：置位指令，使动作保持。

RST：复位指令，使动作复位。

使用说明：

① SET 指令的目标元件为 Y、M、S；RST 指令的目标元件为 Y、M、S、T、C、D、Z、V。RST 指令可以用来对 D、Z、V 的内容清零，还可以用来复位积算定时器和

计数器。

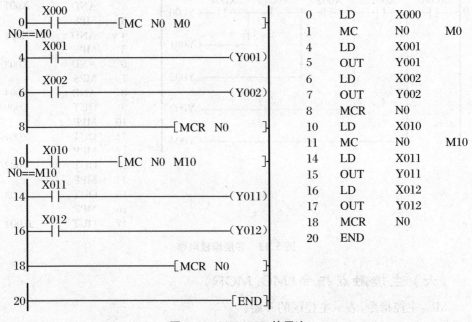

0	LD	X000	
1	MC	N0	M0
4	LD	X001	
5	OUT	Y001	
6	LD	X002	
7	OUT	Y002	
8	MCR	N0	
10	LD	X010	
11	MC	N0	M10
14	LD	X011	
15	OUT	Y011	
16	LD	X012	
17	OUT	Y012	
18	MCR	N0	
20	END		

图 5.13　MC、MCR 的用法

② 对同一编程元件,可以多次使用 SET、RST 指令,最后一次执行的指令决定当前值的状态。在任何情况下,RST 指令优先执行(图 5.14)。

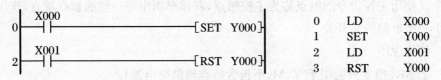

0	LD	X000
1	SET	Y000
2	LD	X001
3	RST	Y000

图 5.14　SET、RST 的用法

(八) 微分输出指令(PLS、PLF)

PLS:上升沿微分输出,在输入信号的上升沿产生一个扫描周期的输出。

PLF:下降沿微分输出,在输入信号的下降沿产生一个扫描周期的输出。

使用说明:

① PLS、PLF 指令的目标元件为 Y、M(特殊辅助继电器除外)。

② PLS、PLF 指令可以单独使用,也可以同时使用(图 5.16)。

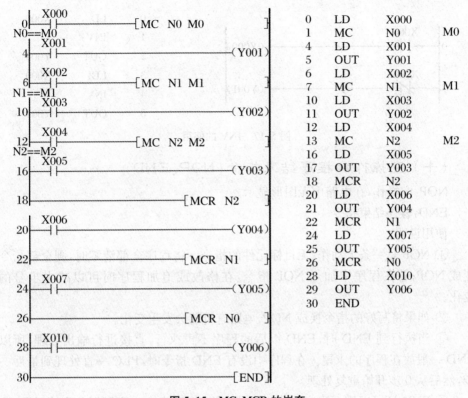

图 5.15　MC、MCR 的嵌套

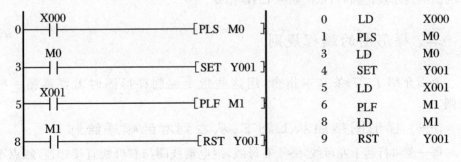

图 5.16　PLS、PLF 的使用

（九）取反指令（INV）

INV：将执行该指令之前的运算结果取反，无目标操作元件。

图 5.17 中，当 X0 断开，Y0 为"ON"，Y1 为"OFF"。使用 INV 指令时，将其串接在电路上，不能单独做并联使用，也不能接于左母线。用手持式编程器输入 INV 指令时，先按 NOP 键，再按 P/I 键。

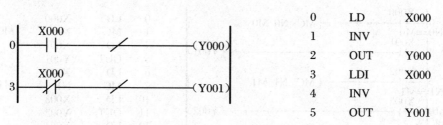

图 5.17　INV 的使用

（十）空操作和程序结束指令（NOP、END）

NOP：空操作，在电路中无图形显示。

END：程序结束指令。

使用说明：

① NOP 是一条无动作、无目标元件的指令。将程序全部清零时，则全部指令变成 NOP；若在程序中加入 NOP 指令，在修改或追加程序时可以减少步号的变化。

② 如果将写好的指令换成 NOP，电路有可能会发生变化。

③ 当执行到 END 时，END 以后的程序不再执行，直接进行输出处理，所以 END 一般放在程序的末尾。在程序中没有 END 指令时，PLC 一直处理到最后一步，然后从 0 步开始重复处理。

④ END 还可以用于程序的分析调试。用 END 指令将程序划分为若干段，确认前面的程序段正确后，依次删除 END 指令。

二、梯形图的编程规则

上面介绍了 27 条基本指令，用这些指令编制梯形图时需要遵循一些规则。

（一）梯形图按照从上到下、从左到右的顺序绘制

每一逻辑行起于左母线，终于右母线，继电器线圈与右母线直接相连，触点不能直接与右母线相连，线圈不能直接与左母线相连。梯形图的触点应画在水平线上，不应画在垂直线上。

（二）能优化设计的程序尽可能优化设计

① 当有串联电路块互相并联时，应将触点多的支路放在梯形图的上面，这样可以节省指令数（图 5.18）。

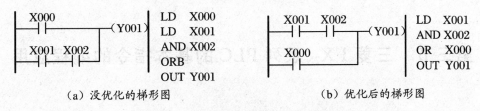

（a）没优化的梯形图　　　　　　　　　　（b）优化后的梯形图

图 5.18　避免使用 ORB 指令梯形图的优化

② 当有并联电路块串联时,应将触点多的支路放在梯形图的左边,这样也可以节省指令数(图 5.19)。

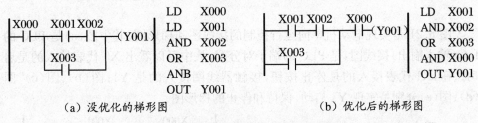

（a）没优化的梯形图　　　　　　　　　　（b）优化后的梯形图

图 5.19　避免使用 ANB 指令梯形图的优化

③ 当线圈能纵接输出的,尽量不要使用多重输出。因为使用多重输出会增加指令数目(图 5.20)。

<table>
<tr><td>

```
  X001    X002
───┤├──────┤├──────(Y001)
                   │
                   (Y002)
```
</td><td>

```
LD    X001
MPS
AND   X002
OUT   Y001
MPP
OUT   Y002
```
</td><td>

```
  X001
───┤├──────────────(Y002)
         X002
        ──┤├───────(Y001)
```
</td><td>

```
LD    X001
OUT   Y002
AND   X002
OUT   Y001
```
</td></tr>
</table>

（a）没优化的梯形图　　　　　　　　　　（b）优化后的梯形图

图 5.20　避免使用多重输出指令梯形图的优化

（三）利用基本指令编程时不可使用双线圈输出

双线圈指的是在程序中有多次使用同一编号的继电器线圈的现象。在程序中出现双线圈并不违反编程规则,但如果在程序中出现双线圈,则前面输出的无效,而最后一次输出的有效。

第三节　三菱 FX_{2N} 系列 PLC 的基本指令的编程应用

上一节我们学习了 PLC 的基本指令和编写梯形图的一些基本规则。本节介绍一些典型的控制环节和简单的实际程序设计。

一、三相笼形异步电动机单向运行控制电路

图 5.21 是实现电动机单向运行控制的接线图和梯形图,其中图(a)是 PLC 的 I/O(输入输出)接线图,是 PLC 的端子对分配,从中可以看出 X0 代表接入的是启动按钮,X1 代表接入的是停止按钮,接触器线圈接入的是 Y1;图(b)、图(c)、图(d)、图(e)分别是实现 Y1 启动、保持和停止的梯形图。

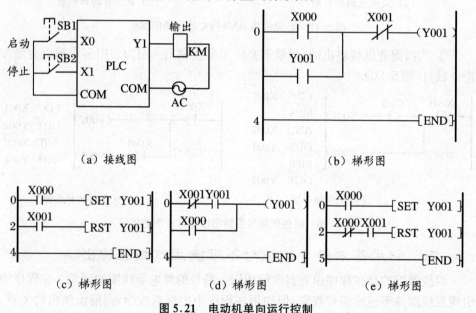

（a）接线图　　　　　　　　　　　　（b）梯形图

（c）梯形图　　　　　（d）梯形图　　　　　（e）梯形图

图 5.21　电动机单向运行控制

分析图 5.21 可知,其中的图(b)、图 d 是利用 Y1 动合触点实现自锁功能;图(c)、图(e)是利用 SET、RST 指令实现自锁功能。通过同时按如图 5.21 中所示的启动按钮和停止按钮会发现,图(b)、图(c)是复位优先电路;图(d)、图(e)是启动优先电路。

二、三相笼形异步电动机正反转控制电路

三相笼形异步电动机正反转控制电路如图 5.22 所示。此电路在继电接触器控制系统中也分析过以按钮互锁和线圈互锁方式达到控制目的设计。如果先按正向启动按钮,电动机进行正向运转,想使电动机反转只要按反转启动按钮就可以实现。这种在两个线圈回路中互相串接对方常闭触点的电路呈互锁电路。

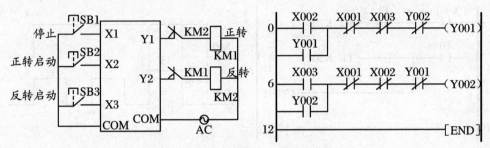

图 5.22 异步电机可逆运行控制

三、定时器

(一) 延时接通.延时断开电路程序

如图 5.23 所示,当 X0 触点(作用相当于按钮)闭合,M0 线圈通电,其常开触点闭合,启动定时器 T0,当定时器工作到 5 s 时,T0 对应的常开触点闭合,Y0 线圈通电,从而达到延时接通的目的。

如图 5.24 所示,当 X0 触点(作用相当于按钮)闭合,Y1 线圈通电并自锁输出。当停止按钮 X1 触点闭合,M0 线圈通电自锁并启动定时器 T1,当达到定时器的设定值 5 s 时,T1 的常闭触点断开 Y1 和 M0,从而达到延时断开的目的。

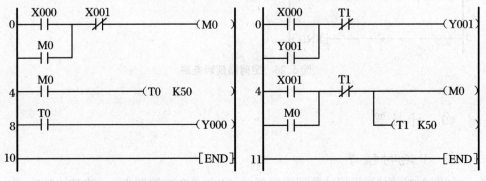

图 5.23 延时接通电路　　　　**图 5.24 延时断开电路**

（二）振荡电路

如图 5.25，采用两个定时器产生连续脉冲信号，只要 X1 通电，输出 Y1 就周期性的接通和断开，接通的时间由 T1 的设定值决定，断开的时间由 T0 的设定值决定。振荡电路本质上具有正反馈的性质，T0 和 T1 的输出信号通过自己的触点分别控制对方的线圈形成正反馈。

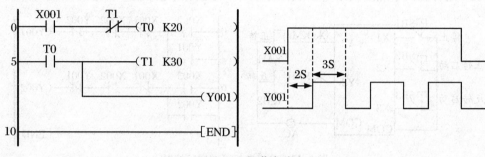

图 5.25　振荡电路

（三）长延时定时器

单个定时器的最长延时为 3 276.7 s，如果进行长时间的延时，比较简单的方法是可以采用将定时器依次相串，当定时器计时时间到了，用它的常开触点作为下一个定时器的启动条件，从而达到长时间延时的目的，如图 5.26 所示。

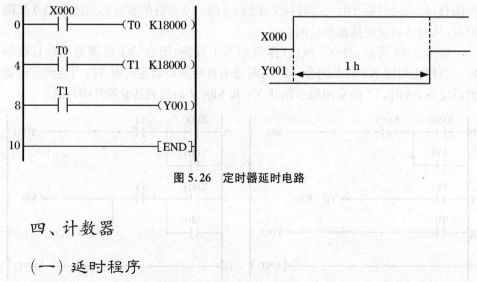

图 5.26　定时器延时电路

四、计数器

（一）延时程序

如图 5.27 所示，采用计数器进行延时，M8013 产生周期为 1 s 的时钟脉冲，作为计数信号。当输入信号 X11 接通时,计数器每 1 s 计数一次,当计数 1 000 次时,计数器的常开触点闭合,Y10 延时 1 000 s 输出。

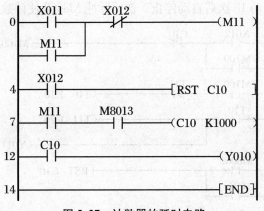

图 5.27　计数器的延时电路

（二）利用计数器和定时器长时间延时

如图 5.28 所示,X0 触点作为开关使用,当 X0 触点闭合,C0 用作小时计时,C1 用作一天的计时,C2 用作一星期的计时。

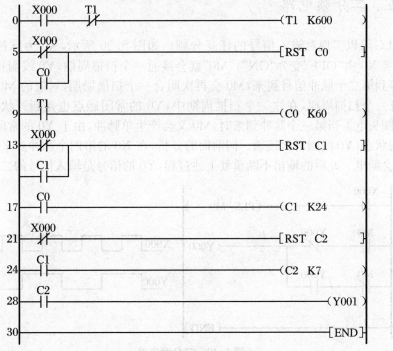

图 5.28　定时器延时电路

（三）闪光电路

图 5.29 所示的是由定时器和计数器配合构成的闪光电路。输出 Y11 每隔 1 s 亮一次，每次亮 2 s，闪动 16 次后自动停止。初始脉冲 M8002 使计数器 C10 复位清零。

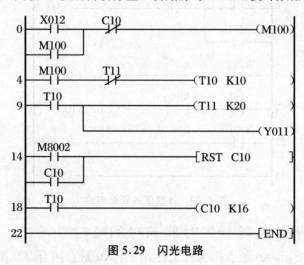

图 5.29　闪光电路

五、二分频电路

PLC 可以实现对输入信号的任意分频。如图 5.30 所示，X0 为脉冲信号输入，只要 X0 由"OFF"变为"ON"，"M0"就会接通一个扫描周期，Y0 线圈接通并保持。等到第二个脉冲信号到来，M0 会再次闭合一个扫描周期，对应的 M0 常闭触点断开一个扫描周期，在这一个扫描周期中，Y0 的常闭触点也是断开状态，因此 Y0 线圈失电。当第三个脉冲到来时，M0 又会产生单脉冲，由于 Y0 的常闭触点保持接通状态，Y0 线圈再次接通。同前面的分析，在 X0 的第四个脉冲到来时，输出 Y0 又会断电。此后的输出不断重复上述过程，Y0 的信号是输入信号的二分频。

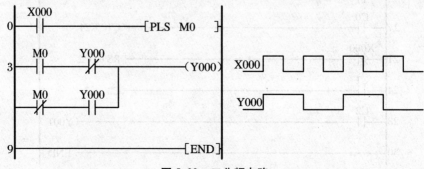

图 5.30　二分频电路

第四节　三菱 FX$_{2N}$系列 PLC 的步进指令及编程

顺序功能图 SFC 用于编制 PLC 程序,比梯形图更直观,正为越来越多的电气技术人员所接受。本节介绍步进指令及编程方法。

一、顺序功能图

(一) 顺序控制系统

流程作业的自动化控制系统,一般包含若干个状态(或称工序),当条件满足时,系统能够从一种状态转移到另一种状态,我们称这种控制为顺序控制。对应的系统则称作顺序控制系统或流程控制系统。

例如:如图 5.31 所示的运货小车往返工作过程。

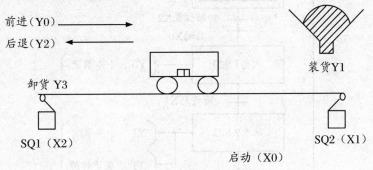

图 5.31　小车往返示意图

(二) 顺序功能图

针对顺序控制要求,PLC 提供了顺序功能图语言(SFC)支持。顺序功能图又称状态转移图,由一系列状态(用状态继电器 S)组成。

如图 5.31 所示在一周期中控制工艺要求如下:

当小车停在限位开关 X2 处,假定小车开始为空车。按下启动按钮 X0,小车前进,碰到限位开关 X1 后,翻斗门打开装货;10 s 后小车后退,到限位开关 X2 后,打开小车底门放货,7 s 后放完货,小车停止。

将上述小车往返工艺用状态图表示(图 5.32)。

由该图可以看出,顺序设计法可读性强,容易理解,能够准确反映整个工艺的控制过程,给编程者带来了清晰的编程思路。

二、步进指令

（一）步进指令的功能

FX$_{2N}$ 系列 PLC 有两条步进指令，它的功能如下：

STL：步进触点指令，表示步进梯形图开始，STL 指令是利用状态继电器在顺控程序上进行工序步进式控制的指令。

RET：步进返回指令，用于状态流程的结束，实现返回原母线的指令。

STL 指令的意义是激活某个状态，在梯形图上表示从左母线引进步进指令，步进触点只有常开触点，没有常闭触点；与 STL 连接的触点使用 LD 或 LDI 指令，因为 STL 指令有建立子母线的功能，该状态的所有操作均在子母线上进行。

RET 指令的执行，表示步进梯形图的结束。状态转移图的结束必须使用 RET 指令。

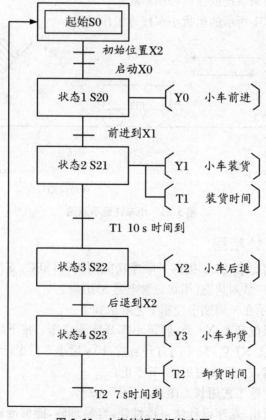

图 5.32　小车往返运行状态图

图 5.33 中,(a)、(b)、(c)三图之间可以相互转换。图(a)表示的是顺序图之一——状态转移图;图(b)是用步进指令将状态转移图转换成的梯形图;图(c)是将转换成的梯形图用指令的形式表达。

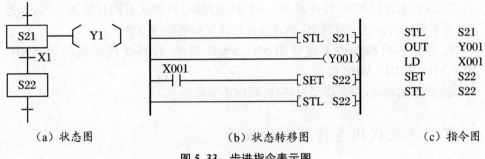

(a) 状态图 　　　　　　　(b) 状态转移图 　　　　　　　(c) 指令图

图 5.33　步进指令表示图

(二) 状态转移图的三要素

① 驱动负载。状态转移图可以驱动 M、Y、T、S 等线圈,可以用 OUT 驱动,也可以通过 SET 指令驱动,用 OUT 直接驱动的输出在本状态结束后自动复位,用 SET 指令驱动的输出可以保持下去,直到用 RST 指令再次对输出复位。

② 转移条件。连接两个状态之间的线段上的短线表示图 5.33 中所示的 X1 接通,它的后续状态 S22 变成活动状态,而它的前级状态 S21 自动复位,即非活动状态。

③ 转移目标。所谓的转移目标就是转移到的那个状态。如果转移目标是由上向下、连续的,用 SET 指令;如果是非连续的,则用 OUT 指令。

(三) 转换实现的条件

① 该转换所有的前级步都是活动步。

② 相应的转换条件得到满足。

上面的两个条件必须同时满足,缺一不可。

(四) 转换实现时应完成的操作

① 使所有由有向连线与相应转换符号相连的后续步都变为活动步。

② 使所有由有向连线与相应转换符号相连的前级步都变为不活动步。

(五) 使用 SFC 编程注意的问题

① 初始步一般对应系统的初始状态,可能没什么输出,但初始步必不可少,用双线框表示。因为如果没有初始步,无法表示初始状态,那么系统就无法返回停止状态。

② 两个步不能直接相连,必须用一个转换将其隔开;两个转换也不能直接相连,必须用一个步将其隔开。

③ 在状态转移图中,状态的地址编号不能重复使用,例如:不能出现两个或两个以上的 S20。

④ 在不同状态之间允许重复使用输出元件(如 Y、M),在同一状态内不允许重复输出。但定时器不能在相邻的状态中输出,如果在相邻的状态下编程,则状态转移的瞬间,两个相邻的状态同时接通,会造成定时器当前值无法复位。

⑤ 在状态转移图中,仅在瞬间(一个扫描周期)两种状态同时接通。因此,为了避免不能同时接通一对输出,必须设置硬件互锁或软件互锁。

⑥ 在状态转移图中不能使用 MC、MCR 指令,转移条件不能使用 ANB、ORB、MPS、MRD、MPP 指令。

⑦ 状态编程时,应先驱动再转移,顺序不能颠倒。

三、单流程状态转移图的设计

所谓的单流程指的是从初始状态到最后的状态只有一条路,其特点是每个状态只有一个转移目标。以如图 5.32 所示的小车往返控制为例进行介绍。

从图 5.34 可以看出,在状态转移图中,从上到下的相邻状态之间以及与某一状态对应输出的箭头可以省略不画。

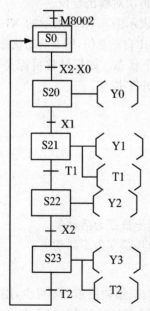

图 5.34 小车运行状态转移图

在顺序功能图中,只有当某一步的前几步是活动步时,该步才有可能变成活动步。用没有断电保持功能的编程元件 S 代表各步,进入"RUN"工作方式时,均处于"OFF"状态,必须用初始化脉冲 M8002 的常开触点作为转换条件,将初始步置为活动步,如图 5.34所示,否则功能图中没有活动步,系统将无法工作。

图 5.35 是运用步进指令将图 5.34 转换而成的梯形图及指令表。从步进梯形图中可以看出,在转换的过程中,应先驱动,再转移。非相邻的状态需用 OUT 指令。

四、多流程状态转移图的设计

(一) 选择性分支与汇合的编程

选择序列的起始称作为分支,如图 5.36 所示,转换符号标在分支处的水平线之下,一般只允许选择某一分支进行工作,即选择序列中的各序列是相互排斥的,任何两个序列都不能同时执行。选择序列的结束称为合并,合并时转换符号出现在水平连线之上。

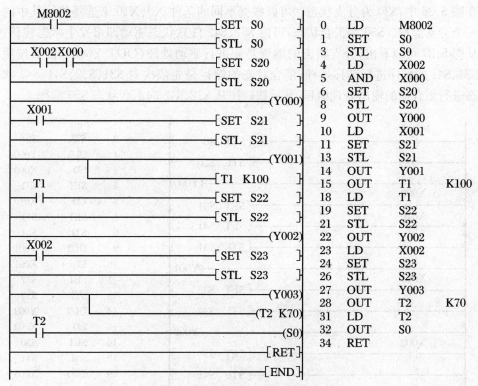

图 5.35　小车运行的步进梯形图及指令表

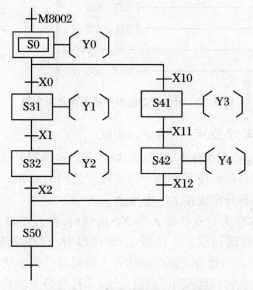

图 5.36　选择性分支状态转移图

在图 5.36 中, S20 为分支状态。可以根据不同的条件 X0、X10 来选择执行其中的一个分支流程。S50 为汇合状态, 可由 S32、S42 任意状态驱动即可发生状态转移。从图 5.37 可以看出, 分支状态的编程是先进行驱动处理(OUT Y000), 然后按照 S31、S41 的顺序进行转移处理; 汇合状态的编程是先依次对 S31、S32、S41、S42 状态进行汇合前的输出处理编程, 然后按顺序从 S32、S42 向汇合状态 S50 编程。

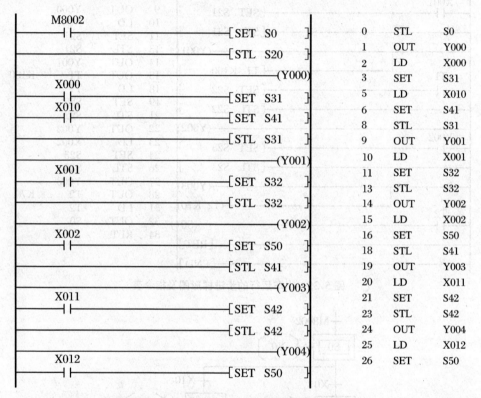

图 5.37 分支状态的步进梯形图及指令表

(二) 并行性分支与汇合的编程

并行性序列的起始称作分支, 如图 5.38 所示。转换符号标在分支处的水平线之上, 当满足此转换条件后使下面两个分支流程能同时工作。并行序列的结束称为合并, 合并时转换符号出现在水平连线之下。

在图 5.38 中, S20 为分支状态。当 X0 接通时, 并且 S20 是工作状态的情况下, S31、S41 同时变成活动状态。从图 5.39 可以看出, 程序先对 S31 响应, 再对 S41 响应。当这两个并行性分支同时到达各支路的最后一个状态, 也就是 S32、S42 同时工作时, 状态才会转移到 S50。也就是说, 并行性分支的特点是分支时先条件后分支, 汇合时先汇合后条件。

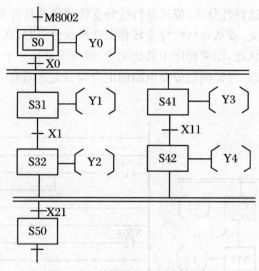

图 5.38 并行性分支状态转移图

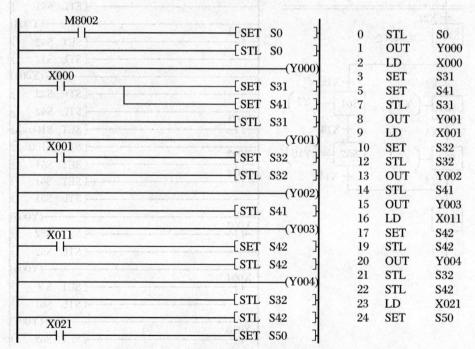

图 5.39 分支状态的步进梯形图及指令表

（三）分支、汇合的组合流程

很多状态转移图不只是某一种分支、汇合的流程，而是多个分支、汇合流程的组合，只要严格按照分支、汇合的原则和方法，就能对其编程。但当从一个选择性分支转移到另一个选择性分支,或从并行性分支转移到并行性分支,或从选择性分支转移到并行性分支,或从并行性分支转移到选择性分支时,在汇合线到分支线之间要有一个作用的状态,如果程序中缺此元件,就应该选择一个编号偏离较大的状态元件作为虚拟状态,保证两层分支电路的汇合与分支之间有个可作用的元件,如图 5.40 所示。

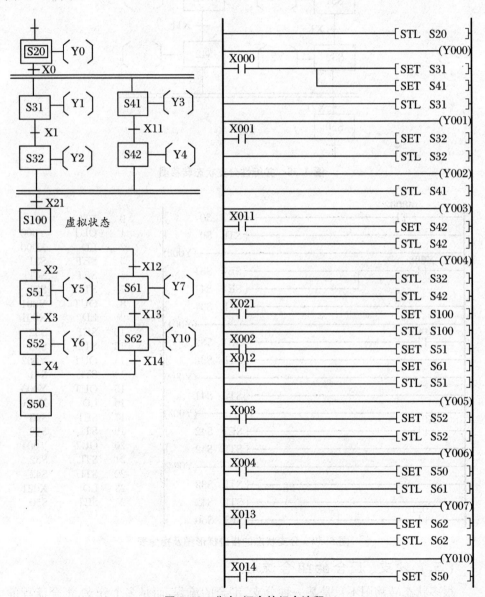

图 5.40　分支、汇合的组合流程

（四）状态间的跳转与循环

跳转与循环是选择性分支的一种特殊形式。当满足某一转移条件时,程序跳过其中几个状态往下执行,为正向跳转;当程序返回上面的某个状态再往下继续执行时,为逆向跳转,也称作循环,如图 5.41 中的(a)、(b)所示;也可用于两个状态转移图之间的转移,如图 5.41(c)所示。

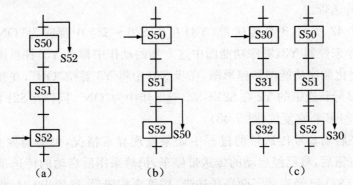

图 5.41 状态间的跳转与转移

五、编程实例

（一）控制要求

如图 5.42 所示,有三条传送带顺序相连。

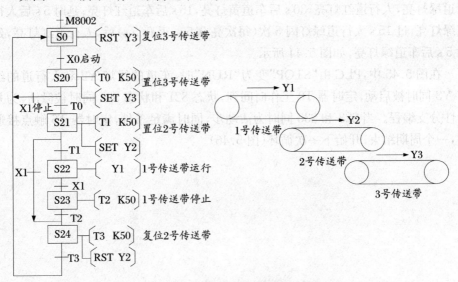

图 5.42 运输带控制系统的顺序图

　　为了避免运送的物料在 2 号、3 号传送带上堆积,启动时应先启动下面的传送带,再启动上面的传送带。按下启动按钮 X0 后,3 号传送带开始运行,延时 5 s 后2 号传送带自动启动,过 5 s 后 1 号传送带自动启动。停机时为了避免物料的堆积,并尽量将皮带上的余料清理干净,使下一次可以轻载启动,停机的顺序与启动的顺序应相反,即按了停止按钮 X1 后,先停 1 号传送带,5 s 后停 2 号传送带,再过5 s 停 3 号传送带。

　　如图 5.42 所示,3 号传送带(Y3)在步 S20~S24 中都应为"ON",如果用"OUT"指令来控制 Y3,顺序功能图中这 5 步的动作中都有 Y3,梯形图相对较复杂。为了简化顺序功能图和梯形图,在步 S20 中将 Y3 置位"ON",在初始步中将Y3 复位。2 号传送带的 Y2 在 S21~S23 这 3 步中为"ON",同样在 S21 将 Y2 置位"ON",在 S24 步将它复位(图 5.43)。

　　在顺序启动 3 号传送带的过程中如果发现异常情况,可能需要立即停车。按下停止按钮后,将已经启动的传送带停车,仍然采用后启动的传送带先停车的原则。在步 S21 已经启动了两条传送带,按停止按钮后,跳到步 S24,将已启动的Y2 复位,5S 后回到初始步,将先启动的 Y3 复位。在步 S20 中只启动了 3 号传送带,此时按停止按钮将跳过正常运行中的步 S21~S24,返回初始步,将 Y3复位。

(二) 十字路口交通信号灯的控制

　　控制要求:车行灯分为红、黄、绿三种颜色,人行灯分为红绿两种颜色。开始车行道绿灯亮,人行道红灯亮,30 s 后车道黄灯亮,15 s 后车道红灯亮;延时 5 s 后人行道绿灯亮;过 15 s 人行道绿灯闪 5 次(每次亮 0.5 s,灭 0.5 s)后,人行道红灯亮,延时 5 s 后车道绿灯亮,如图 5.44 所示。

　　在图 5.45 中,PLC 由"STOP"变为"RUN"时,车道的绿灯 Y2 和人行道的红灯 Y3 同时被启动,定时器 T0 工作时间到,状态 S21 和状态 S31 同时被激活,为并行性分支编程。当 S23 和 S35 同时为活动步,同时满足条件,定时器 T6 触点接通时,一个周期结束,开始下一次循环(图 5.46)。

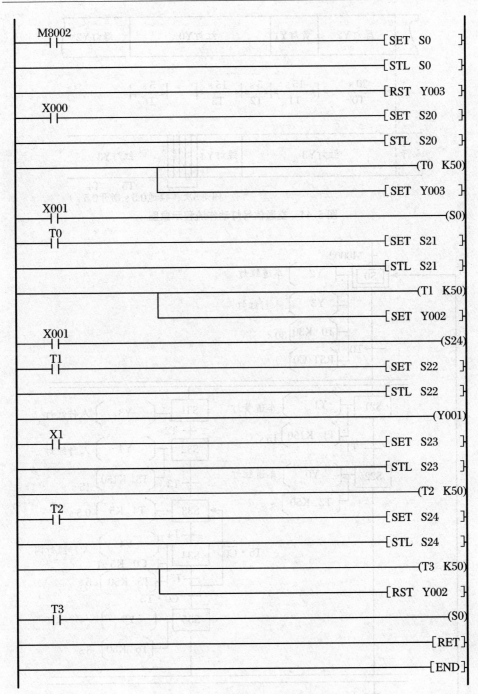

图 5.43 运输带控制系统的梯形图

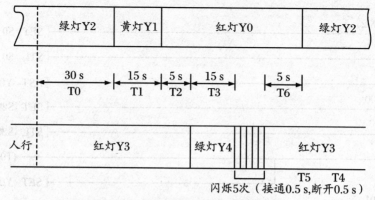

图 5.44 交通信号灯动作流程示意图

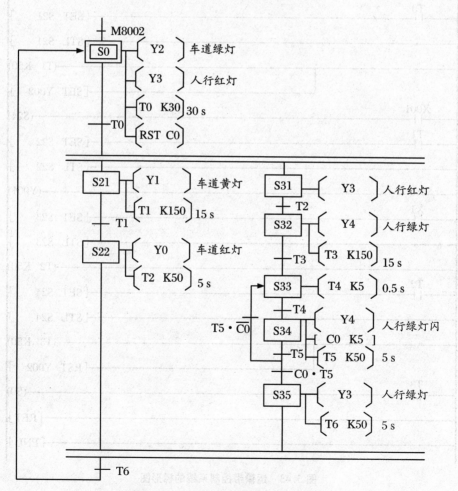

图 5.45 交通信号灯控制状态转移图

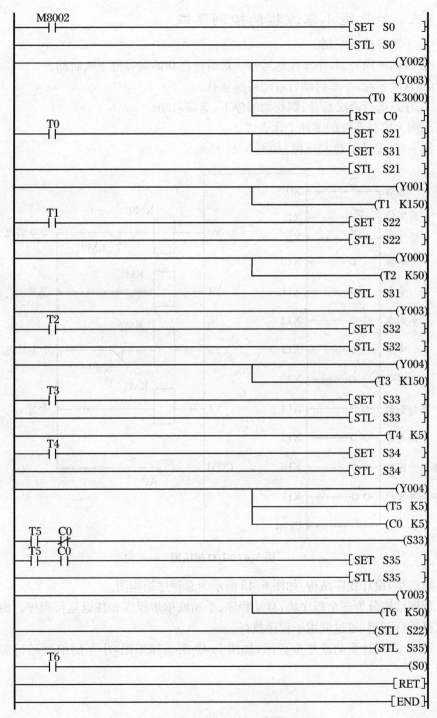

图 5.46　交通信号灯控制步进梯形图

（三）对货运小车流程的控制要求

① 手动或单步控制。

② 自动单周控制，小车往返运行一次后停在初始端等待下次启动。

③ 自动连续，小车启动后自动往返运行。

④ 往返运行两次后，回到初始端停下，等待启动。

此例为控制系统的多种工作方式。

第一步，设计 I/O 接线图，如图 5.47 所示。

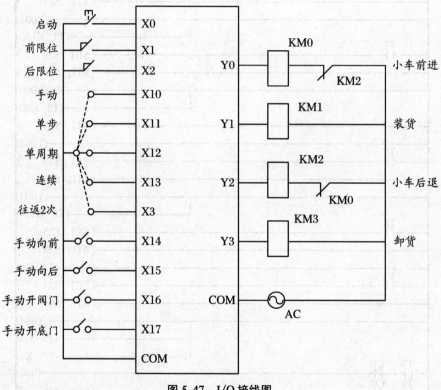

图 5.47　I/O 接线图

第二步，设计程序结构，如图 5.48 所示为总程序结构图。

　　程序结构分为三个程序块：自动程序、手动或单步程序和往返运行程序。由方式选择进行控制，通过调用子程序执行。

　　第三步，设计手动或单步程序，如图 5.49 所示梯形图，小车的前后运行需要互锁。

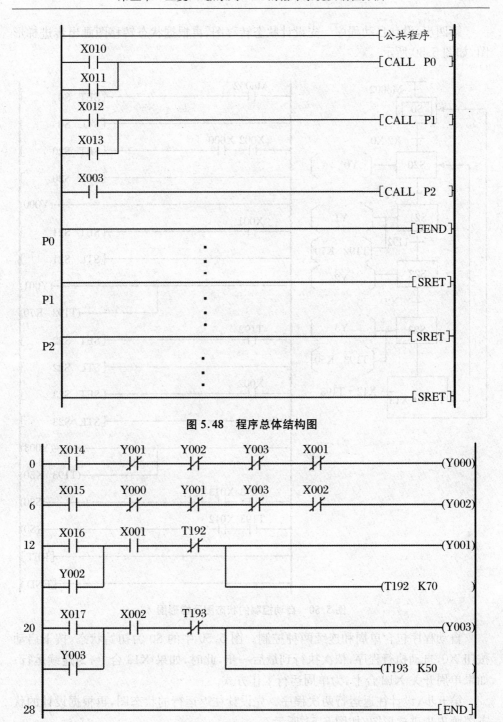

图 5.48 程序总体结构图

图 5.49 手动控制梯形图

第四步,设计自动程序。先设计状态转移图,再根据状态转移图画出步进梯形图,如图 5.50 所示。

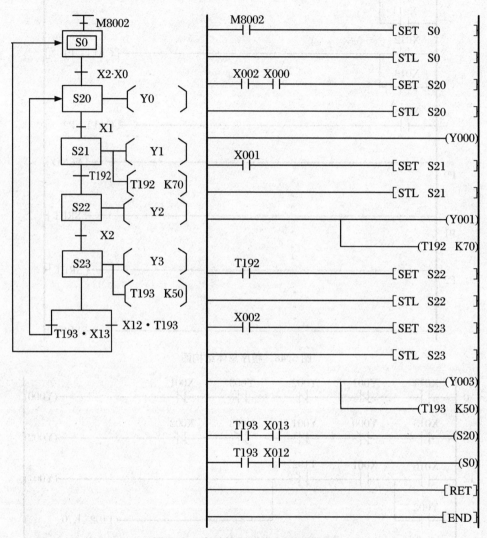

图 5.50　自动控制的状态图及梯形图

自动程序包含单周和连续两种控制。图 5.50 中的 S0 为初始状态,按下启动按钮 X0,自动执行程序,依次执行到最后一步,此时,如果 X13 合上,为连续运行;如果单周开关 X12 合上,为单周运行工作方式。

第五步,设计往返运行两次程序。先设计往返运行的状态图,再根据设计的状态图画出步进梯形图,如图 5.51 所示。

如图 5.51 所示,按下启动按钮 X0,小车做第一次运行,最后一步结束时,进入到 S23 由 M100 记忆第一次动作,并返回状态 S20 进行第二次运行。第二次运行结束,由于 T193 和 M100 接通,小车停在初始位置,直到再次按下启动按钮。

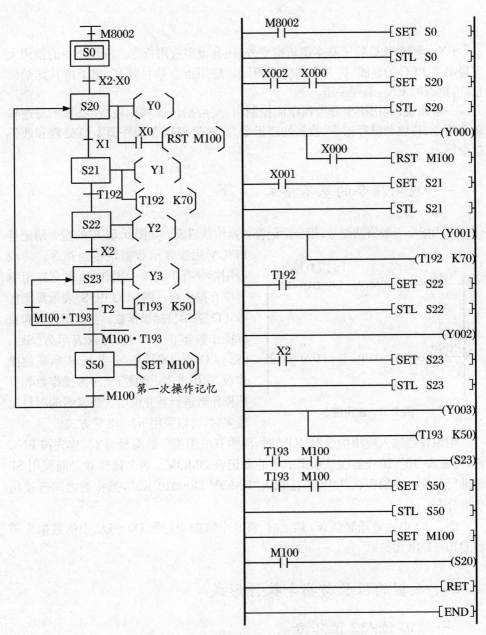

图 5.51 往返运行两次的状态图与步进梯形图

第五节　三菱 FX$_{2N}$ 系列 PLC 的应用指令简介

FX$_{2N}$ 系列 PLC 除了基本逻辑指令外,还有很多应用指令。应用指令的使用大大提高了 PLC 的性能,扩大了其应用领域。应用指令数目较多,想了解其详细信息,可以查阅 FX$_{2N}$ 编程手册。

一般来说,应用指令分为程序流控制指令、数据传送和比较指令、算术与逻辑运算指令、移位和循环指令、数据处理指令、高速处理指令及外部 I/O 处理和通讯指令等。

一、应用指令的基本格式

应用指令一般由功能号、指令助记符和操作数组成。如图 5.52 中的指令助记符 BMOV 用来表示数据块传送指令。一般应用指令有 1 到 4 个操作数,也有应用指令没有操作数。图 5.52 中[S]表示源操作数,[D]表示目标操作数。当源操作数和目标操作数不止一个时,可以表示为[S1]、[S2]、[D1]、[D2]等。n 或 m 表示其他操作数,常用来表示常数,或对源操作数和目标操作数进行补充说明。当说明的项目比较多时,可以采用 $n1$、$n2$ 等方式。

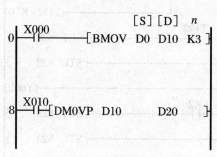

图 5.52　应用指令

用编程器输入应用指令 BMOV 时,因为其应用指令的编号为 15,应先按 FNC 键,再输入"15",编程器会显示出指令的助记符 BMOV。两个操作数之间要用 SP 键进行分开。在编程软件中,直接输入"BMOV D0 D10 K3",操作数之间直接用空格分开。

图 5.52 中的常开触点 X0 接通时,将 3 个数据寄存器 D0～D2 中的数据传送到 D10～D12 中。

二、数据的位长与指令执行形式

(一) 16 位/32 位指令

图 5.52 中助记符 MOV 之前的"D"表示处理 32 位的双字数据。该指令的含

义为将 D11、D10 中的数据传送到 D21、D20 中。D10 中的数据为低 16 位，D11 中数据为高 16 位。处理 32 位数据时，为了避免出错，一般使用首地址为偶数的操作数，指令前没有"D"时表示处理 16 位数据。

（二）脉冲型/连续型执行指令

图 5.52 中 MOV 后面的"P"表示脉冲执行，表示仅在 X10 由状态"OFF"变为状态"ON"时执行一次，不需要在每个扫描周期都执行，用脉冲执行指令可以缩短程序执行周期。对于连续执行方式，当 X10 为"ON"时，其指令在每个扫描周期都被执行。符号"P"和"D"可以同时使用。MOV 的应用指令编号为 12，用编程器输入应用指令"DMOVP"为：FNC D12P，在编程软件中，可以直接输入"DMOVP D10 D20"，指令和各操作数之间用空格分开。

三、位元件/字元件

前面基本指令中常用的 X、Y、M、S 等的开关量元件是位元件，用来表示开关量的状态。而处理 T、C、D 等数值的元件为字元件，一个字元件由 16 位二进制组成。

FX$_{2N}$ 系列 PLC 可以把位元件组合起来处理数值，用位数 Kn 和首位元件编号组合来表达。每组由 4 个连续的位元件组成，n 为组数，其范围为 [1～8]。例如 K2M10 表示由 M10～M17 组成的 2 个位元件组。指定的位元件的编号是任意的，但应尽量使最低位为 0，如 X0、X10、X20 等，为避免混乱，M、S 最好用数字 M0、M10、M20 等。

习题与思考题

1. FX 系列 PLC 型号命名格式中各符号代表什么？
2. 主控指令和堆栈指令有何异同？
3. OUT 指令和 SET 指令有什么不同？
4. 什么是状态转移图？它由哪些基本要素组成？
5. 说出转换实现的条件和转换实现时应完成的操作。
6. 写出图 5.53 所示梯形图的指令表。

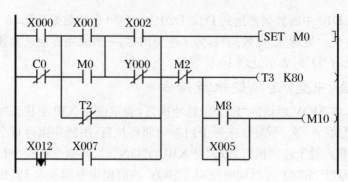

图 5.53

7. 画出下列指令表对应的梯形图。

(1)	0	LD	X001	(2)	0	LDI	X000		12	ANB	
	1	ANI	X002		1	MPS			13	OUT	Y001
	2	OR	X003		2	LD	X001		14	MPP	
	3	AND	X004		3	OR	X002		15	ANI	X007
	4	OR	M1		4	ANB			16	OUT	Y002
	5	LDI	X005		5	OUT	Y000		17	LD	X010
	6	AND	X006		6	MRD			18	OR	X011
	7	OR	M2		7	LD	X003		19	ANB	
	8	ANB			8	ANI	X004		20	OUT	Y003
	9	OR	M3		9	LD	X005		21	END	
	10	OUT	Y002		10	AND	X006				
	11	END			11	ORB					

8. 画出图 5.54 中 M0 和 M1 的波形。

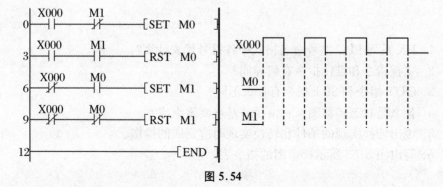

图 5.54

9. 用 PLF 指令设计 M0 在 X000 的上升沿接通一个扫描周期的梯形图。

10. 用接在 X010 的输入端的光电开关检测传送带上通过的产品,有产品通过时 X010 为"ON",如果在 10 s 内没有产品通过,由 Y010 发出报警信号,用 X011 输入端外接的开关解除报警信号。试画出梯形图,并将其转换成指令表程序。

11. 图 5.55 所示为单向能耗制动电路图,试编制 PLC 控制程序,画出 I/O 表、梯形图,写出指令表。

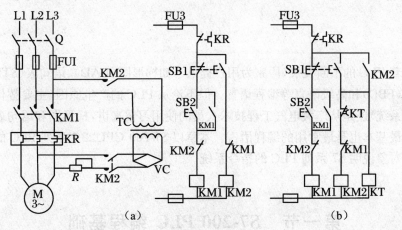

（a）　　　　　　　　　　（b）

图 5.55

12. 初始状态时某压力机的冲压头停在上面,限位开关 X001 为"ON",按下启动按钮 X000,输出继电器 Y000 控制的电磁阀线圈通电,冲压头下行。压到工件后压力升高,压力继电器动作,使输入继电器 X002 变为"ON",Y000 变为"OFF"。用 T1 保压延时 5 s 后,Y001 变为"ON",上行电磁阀线圈通电,冲压头上行。返回到初始位置时碰到限位开关 X001,系统回到初始状态,Y001 变为"OFF",冲压头停止上行。画出系统控制的顺序功能图。

13. 试设计一条采用 PLC 控制的自动装卸线。

运行要求:

① 在原位装满料有显示。

② 按下启动按钮,料车上行,到位后自动停止。

③ 延时 2 s 料车停稳,自动卸料,时间为 10 s。

④ 卸料完后,料车自动下行,到原位装料,时间为 15 s。

以后重复上述动作。

控制要求:

① 具有单步、单周和连续控制。

② 装料、卸料两位置有显示。

设计要求:画出状态流程图、梯形图及 I/O 接线图,并上机调试。

第六章 S7-200 PLC 的指令系统

随着 PLC 的不断发展,厂家为用户提供了如梯形图(LAD)、语句表(STL)、功能块图(FBD)和高级语言等编程语言。但不论从 PLC 的产生原因(主要替代接触式控制系统)还是从广大电气工程技术人员的使用习惯来讲,梯形图和语句表一直是它的最基本也是最常用的编程语言。本章以 S7-200 CPU22▮ 系列 PLC 的指令系统为对象说明 S7 系列 PLC 的指令系统。

第一节 S7-200 PLC 编程基础

一、编程语言

SIMATIC 指令集是西门子公司专为 S7-200PLC 设计的编程语言。该指令集中大多数指令也符合 IEC1131-3 标准。SIMATIC 指令集不支持系统完全数据类型的检查。使用 SIMATIC 指令集,可以用梯形图、功能块图、语句表和顺序功能图编程语言编程。

梯形图和功能块图是一种图形语言,语句表是一种类似于汇编语言的文本语言。

(一) 梯形图(LAD)编程语言

梯形图在 PLC 中用的非常普遍,各厂家、各型号的 PLC 都把它用作第一用户语言,S7-200PLC 的 LAD 如图 6.1 所示。

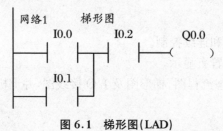

图 6.1 梯形图(LAD)

（二）功能块图（FBD）编程语言

功能块图是一种图形化的高级语言。通过软连接的方式把所需的功能块图连接起来，用于实现对系统的控制。功能块图的表达格式有利于对程序流的跟踪。

功能块图有基本逻辑、计时、计数、运算和比较及数据传送等功能。功能块图通常有若干个输入端和输出端。输入端是功能块图的条件，输出端是功能块图的结果。

如图 6.2 所示，功能块图没有触点和线圈，也没有左右母线的概念。

网络1　　　功能块图

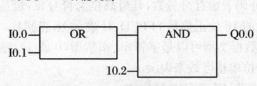

图 6.2　功能块图（FBD）

梯形图和功能块图可以互相转化，有时功能块图和梯形图的指令是一样的。对于熟悉电路和具有逻辑代数基础的技术人员来说，使用功能块图编程非常方便。

（三）语句表（STL）编程语言

S7 系列 PLC 将指令表称为语句表，如图 6.3 所示，语句表是用助记符来表达 PLC 的各种控制的。这种编程语言可以使用简易编程器编程，但比较抽象，一般与梯形图语言配合使用，互为补充。目前，大多数 PLC 都有语句表编程功能，但各厂家生产的 PLC 所用的助记符各不相同，不能兼容。

网络1　　　功能块图

LD	I0.0
O	I0.1
A	I0.2
=	Q0.0

图 6.3　语句表（STL）

（四）顺序功能图（SFC）编程语言

功能图又称为功能流程图或状态转移图，如图 6.4 所示，它是一种描述顺序控制系统的图形表示方法，是专用于工业顺序控制程序设计的一种功能性说明语言。功能图主要由"状态"、"转移"及有向线段等元素组成。适当运用组成元素，可以得到控制系统的静态表示方程，再根据转移触发规则模拟系统的运行，就可以得到控制系统的动态过程。

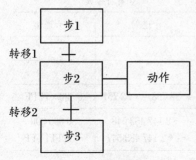

图 6.4　顺序功能图

二、存储器的数据类型与寻址方式

(一) 数据在存储器中存取的方式

1. 位、字节、字和双字

二进制数的位(bit)只有 0 和 1 两种不同的取值,用来表示开关量的两种不同的状态,如触点的断开与接通,线圈的断电和通电。位数据的数据类型为布尔型。8 位二进制数组成一个字节(Byte),其中的第 0 位为最低位(LSB)、第 7 位为最高位(MSB)。两个字节组成一个字(Word),两个字组成一个双字。

一般用二进制补码表示有符号数,其最高位为符号位,最高位为 0 时是正数,为 1 时是负数,最大的 16 位正数是 7FFFH,H 表示 16 进制数。

S7-200 PLC 的数据类型可以是字符串、布尔型(0 或 1)、整数型和实数型(浮点数),实数采用 32 位单精度数来表示。

图 6.5 所示为字节、字、双字地址格式。

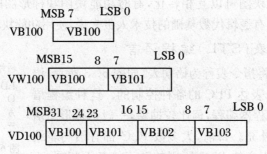

图 6.5　字节、字、双字地址格式

PLC 中使用的数据的位数与取值范围如表 6.1 所示。

表 6.1　数据的位数与取值范围

数据长度	无符号数		有符号数	
	十进制	十六进制	十进制	十六进制
B(字节型)				
8 位值	0~255	0~FF		
W(字型)16 位值	0~65 535	0~FFFF	−32 768~+32 767	8 000~7FFF
D(双字型)32 位值	0~4 294 967 295	0~FFFFFFFF	−2 147 483 648 ~+2 147 483 647	80 000 000 ~7FFFFFFF
R(实数值)32 位值	$-10^{38} \sim 10^{38}$			

2. 常数的表示方法

S7-200 PLC 在编程时经常会使用常数,它们保存在数据存储器中,常数数据长度可为字节、字和双字。在机器内部的数据都以二进制存储,但常数的书写可以用二进制、十进制、十六进制、ASCII 码和实数等多种形式。例如,十进制常数:30 047;十六进制常数:(AE5)$_{16}$;ASCII 码:show;二进制形式:(10010101)$_2$。

3. 数据的存取方式

存储器由许多存储单元组成,每个存储单元都有唯一的地址,可以依据存储器地址来存取数据。数据区存储器地址的表示格式有位、字节、字、双字地址格式。

(1) 位地址格式

数据区存储器区域的某一位的地址格式为:AX. Y,其中 A 表示存储区域标志符,X 表示字节地址,Y 表示位号。例如:I4.5,I 表示存输入存储器的标志符,4 是字节地址,5 是位号。在字节地址 4 与位号 5 之间用"."隔开。

(2) 字节、字和双字地址格式

数据区存储器区域的字节、字和双字地址格式为:ATX。必须指明区域标志符 A、数据长度 T 及该字节、字或双字的起始字节地址 X。如图 6.5 所示,用 VB100,VW100,VD100 分别表示字节、字、双字的地址。VW100 由 VB100、VB101 两个字节组成,VD100 由 VB100～VB103 的 4 个字节组成。

(3) 其他地址格式

数据区存储器区域中还包括定时器存储器(T)、计数器存储区(C)、累加器(AC)、高速计数器(HC)等,它们是模拟相关电气元件的,地址格式为 AY。由区域标志符 A 与元件号 Y 组成。

例如:T24 表示某定时器的地址,T 是定时器的区域标志符,24 是定时器号。同时 T24 又可以表示此定时器的当前值。

(二) 不同存储区的寻址

1. 输入/输出映像寄存器(I/Q)

(1) 输入映像寄存器(I)寻址

输入映像寄存器的标志符为 I,在每个扫描周期的开始,CPU 对输入点进行采样,并将采样值存于输入映像寄存器中。输入映像寄存器是 PLC 接收外部输入信号的窗口,每一个输入端子与输入映像寄存器的相应位相对应。PLC 通过光耦合器,将外部信号的状态读入并存储在输入映像寄存器中,外部输入电路接通时对应的映像寄存器为"ON"(1 状态)。输入端可以外接常开触点或常闭触点,也可以接多个触点组成的串并联电路。输入映像寄存器的状态只能由外部输入信号驱动,而不能在内部由程序指令来改变,否则编程易出错。

输入映像寄存器的地址格式:位地址:I[字节地址].[位地址],如 I0.1。

字节、字、双字地址：I［数据长度］［起始字节地址］如 IB4，IW6，ID10 等。CPU226 模块输入映像寄存器的有效地址范围是：I(0.0～15.7)、IB(0～15)、IW(0～14)、ID(0～12)。

(2) 输出映像寄存器(Q)寻址

输出映像寄存器的标志符为 Q，每一个输出模块的端子与输出映像寄存器的相应位相对应。CPU 将输出判断结果存放在输出映像寄存器中，在扫描周期的结尾，CPU 以批处理方式将输出映像寄存器的数据复制到相应的输出端子上，通过输出模块将输出信号传送给外部负载。PLC 的输出端是 PLC 向外部负载发出控制命令的窗口。

输出映像寄存器的地址格式：位地址：Q［字节地址］．［位地址］，如 Q1.1。

字节、字、双字地址：Q［数据长度］［起始字节地址］，如 QB5，QW8，QD11 等。CPU226 模块输出映像寄存器的有效地址范围是：Q(0.0～15.7)，QB(0～15)，QW(0～14)，QD(0～12)。

I/O 映像区实际上就是外部输入/输出设备状态的映像区，PLC 通过 I/O 映像区的各个位与外部物理设备建立联系。I/O 映像区每个位都可以映像输入/输出单元上的每个端子状态。

2. 内部标志位存储器(M)寻址

内部标志位存储器也称内部线圈，是模拟继电—接触器控制系统中的中间继电器，它存放中间操作状态，或存储其他相关的数据。内部标志位存储器以位为单元，也可以字节、字或双字为单元使用。

内部标志位存储器的地址格式：位地址：M［字节地址］．［位地址］，如 M26.7。

字节、字、双字地址：M［数据长度］［起始字节地址］如 MB11，MW23，MD26 等。CPU226 模块内部标志位存储器的有效地址范围是：M(0.0～31.7)，MB(0～31)，MW(0～30)，MD(0～28)。

3. 变量存储器(V)寻址

变量存储器存放全局变量，存放程序执行过程中控制逻辑操作的中间结果或其他相关的数据，变量存储器是全局有效。全局有效：同一变量可以被任一程序(主程序、子程序、中断程序)访问。

变量存储器的地址格式：位地址：V［字节地址］．［位地址］，如 V10.2。

字节、字、双字地址：V［数据长度］［起始字节地址］，如 VB11，VW23，VD26 等。CPU226 模块变量存储器的有效地址范围是：V(0.0～5 119.7)，VB(0～5 119)，VW(0～5 118)，VD(0～5 116)。

4. 局部变量存储器(L)寻址

局部变量存储器用来存放局部变量。局部变量存储器是局部有效的。局部有效:变量只和特定的程序相关联。

S7-200 PLC 提供 64 字节局部变量存储器(其中,LB60~LB63 为 STEP7-Micro/WIN V3.0 及其以后版本软件所保留)。局部变量存储器可用作暂时存储器或为子程序传递参数。

可以按位、字节、字或双字访问局部变量存储器,可以把局部变量存储器作为间接寻址的指针,但是不能作为间接寻址的存储器区。

局部变量存储器的地址格式:位地址:L[字节地址].[位地址],如 L0.0。

字节、字、双字地址:L[数据长度][起始字节地址],如 LB33、LW44、LD55 等。CPU226 模块局部变量存储器的有效地址范围是:L(0.0~63.7)、LB(0~63)、LW(0~62)、LD(0~60)。

5. 顺序控制继电器存储器(S)寻址

顺序控制继电器存储器用于顺序控制(或步进控制)。顺序控制继电器指令(SCR)基于顺序功能图(SFC)的编程方式。顺序控制继电器指令提供控制程序的逻辑判断,从而实现顺序控制。

顺序控制继电器的地址格式:位地址:S[字节地址].[位地址],如 S3.1。

字节、字、双字地址:S[数据长度][起始字节地址],如 SB4、SW10、SD21 等。CPU226 模块顺序控制继电器存储器的有效地址范围是:S(0.0~31.7)、SB(0~31)、SW(0~30)、SD(0~28)。

6. 特殊标志位存储器(SM)寻址

特殊标志位存储器即特殊内部线圈。它是用户程序与系统程序之间的界面,为用户提供一些特殊的控制功能及系统信息,用户对操作的一些特殊要求也通过特殊标志位存储器通知系统。特殊标志位存储器区域分为只读区域(SM0.0~SM29.7,前30 个字节为只读区)和可读写区,在只读区特殊标志位,用户只能利用其触点。

SM0.0:RUN 监控,PLC 在"RUN"方式时,SM0.0 总为 1。

SM0.1:初始脉冲,PLC 由"STOP"转为"RUN"时,SM0.1 接通一个扫描周期。

SM0.3:PLC 上电进入"RUN"方式时,SM0.3 接通一个扫描周期。

SM0.5:秒脉冲,占空比为 50%,周期为 1 s 的脉冲等。

可读写特殊标志位存储器用于特殊控制功能。例如:用于自由通信口设置的 SMB30,用于定时中断间隔时间设置的 SMB34/SMB35,用于高速计数器设置的 SMB36~SMB65,用于脉冲串输出控制的 SMB66~SMB85,等等。

尽管特殊标志位存储器基于位存取,但也可以按字节、字、双字来存取数据。

特殊标志位存储器的地址表示格式:位地址:SM[字节地址].[位地址],如 SM0.1。

字节、字、双字地址:SM[数据长度][起始字节地址],如 SMB86,SMW100,

SMD12 等。CPU226 模块特殊标志位存储器的有效地址范围时：SM（0.0～549.7）、SMB（0～549）、SMW（0～548）、SMD（0～546）。

7. 定时器存储区（T）寻址

定时器是模拟继电—接触器控制系统中的时间继电器。S7-200 PLC 定时器的分辨率有 3 种：1 ms、10 ms、100 ms。通常定时器的设定值由程序赋予，需要时也可以在外部设定。

定时器的地址格式：T［定时器号］，如 T25。CPU226 模块定时器的有效地址范围是：T（0～255）。

8. 计数器存储区（C）寻址

计数器是累计其计数输入端脉冲电平由低到高的次数，有 3 种类型：增计数器、减计数器和增减计数器。通常计数器的设定值由程序赋予，需要时也可在外部设定。

计数器的地址表示格式：C［计数器］，如 C3。CPU226 模块计数器的有效地址范围是：C（0～255）。

9. 模拟量输入映像寄存器（AI）寻址

模拟量输入模块将外部输入的模拟量信号转换成一个字长的数字量，存放在模拟量输入映像寄存器中，供 CPU 运算处理。模拟量输入映像寄存器只能执行读取操作。

模拟量输入映像寄存器的地址格式：AIW［起始字节地址］，如 AIW4。它的地址必须用偶数字节地址，如 AIW0、AIW2 等。CPU226 模块模拟量输入映像寄存器的有效地址范围是：AIW（0～62）。

10. 模拟量输出映像寄存器（AQ）寻址

CPU 运算的相关结果存放在模拟量输出映像寄存器中，供 D/A 转换器将一个字长的数字量转换为模拟量，以驱动外部模拟量控制的设备。模拟量输出映像寄存器只能执行写入操作。

模拟量输出映像寄存器的地址格式：AQW［起始字节地址］，如 AQW10。它的地址必须用偶数字节地址，如 AQW0、AQW2、AQW4 等。CPU226 模块模拟量输出映像寄存器的有效地址范围是：AQW（0～62）。

11. 累加器（AC）寻址

累加器是用来暂时存储计算中间值的存储器，也可以向子程序传递参数或返回参数。S7-200 CPU 提供了 4 个 32 位累加器（AC0、AC1、AC2、AC3）。

累加器的地址格式：AC［累加器号］，如：AC0。

累加器是可读写单元，可以按字节、字或双字存取累加器中的值，由指令标志符决定存取数据的长度。

12. 高速计数器（HC）寻址

高速计数器用来累计高速脉冲的信号。当高速脉冲信号的频率比 CPU 扫描速率更快时,必须用高速计数器计数。高速计数器的当前值寄存器为 32 位,读取高速计数器当前值应以双字(32 位)来寻址,它的当前值为只读值。

高速计数器的地址格式:HC[高速计数器号],如:HC1。CPU226 模块高速计数器的有效地址范围为:HC(0~5)。

(三) 寻址方式

指令中如何提供操作数或操作数地址,称为寻址方式。S7-200 PLC 的寻址方式有:直接寻址和间接寻址。

1. 直接寻址

直接寻址:编程时直接给出存有所需数据的单元的地址,根据这个地址就可以立即找到该数据。操作数的地址应按规定的格式表示。如:AND I0.1、ORB-VB100、MOVW VW100。直接寻址指定了存储器的区域、长度和位置。

2. 间接寻址

间接寻址:指令给出存放操作数地址的存储单元的地址(也称指针地址)。S7-200PLC 以变量存储器、局部变量存储器或累加器的内容值为地址进行间接寻址。可间接寻址的存储器区域有:I、Q、V、M、S、T(仅当前值),C(仅当前值)。对独立的位值或模拟量值不能进行间接寻址。这种间接寻址方式与计算机的间接寻址方式相同。间接寻址在处理内存连续地址中的数据时非常方便,而且可缩短程序所生成的代码长度,使编程更加灵活。

使用间接寻址方式与 C 语言中的指针应用基本相同,过程如下:

(1) 建立指针

使用间接寻址对某个存储器单元读、写时,首先建立地址指针。指针为双字长,是所要访问的存储单元的 32 位的物理地址。只能使用变量存储器、局部变量存储器和累加器(AC1、AC2、AC3)作为指针,AC0 不能用作间接寻址的指针。必须用双字传送指令将存储器所要访问的单元地址装入用来作为指针的存储器单元或寄存器,装入的是地址而不是数据本身,例如:

$$MOVD \qquad \&VB100, VD204$$
$$MOVD \qquad \&VB10, AC2$$

其中,"&"为地址符号,它与单元编号结合使用表示所对应单元的 32 位物理地址;VB100 只是一个直接地址编号,而不是它的物理地址。指令中的第二个地址数据长度必须是双字长,如 VD 或 AC 等。这里地址"VB100"要用 32 位表示,因而必须使用双字传送指令(MOVD)。

(2) 间接存取

在操作数的前面加"＊"表示该操作数的一个指针。使用指针可存取字节、字或双字型的数据,下面两条指令是表示建立指针和间接存取的,例如:

```
MOVD      &VB200,AC1
MOVD      * AC1,AC0
```

（3）修改指针

连续存储数据时，可以通过修改指针就可以很容易地存取后续的数据。简单的数学运算指令，如加、减、自增、自减等指令可以用来修改指针。在修改指针时，需要记住访问数据的长度：存取字节时，指针加 1；存取字时，指针加 2；存取双字时，指针加 4。

三、用户程序结构

S7-200 PLC 的用户程序由主程序、子程序和中断程序组成。

（一）主程序（OB1）

主程序是程序的主体，每一个项目都必须有且只能有一个主程序。在主程序中可以调用子程序和中断程序。主程序通过指令控制整个应用程序的执行，CPU 在每个扫描周期都要执行一次主程序。

（二）子程序

子程序是程序的可选部分，只有当主程序调用时，才可以执行。同一子程序可以在不同的地方被多次调用，使用子程序可以简化程序和减少扫描时间。

（三）中断程序

中断程序也是程序的可选部分。中断程序不是被主程序调用，它们在中断事件发生时由 PLC 的操作系统调用。中断程序用来处理预先规定的中断事件，因为不能预知何时会出现中断事件，所以不允许中断程序改写可能在其他程序中使用的存储器。中断程序可在扫描周期的任意点执行。

四、编程的一般规则

（一）网络

在梯形图中，程序被分成一些程序段，每个梯形图网络由一个或多个梯级组成。功能块图中，使用网络概念给程序分段。语句表程序中，使用网络关键词对程序分段。

（二）梯形图/功能块图

梯形图左右母线间是由触点、线圈或功能块图组合的有序排列。输入总在梯形图的左边，输出总在梯形图的右边，因而触点与左母线相连，线圈或功能框终止于右母线,从而构成一个梯级。在一个梯级中,左、右母线之间是一个完整的"电路",不允许"短路"、"开路",也不允许"能流"反向流动。

(三) 允许输入端(EN)/允许输出端(ENO)

在梯形图、功能块图中,功能框的 EN 端是允许输入端,功能框的允许输入端必须存在"能流",即与之相连的逻辑运算结果为"1",才能执行该功能框的功能。

在语句表程序中没有 EN 允许输入端,但是允许执行 STL 指令的条件是栈顶的值必须为"1"。

在梯形图、功能块图中,功能框的 ENO 端是允许输出端,允许功能框的布尔量输出,用于指令的级联。

如果功能框允许输入端存在"能流",且功能框准确无误的执行其功能,那么允许输出端将把"能流"传到下一个功能框,此时 ENO = 1。如果执行过程中存在错误,那么"能流"就在出现错误的功能框终止,即 ENO = 0。

(四) 条件/无条件输入

条件输入:在梯形图、功能块图中,与"能流"有关的功能框或线圈不直接与左母线相连。

无条件输入:在梯形图、功能块图中,与"能流"无关的功能框或线圈直接与左母线相连。

(五) 无允许输出端的指令

在梯形图、功能块图中,无允许输出端的指令方框,不能用于级联。

第二节　S7-200 PLC 的位逻辑指令

位逻辑指令在语句表语言中是指对位存储单元的简单逻辑运算,在梯形图中是指对触点的简单连接和对标准线圈的输出。PLC 的程序可以写成梯形图的形式,从继电—接触器控制电路的角度进行理解;也可以写成语句表的形式,从计算机的角度进行理解。本质上,PLC 的核心就是计算机,为了更好的开发 PLC 系统,有必要学好语句表语言。

一般来说,语句表语言更适合于熟悉 PLC 和逻辑编程方面有经验的编程人员。用这种语言可以编写出用梯形图或功能图无法实现的程序。选择语句表进行位运算要考虑主机的内部存储结构。要理解语句表语言,必须清楚堆栈的概念。PLC 中的堆栈与计算机中的堆栈结构相同,堆栈是一组能够存储和取出数据的暂时存储单元。堆栈的存取特点是"后进先出"，S7-200 PLC 的主机逻辑堆栈结构如表 6.2 所示。

表 6.2　逻辑堆栈结构

堆栈结构	名　称	说　明	堆栈结构	名　称	说　明
S0	STACK0	第一个堆栈(栈顶)	S5	STACK5	第六个堆栈
S1	STACK1	第二个堆栈	S6	STACK6	第七个堆栈
S2	STACK2	第三个堆栈	S7	STACK7	第八个堆栈
S3	STACK3	第四个堆栈	S8	STACK8	第九个堆栈(栈底)
S4	STACK4	第五个堆栈			

一、位逻辑指令

(一) 触点指令

触点指令包括逻辑取指令和线圈驱动指令。它有两种连接形式，即串联和并联。

1. 逻辑取指令与线圈驱动指令

LD(N)：逻辑取(反)指令，用于网络块逻辑运算开始的常开(常闭)触点与母线的连接。

指令格式：LD　bit，例如：LD　I0.2。

＝(OUT)：输出指令，将逻辑运算结果输出到指定存储器位或输出继电器对应的映像寄存器位，以驱动本位线圈。

指令格式：＝　bit，例如：＝　Q0.0。

2. 触点串、并联指令

A(N)：与指令，用于单个常开(常闭)触点的串联连接。

O(N)：或指令，用于单个常开(常闭)触点的并联连接。

(二) 逻辑电路块的连接指令

电路块连接指令有：串联电路块的并联和并联电路块的串联。

OLD：或块指令，将两个以上触点串联形成的电路块并联起来。

ALD：与块指令，将两个以上触点并联形成的电路块串联起来。

使用说明：

① 在块电路的开始要使用 LD(N) 指令。

② 每完成一次块电路的串(并)联连接后，要写上 ALD(OLD) 指令。

③ ALD、OLD 指令没有操作数。

【例6.1】　ALD 和 OLD 指令的使用（图6.6）。

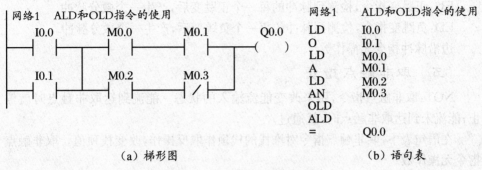

（a）梯形图　　　　　　　　　（b）语句表

图 6.6　ALD、OLD 指令的使用

（三）置位、复位指令

S：置位指令，将从位存储区的某一位开始的一个或多个（最多可以255个）同类存储器位置1。

R：复位指令，将从位存储区的某一位开始的一个或多个（最多可以255个）同类存储器位置0。

【例6.2】　置位、复位指令的使用（图6.7）。

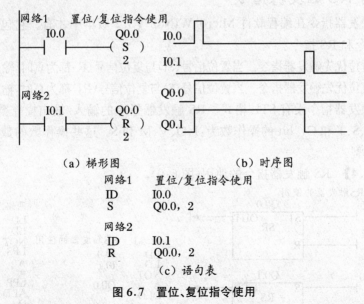

（a）梯形图　　　　　　　　（b）时序图

（c）语句表

图 6.7　置位、复位指令使用

（四）边沿脉冲指令

边沿脉冲指令在梯形图中以触点形式使用。用于检测脉冲的上升沿（正跳变）或下降沿（负跳变），利用跳变让能流接通一个扫描周期，即可以产生一个宽度为一个扫描周期的脉冲,常用此脉冲触发内部继电器线圈。

EU:正跳变指令,检测到脉冲的每一个正跳变后,产生一个微分脉冲。

ED:负跳变指令,检测到脉冲的每一个负跳变后,产生一个微分脉冲。

边沿脉冲指令无操作数。

(五) 取非触点指令

NOT:取非触点指令,用来改变能流输入的状态。能流到达取非触点时就停止;能流未到达取非触点时,就通过。

在语句表中,取非触点指令对堆栈的栈顶作取反操作,改变栈顶值。取非触点指令无操作数。

【例 6.3】 取非触点指令的使用(图 6.8)。

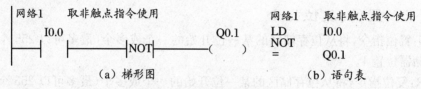

图 6.8　取非触点指令使用

(六) RS 触发器指令

RS 触发器指令在编程软件 Micro/WIN32 V3.2 版本中才有。它包括两条指令:SR 指令和 RS 指令。

SR:置位优先触发器指令。当置位信号(SI)与复位信号(R)都为真时,输出为真。

RS:复位优先触发器指令。当置位信号(S)与复位信号(RI)都为真时,输出为假。

RS 触发器指令没有 STL 格式。RS 触发器指令的输入/输出操作数是:I、Q、V、M、SM、S、T 和 C。bit 的操作数为:I、Q、V、M 和 S。这些操作数的数据类型均为 BOOL 型。

【例 6.4】 RS 触发器指令的使用(图 6.9)。

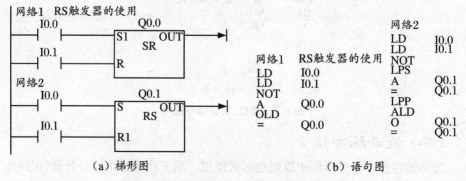

图 6.9　RS 触发器指令的使用

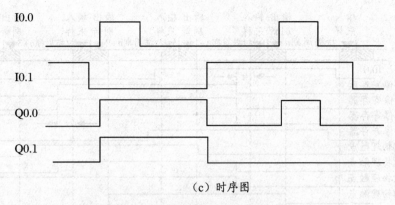

（c）时序图

图 6.9 RS 触发器指令的使用（续）

（七）立即指令的使用

立即指令是为了提高 PLC 对输入/输出的响应速度而设置的,不受 PLC 扫描周期的影响,允许对输入和输出点进行快速直接存取。指令的格式有:LDI,立即取; LDNI,立即取反;OI,立即或;ONI,立即或反;AI,立即与;ANI,立即与反;= I,立即输出;SI,立即置位;RI,立即复位。应用程序如下:图 6.10(a)、图 6.10(b)所示为立即指令的应用程序,图 6.10(c)为对应的时序图。时序图中的 Q0.1 和 Q0.2 的跳变与扫描周期的输入扫描时刻不同步,这是由于两者的跳变发生在程序执行阶段,立即输出和立即置位指令执行完成的一刻。

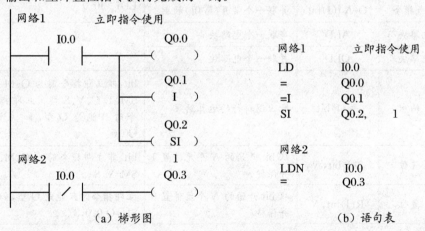

（a）梯形图 （b）语句表

图 6.10 立即指令的使用

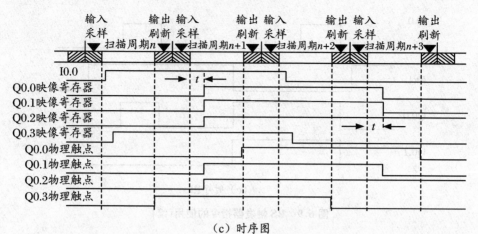

（c）时序图

图 6.10 立即指令的使用(续)

S7-200 PLC 基本逻辑指令如表 6.3 所示。

表 6.3 S7-200 PLC 系列的基本逻辑指令

指令名称	指令符(STL)	功　能	操作数
逻辑取	LD(N)(I)bit	读入逻辑行或电路块的第一个常开(常闭)触点	bit:非立即指令时为 I、Q、M、SM、T、C、V、S 型。立即指令时,只能是 I 型,如: LDI　I0.0
与指令	A(N)(I)bit	串联一个常开(常闭)触点	
或指令	O(N)(I)bit	并联一个常开(常闭)触点	
电路块与	ALD	串联一个电路块	无
电路块或	OLD	并联一个电路块	
输出	=(I)bit	输出逻辑行的运算结果	bit:非立即指令时为 Q、M、SM、T、C、V、S 型。立即指令时只能是 Q 型,如 = I Q0.0
置位	S(I)bit,N	从 bit 开始的 N 个元件置1并保持	bit:非立即指令时为 Q、M、SM、V、S
复位	R(I)bit,N	从 bit 开始的 N 个元件置0并保持	立即指令时只能是 Q 型,如 SI　Q 0.0,3
取非指令	NOT	对堆栈的栈顶值作取反操作	无
上升沿脉冲	EU	在上升沿产生脉冲	无
下降沿脉冲	ED	在下降沿产生脉冲	

续表 6.3

指令名称	指令符(STL)	功　能	操作数
空操作	NOP N (N:0~255)	执行指令时,并不做任何事,待执行指令的时间过后,再执行下一条程序	无

触点指令的使用说明:

在 FBD 中,AND 和 OR 框中的输入最多可以扩展为 32 个输入。在 STL 中,常开指令 LD、AND 或 OR 将相应地址位的位值存入栈顶;而常闭指令 LD、AND 或 OR 则将相应地址位的位值取反,再存入栈顶。例如,若 I0.1 的值为 1,执行 LD I0.1,就是将 I0.1 的值装入栈顶,指令的执行对逻辑堆栈的影响如表 6.4 所示。若 I0.2 的值为 0,执行 A I0.2,就是将 I0.2 的值与原栈顶值做"与"运算,指令的执行结果放入栈顶,如表 6.5 所示。

表 6.4　指令 LD I0.1 执行结果

名　称	执行前	执行后	名　称	执行前	执行后
STACK0	S0	1	STACK5	S5	S4
STACK1	S1	S0	STACK6	S6	S5
STACK2	S2	S1	STACK7	S7	S6
STACK3	S3	S2	STACK8	S8	S7
STACK4	S4	S3			

注:新值 I0.1＝1 装入栈顶,原值依次下移一个单元,S8 丢失。

表 6.5　指令 A I0.2 的执行结果

名　称	执行前	执行后	名　称	执行前	执行后
STACK0	1	0	STACK5	S5	S5
STACK1	S1	S1	STACK6	S6	S6
STACK2	S2	S2	STACK7	S7	S7
STACK3	S3	S3	STACK8	S8	S8
STACK4	S4	S4			

注:将 I0.2 的值 0 与原栈顶值 1 做"与"运算,指令的执行结果 0 放入栈顶。

二、复杂逻辑指令

基本逻辑指令涉及 PLC 的触点与线圈的简单连接,不能表达在梯形图中触点的复杂连接结构。复杂逻辑指令主要用来描述对触点进行的复杂连接,同时,它们对逻辑堆栈也可以实现非常复杂的操作。

(一)逻辑入栈指令

LPS:逻辑入栈指令(分支或主控指令)。在梯形图的分支结构中,用于生成一条新的母线,左侧为主控逻辑块,右侧为新的从逻辑块,因此,可以直接编程。从堆栈使用上讲,LPS 指令的作用是复制栈顶的值并压入堆栈,原堆栈中各级栈值依次下压一级。

注意:使用 LPS 指令时,本指令为分支的开始,以后必须有分支结束指令 LPP,即 LPS 与 LPP 指令必须成对使用。

在语句表指令中 LPS 执行情况如表 6.6 所示。

表 6.6 指令 LPS 的执行

名　称	执行前	执行后	说　明
STACK0	1	1	假设执行前,S0 = 1
STACK1	S1	1	本指令对堆栈中的栈顶 S0 进行
STACK2	S2	S1	复制,并将这个复制值由栈顶压
STACK3	S3	S2	入堆栈,即:S0 = S0 = 1
STACK4	S4	S3	执行完本指令后堆栈串行下移 1
STACK5	S5	S4	格,深度加 1,原来的栈底 S8 的
STACK6	S6	S5	内容将自动丢失
STACK7	S7	S6	
STACK8	S8	S7	

(二)逻辑弹出栈指令

LPP:逻辑弹出栈指令(分支结束或主控复位指令)。在梯形图的分支结构中, LPP 用于 LPS 产生的新母线右侧的最后一个从逻辑块编程,该指令用于对 LPS 生成的一条新的母线进行恢复。从堆栈使用上讲,LPP 把堆栈弹出一级,堆栈内容依次上移。

注意:使用 LPP 指令时,必须出现在 LPS 的后面,与 LPS 成对使用。

在语句表中指令 LPP 执行情况如表 6.7 所示。

表 6.7　指令 LPP 的执行

名　称	执行前	执行后	说　明
STACK0	1	1	假设执行前，S0 = 1，S1 = 1
STACK1	1	S1	本指令将堆栈的栈顶 S0 弹出，
STACK2	S1	S2	则第二层 S1 的值上升进入栈
STACK3	S2	S3	顶，用以进行本指令之后的操
STACK4	S3	S4	作，即：S0 = S1 = 1
STACK5	S4	S5	执行完本指令后堆栈串行上移 1
STACK6	S5	S6	格，深度减 1，栈底 S8 的内容将
STACK7	S6	S7	生成一个随机值 X
STACK8	S7	X	

（三）逻辑读栈指令

LRD：逻辑读栈指令。在梯形图的分支结构中，当新母线左侧为主逻辑块时，LPS 开始右侧的第一个从逻辑块编程，LRD 开始第二个以后的从逻辑块编程。从堆栈使用上讲，LRD 读取最近的 LPS 压入堆栈的内容，而堆栈本身不进行 PUSH 或 POP 工作。

在语句表中指令 LRD 执行情况如表 6.8 所示。

表 6.8　指令 LRD 的执行

名　称	执行前	执行后	说　明
STACK0	1	0	假设执行前，S0 = 1，S1 = 0
STACK1	0	0	本指令将堆栈中的第二层 S1 中
STACK2	S2	S2	的值进行复制，然后将这个复制
STACK3	S3	S3	值放入栈顶 S0，本指令不对堆栈
STACK4	S4	S4	进行压入和弹出操作，即：S0 =
STACK5	S5	S5	S1 = 0
STACK6	S6	S6	执行完本指令后堆栈不串行上
STACK7	S7	S7	移或下移，除栈顶值之外，其他
STACK8	S8	S8	部分的值不变

【例 6.5】 LPS、LRD、LPP 指令使用如图 6.11 所示。

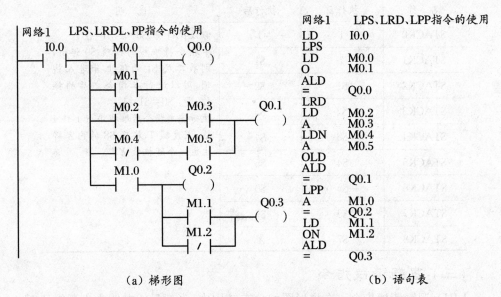

（a）梯形图　　　　　　　　　　　　（b）语句表

图 6.11　LPS、LRD、LPP 指令使用

【例 6.6】 LPS、LRD、LPP 指令使用如图 6.12 所示。

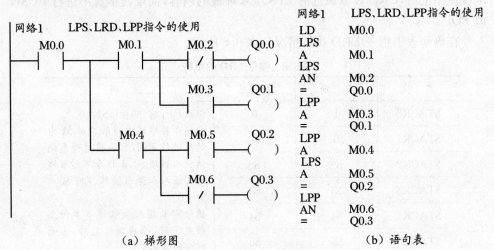

（a）梯形图　　　　　　　　　　　　（b）语句表

图 6.12　LPS、LRD、LPP 指令使用

【例 6.7】　LPS、LRD、LPP 指令使用如图 6.13 所示。

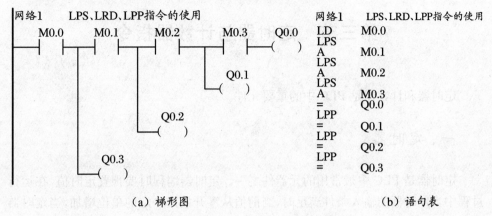

网络1　　LPS、LRD、LPP指令的使用

网络1　　LPS、LRD、LPP指令的使用

LD	M0.0
LPS	
A	M0.1
LPS	
A	M0.2
LPS	
A	M0.3
=	Q0.0
LPP	
=	Q0.1
LPP	
=	Q0.2
LPP	
=	Q0.3

（a）梯形图　　　　　　　　　　　　（b）语句表

图 6.13　LPS、LRD、LPP 指令使用

使用说明:

① 由于受堆栈空间的限制(9 层堆栈),LPS、LPP 指令连续使用时应少于 9 次。

② LPS 和 LPP 指令必须成对使用,它们之间可以使用 LRD 指令。

③ LPS、LRD、LPP 指令无操作数。

（四）装入堆栈指令

LDS:装入堆栈指令。本指令编程时较少使用。

指令格式:LDS n(n 为 0~8 的整数),例如:LDS 4。

指令 LDS 4 在语句表中执行情况如表 6.9 所示。

表 6.9　指令 LDS 的执行

名　称	执行前	执行后	说　明
STACK0	1	0	假设执行前,S0＝1,S4＝0
STACK1	S1	1	本指令对堆栈中的第五层 S4 进
STACK2	S2	S1	行复制,并将这个复制值由栈顶
STACK3	S3	S2	压入堆栈,即 S0＝S4＝0
STACK4	0	S3	执行完本指令后堆栈串行下移 1
STACK5	S5	0	格,深度加 1,原来的栈底 S8 内
STACK6	S6	S5	容将自动丢失
STACK7	S7	S6	
STACK8	S8	S7	

第三节　定时器与计数器指令

定时器和计数器是 PLC 中的重要元件。

一、定时器

定时器是 PLC 中最常用的元器件之一。定时器编程时要预置定时值,在运行过程中当定时器的输入条件满足时,当前值从零开始按一定的单位增加,当定时器的当前值到达设定值时,定时器发生动作,从而满足各种定时逻辑控制的需要。

(一) 几个基本概念

1. 种类

S7-200PLC 为用户提供了三种类型的定时器:接通延时定时器(TON)、有记忆接通延时定时器(TONR)和断开延时定时器(TOF)。

2. 定时器的分辨率与定时时间

单位时间的时间增量称为定时器的分辨率。定时器的定时原理是对内部时基脉冲进行计数。S7-200 PLC 提供给定时器的时基脉冲有 1 ms、10 ms 和 100 ms 三种,因此 S7-200 PLC 定时器有三种分辨率等级:1 ms 、10 ms 和 100 ms。

定时器的实际定时时间 T 的值为:设定值 PT 与分辨率 S 的乘积。

例如:T97 为 10 ms 的定时器,设定值为 PT 为 100,则实际定时时间为:$100 \times 10 = 1\,000$ (ms)。

定时器的设定值 PT,数据类型为 INT 型,操作数可为:VW、IW、QW、MW、SMW、SW、LW、AIW、T、C、AC、* VD、* AC、* LD 和常数。其中常数最为常用。

3. 定时器的编号

定时器的编号:用定时器的名称和它的常数编号(最大为 255)来表示,即 T * * *,如 T40。定时器的编号包含两个方面的变量信息:定时器位和定时器当前值。

定时器位:当定时器的当前值达到设定值时,定时器的触点动作,位为 1。

定时器当前值:存储定时器所累计的时间,它用 16 位符号整数来表示,最大计数值为 32 767。

定时器的种类和编号如表 6.10 所示。

表 6.10　定时器的种类和编号

定时器类型	分辨率(ms)	最大当前值(s)	定时器编号
	1	32.767	T0,T64
TONR	10	327.67	T1～T4,T65～T68
	100	3 276.7	T5～T31,T69～T95
	1	32.767	T32,T96
TON,TOFF	10	327.67	T33～T36,T97～T100
	100	3 276.7	T37～T63,T101～T255

从表 6.10 中可以看出 TON 和 TOF 使用的定时器编号范围相同。需要注意的是,在同一个 PLC 程序中不能把同一个定时器号同时用做 TON 和 TOF。例如,在程序中,不能既有接通延时定时器 T32,又有断开延时定时器 T32。

(二) 定时器指令的使用

三种定时器指令的 LAD 和 STL 的格式如表 6.11 所示。

表 6.11　定时器指令的 LAD 和 STL 形式

格式	名称		
	接通延时定时器	有记忆接通延时定时器	断开延时定时器
LAD	???? IN　　TON ????-PT　??? ms	???? IN　　TONR ????-PT　??? ms	???? IN　　TOF ????-PT　??? ms
STL	TON　T***,PT	TONR　T***,PT	TOF　T***,PT

1. 接通延时定时器(TON)

接通延时定时器用于单一时间间隔的定时,上电周期或首次扫描时,定时器位为"OFF",当前值为 0。输入端接通时,定时器位为"OFF",当前值从 0 开始计时,当前值达到设定值时,定时器的位为"ON",当前值仍连续计数到 32 767。输入端断开,定时器自动复位,即定时器位为"OFF",当前值为 0。

2. 有记忆接通延时定时器(TONR)

有记忆接通延时定时器具有记忆功能,它用于对许多间隔的累计计时。上电周期或首次扫描时,定时器的位为"OFF",当前值保持在掉电前的值。当输入端接通时,当前值从上次的保持值继续计时;当累计当前值达到设定值时,定时器的位为"ON",当前值可继续计数到 32 767。需要注意的是,TONR 定时器只能用复位指令 R 对其进行复位操作。TONR 复位后,定时器的位为"OFF",当前值为 0。

3．断开延时定时器(TOF)

断开延时定时器用于断电后的单一间隔时间计时。上电周期或首次扫描时,定时器位为"OFF",当前值为 0。输入端接通时,定时器的位为"ON",当前值为 0。当输入端由接通到断开时,定时器开始计时。当达到设定值时定时器的位为"OFF",当前值等于设定值,停止计时。输入端再次由"OFF"变成"ON"时,TOF复位,这时 TOF 的位为"ON",当前值为 0。如果输入端再从"ON"变成"OFF",则TOF 可以实现再次的启动。

【例 6.8】　定时器指令的使用如图 6.14 所示。

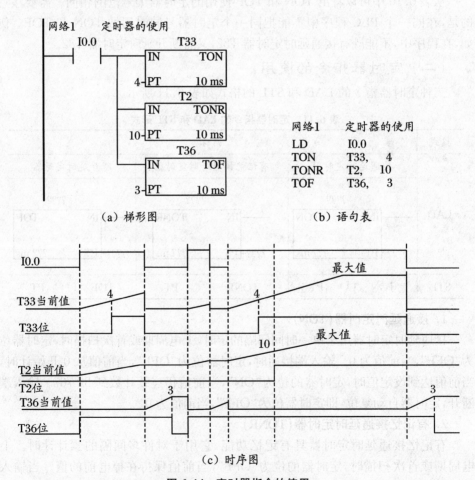

图 6.14　定时器指令的使用

（三）定时器的刷新方式和正确使用

由于定时器的分辨率不同，因此它们的刷新方法也是不同的。

1. 定时器的刷新方式

① 1 ms 定时器。1 ms 定时器由系统每隔 1 ms 刷新一次，与扫描周期和处理程序无关，其采用中断刷新方式。当扫描周期较长时，在一个扫描周期内，1 ms 定时器的状态位和当前值可能被多次刷新，也就是说，1 ms 定时器的当前值在一个扫描周期内不一定保持一致。

② 10 ms 定时器。10 ms 定时器由系统在每个扫描周期开始时自动刷新，由于在每个扫描周期只刷新一次，故在一个扫描周期内定时器的状态位和当前值保持不变。

③ 100 ms 定时器。100 ms 定时器在定时器指令执行时被刷新，因此，该定时器被激活后，如果不是每个扫描周期都执行定时器指令或在一个扫描周期内多次执行定时器指令，则会造成计时失准。如果同一个 100 ms 定时器在一个扫描周期中被指令多次启动执行，则该定时器就会多次对时基脉冲计数，这就相当于时钟走快了。100 ms 定时器仅用在定时器指令在一个扫描周期中精确执行一次的地方。

2. 定时器的正确使用

图 6.15 所示为正确使用定时器的一个例子，它用来在定时器计时到点时产生一个宽度为一个扫描周期的脉冲。

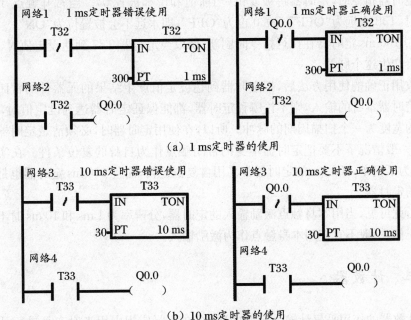

（a）1 ms 定时器的使用

（b）10 ms 定时器的使用

图 6.15　1 ms、10 ms 和 100 ms 定时器的应用

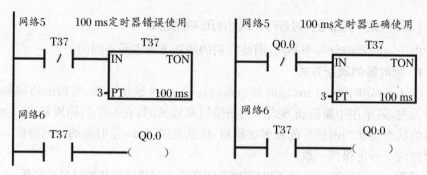

（c）100 ms 定时器的使用

图 6.15　1 ms、10 ms 和 100 ms 定时器的应用(续)

结合各种定时器的刷新方式规定,从图 6.15 中可以看出:

① 对于 1 ms 定时器 T32,在使用方式错误时,只有当定时器的刷新发生在 T32 的常闭触点执行以后到 T32 的常开触点执行以前的区间时,Q0.0 才能产生宽度为一个扫描周期的脉冲,而这种可能性是极小的,在其他情况下,则这个脉冲就产生不了。

② 对于 10 ms 定时器 T33,在使用方式错误时,Q0.0 永远产生不了这个脉冲。因为当定时器计时到时,定时器在每次扫描开始时刷新。该例中 T33 被置位,但执行到定时器指令时,定时器将被复位(当前值和位都被置 0)。当常开触点 T33 被执行时,T33 永远为"OFF",Q0.0 也为"OFF",即永远不会被置位为"ON"。

③ 100 ms 定时器在执行指令时刷新,所以当定时器 T37 到达设定值时,Q0.0 肯定会产生这个脉冲。

改用正确的使用方法后,把定时器到达设定值产生结果的元器件的常闭触点用作定时器本身的输入,则不论哪种定时器,都能保证定时器达到设定值时,Q0.0 产生的宽度为一个扫描周期的脉冲。所以,在使用定时器时,必须清楚定时器的分辨率,一般情况下不要把定时器本身的常闭触点作为自身的复位条件。在实际使用时,为了简单,100 ms 的定时器常采用自复位逻辑,而且 100 ms 定时器也是使用最多的定时器。

由此可见,当用本身触点激励输入的定时器,分辨率为 1 ms 和 10 ms 时不能可靠的工作,一般不宜使用本身触点作为激励输入。

二、计数器

计数器的作用是累计输入脉冲的次数,在实际应用中用来对产品进行计数或完成复杂的逻辑控制任务。计数器的使用和定时器的使用基本相似,编程时输入它的计数设定值,计数器累计它的脉冲输入端信号上升沿的个数。当计数值达到设定值时,计数器发生动作,以便完成计数控制任务。

(一) 几个基本概念

1. 种类

S7-200 系列 PLC 的计数器有 3 种:增计数器 CTU、减计数器 CTD 和增减计数器 CTUD。

2. 编号

计数器的编号由计数器的名称和数字(0~255)组成,即 C＊＊＊,如 C6。

计数器的编号包含两个方面的信息:计数器的位和计数器的当前值。

计数器的位:计数器的位和继电器一样是一个开关量,表示计数器是否发生动作的状态。当计数器的当前值达到设定值时,该位被置位为"ON"。

计数器的当前值:其值是一个存储单元,它用来存储计数器当前所累计的输入脉冲的个数,用 16 位符号整数来表示,最大值为 32 767。

3. 计数器的输入端和操作数

设定值输入:数据类型为 INT 型。寻址范围:VW、IW、QW、MW、SW、SMW、LW、AIW、T、C、AC、＊VD、＊AC、＊LD 和常数。一般情况下使用常数作为计数器的设定值。

(二) 计数器指令的使用

计数器指令的 LAD 和 STL 格式如表 6.12 所示。

表 6.12 计数器指令的使用

格式	名称		
	增计数器	减计数器	增减计数器
LAD	???? CU CTU R ????-PV	???? CD CTD LD ????-PV	???? CU CTUD CD R ????-PV
STL	CTU C***,PV	CTD C***,PV	CTUD C***,PV

1. 增计数器(CTU)

首次扫描时,计数器的位为"OFF",当前值为 0。在计数脉冲输入端 CU 的每个上升沿,计数器计数一次,当前值增加一个单位。当前值达到设定值时,计数器位为"ON",当前值可继续计数到 32 767 后停止计数。复位输入端有效或对计数器执行复位指令,计数器自动复位,即计数器的位为"OFF",当前值为 0。

【例 6.9】 增计数器的使用如图 6.16 所示。

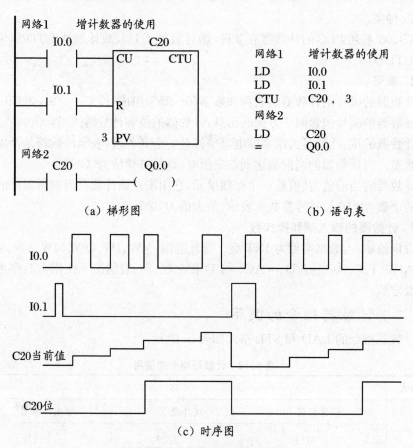

（a）梯形图　　　　　　　　　　　　　（b）语句表

（c）时序图

图 6.16　增计数器的使用

注意:在语句表中,CU、R 的编程顺序不能错误。

2. 减计数器(CTD)

首次扫描时,计数器的位为"OFF",当前值为预设定值 PV。对 CD 输入端的每个上升沿计数器计数一次,当前值减少一个单位,当前值减小到 0 时,计数器位置位为"ON",复位输入端有效或对计数器执行复位指令,计数器自动复位,即计数器位为"OFF",当前值复位为设定值。

【例 6.10】 减计数器的使用如图 6.17 所示。

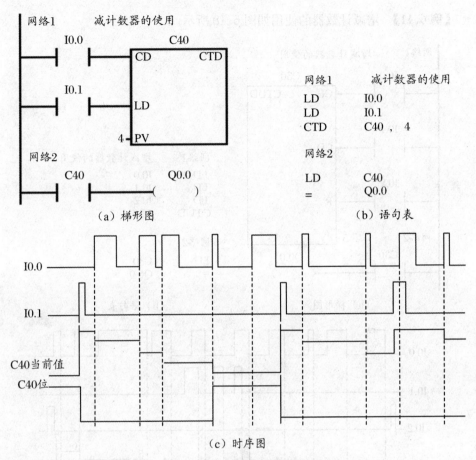

（a）梯形图　　　　　　　　　　　　　（b）语句表

网络1　　　　减计数器的使用
LD　　　　I0.0
LD　　　　I0.1
CTD　　　C40 ， 4

网络2

LD　　　　C40
=　　　　　Q0.0

（c）时序图

图 6.17　减计数器的使用

注意：减计数器的复位端是 LD 而不是 R，在语句表中，CD、LD 的顺序不能错误。

3. 增减计数器（CTUD）

增减计数器有两个计数脉冲输入端：CU 输入端用于递增计数，CD 输入端用于递减计数。首次扫描时。计数器的位为"OFF"，当前值为 0。CU 输入的每个上升沿，计数器当前值增加一个单位；CD 输入的每个上升沿，都使计数器当前值减小一个单位，当前值达到设定值时，计数器位置位为"ON"。

增减计数器当前值计数到 32 767（最大值）后，下一个 CU 输入的上升沿将使当前值跳变为最小值（－32 768）；当前值达到最小值－32 768 后，下一个 CD 输入的上升沿将使当前值跳变为最大值 32 767。复位输入端有效或使用复位指令对计数器执行复位操作后，计数器自动复位，即计数器的位为"OFF"，当前值为 0。

【**例 6.11**】 增减计数器的使用如图 6.18 所示。

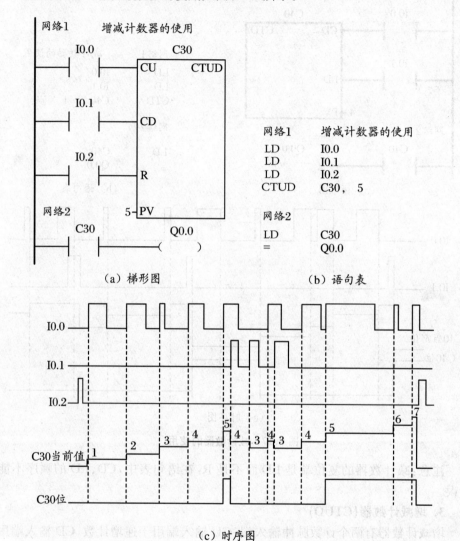

（c）时序图

图 6.18　增减计数器的使用

注意:在语句表中,CU、CD 和 R 的顺序不能错误。

第四节　比较指令和移位指令

一、比较操作指令

比较指令是将两个数值或字符串按指定的条件进行比较,条件成立时,触点就闭合。所以比较指令实际上也是一种位指令。在实际应用中,比较指令为上下限控制以及为数值条件判断提供了方便。

比较指令有五种类型,包括字节比较、整数比较、双字整数比较、实数比较和字符串比较。数值比较指令的运算符有: = 、>= 、<= 、<、>和<>,字符串比较指令的运算符只有: = 和<>两种。

1. 字节比较指令

字节比较指令用于比较两个字节型整数值 IN1 和 IN2 的大小,字节比较是无符号的,整数 IN1 和 IN2 的寻址范围为:VB、IB、QB、MB、SB、SMB、LB、* VD、* AC、* LD 和常数。

指令格式为:LDB(AB,OB) = (>= 、<= 、<、>或<>) IN1,IN2。

2. 整数比较指令

整数比较指令用于比较两个一个字长的整数值 IN1 和 IN2 的大小,整数比较是有符号的,其范围是 16#8000~16#7FFF,整数 IN1 和 IN2 的寻址范围为:VW、IW、QW、MW、SW、SMW、LW、AIW、T、C、AC、* VD、* AC、* LD 和常数。

指令格式为:LDW(AW,OW) = (>= 、<= 、<、>或<>) IN1,IN2。

3. 双字整数比较指令

双字整数比较指令用于比较两个双字长整数值 IN1 和 IN2 的大小,双字整数比较是有符号的,其范围是 16#80 000 000~16#7FFFFFFF,整数 IN1 和 IN2 的寻址范围为:VD、ID、QD、MD、SD、SMD、LD、HC、AC、* VD、* AC、* LD 和常数。

指令格式为:LDD(AD,OD) = (>= 、<= 、<、>或<>)IN1,IN2。

4. 实数比较指令

实数比较指令用于比较两个双字长实数值 IN1 和 IN2 的大小,实数比较是有符号的,其负实数范围是 - 1.175495E - 38~ - 3.402823E + 38,正实数范围是 + 1.175495E - 38~ + 3.402823E + 38,实数 IN1 和 IN2 的寻址范围为:VD、ID、QD、MD、SD、SMD、LD、AC、* VD、* AC、* LD 和常数。

指令格式为：LDR（AR、OR）=（>=、<=、<、>或<>）IN1，IN2。

5. 字符串比较指令

字符串比较指令用于比较两个 ASCII 字符的字符串数据是否相同，字符串的长度不能超过 254 个字符。该指令格式为：LDS（AS、OS）=（<>）IN1，IN2。

【例 6.12】　比较指令的使用，如图 6.19 所示。

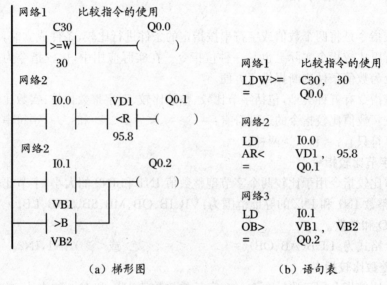

（a）梯形图　　　　　　　　（b）语句表

图 6.19　比较指令的使用

二、移位与循环移位指令

该类指令包含左移和右移，循环左移和循环右移。在该类指令中，LAD 与 STL 指令格式中的缩写表示是不同的。

（一）移位指令

该指令有左移和右移两种。根据所移位数的长度不同可分为字节型、字型和双字型。移位数据存储单元的移出端与 SM1.1（溢出）相连，所以最后移出的位被放到 SM1.1 位存储单元。移位时，移出位进入 SM1.1，另一端自动补 0。例如，在右移时，移位数据的最右端的位移入 SM1.1，则左端补 0。SM1.1 始终存放最后一次被移出的位，移位次数与移位数据的长度有关，如果所需移位次数大于移位数据的位数，则超出次数无效。如字左移时，若移位次数设定为 20，则指令实际执行结果只能移位 16 次，而不是设定值 20 次。如果移位操作使数据变为 0，则零存储器标志位(SM1.0)自动置位。

注意:移位指令在使用 LAD 编程时,OUT 可以和 IN 使用不同的存储单元,但在使用 STL 编程时,因为只写一个操作数,所以实际上 OUT 就是移位后的 IN。

1. 右移指令

指令格式:LAD 格式如图 6.20(a)所示,图中的□处可为 B、W、DW。STL 格式为:SR□　OUT,N ,图中的□处可以是 B、W、D。

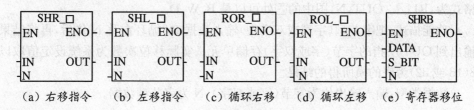

（a）右移指令　　（b）左移指令　　（c）循环右移　　（d）循环左移　　（e）寄存器移位

图 6.20　移位指令格式

功能描述:把字节型(字型或双字型)输入数据 IN 右移 N 位后,再将结果输出到 OUT 所指的字节(字或双字)存储单元。最大实际可移位次数为 8 位(16 位或 32 位)。

数据类型:输入输出均为字节(字或双字),N 为字节型数据。

2. 左移指令

指令格式:LAD 格式如图 6.20(b)所示,图中的□处可为 B、W、DW。STL 格式为:SL□　OUT,N,图中的□处可以是 B、W、D。

功能描述:把字节型(字型或双字型)输入数据 IN 左移 N 位后,再将结果输出到 OUT 所指的字节(字或双字)存储单元。最大实际可移位次数为 8 位(16 位或 32 位)。

数据类型:输入输出均为字节(字或双字),N 为字节型数据。

(二) 循环移位指令

循环移位指令包含循环左移和循环右移,循环移位位数的长度分别为字节、字或双字。循环数据存储单元的移出端与另一端相连,同时又与 SM1.1(溢出)相连,所以最后被移出的位移到另一端的同时,也被放到 SM1.1 位存储单元。例如在循环右移时,移位数据的最右端位移入最左端,同时又进入 SM1.1。SM1.1 始终存放最后一次被移出的位。移位次数与移位数据的长度有关,如果移位次数设定值大于移位数据的位数,则在执行循环移位指令之前,系统先对设定值取以数据长度为底的模,用小于数据长度的结果作为实际循环移位的次数。

1. 循环右移指令

指令格式:LAD 格式如图 6.20(c)所示,图中的□处可为 B、W、DW。STL 格式为:RR□ OUT,N,图中的□处可以是 B、W、D。

功能描述:把字节型(字型或双字型)输入数据 IN 循环右移 N 位后,再将结果输出到 OUT 所指的字节(字或双字)存储单元。实际移位次数为系统设定值取以 8(16 或 32)为底的模所得的结果。

数据类型:输入输出均为字节(字或双字),N 为字节型数据。

2. 循环左移指令

指令格式:LAD L 格式如图 6.20(d)所示,图中的□处可为 B、W、DW、STL 格式为:RL□ OUT,N,图中的□处可以是 B、W、D。

功能描述:把字节型(字型或双字型)输入数据 IN 循环左移 N 位后,再将结果输出到 OUT 所指的字节(字或双字)存储单元。实际移位次数为系统设定值取以 8(16 或 32)为底的模所得的结果。

数据类型:输入输出均为字节(字或双字),N 为字节型数据。

(三)寄存器移位指令

指令格式:LAD 格式如图 6.20(e)所示,STL 格式为:SHRB DATA,S_BIT,N。

功能描述:该指令在梯形图中有 3 个数据输入端,即 DATA 为数值输入,将该位的值移入移位寄存器;S_BIT 为移位寄存器的最低位端;N 指定移位寄存器的长度。每次使能输入有效时,在每个扫描周期内,整个移位寄存器移动一位。所以要用边沿跳变指令来控制使能端的状态,不然该指令就失去了应用的意义。

移位寄存器存储单元的移出端与 SM1.1(溢出)相连,所以最后被移出的位放在 SM1.1 位存储单元。移位时,移出位进入 SM1.1,另一端自动补上 DATA 移入位的值。

移位方向分为正向移位和反向移位。正向移位时长度 N 指定的为正值,移位是从最低字节的最低位(S_BIT)移入,从最高字节的最高位移出;反向移位时长度 N 指定的为负值,移位是从最高字节的最高位移入,从最低字节的最低位(S_BIT)移出。

数据类型:DATA 和 S_BIT 为 BOOL 型,N 为字节型,可以指定的移位寄存器最大长度为 64 位,可正可负。

最高位的计算方法是:[(N 的绝对值-1)+(S_BIT 的位号)]/8,余数即是最高位的位号,商与 S_BIT 的字节号之和即是最高位的字节号。

【例6.13】 如果 S_BIT 是 V33.4,N 是 14,则(14-1+4)/8=2 余 1。所以,最高位字节号算法是:33+2=35,位号为 1,即移位寄存器的最高位是 V35.1。

【例 6.14】 寄存器移位指令的使用(图 6.21)。

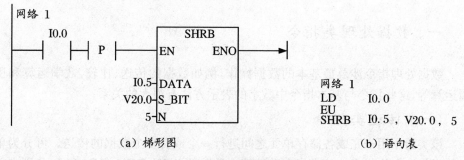

（a）梯形图　　　　　　　　　　　　　（b）语句表

图 6.21　寄存器移位指令使用

SHRB 指令执行结果如表 6.13 所示。

表 6.13　SHRB 指令执行结果

移位次数	I0.5 值	单元内容	位 SM1.1	说　明
0	1	10110101	x	移位前,移位时从 VB20.4 移出
1	1	10101011	1	1 移入 SM1.1,I0.5 的值进入右端
2	0	10110111	0	0 移入 SM1.1,I0.5 的值进入右端
3	0	10101110	1	1 移入 SM1.1,I0.5 的值进入右端

第五节　S7-200 PLC 的功能指令及编程方法

　　位逻辑指令、定时器与计数器指令是 PLC 最基本和最常用的指令,一般的逻辑控制系统用软继电器、定时器与计数器等基本指令就可以实现。功能指令又称为应用指令,一般是指上述指令之外的指令。

　　利用功能指令可以开发更复杂的控制系统,以构成网络控制系统。这些功能指令实际上是厂商为满足各种客户的特殊需要而开发的通用子程序,功能指令的丰富程度及其实用的方便程度是衡量 PLC 性能的一个重要指标。

　　S7-200 PLC 功能指令很丰富,大致包括这几个方面:程序流控制、中断、高速计数器、数据处理、PID 指令、通信以及时钟指令等。

　　功能指令的助记符与汇编语言相似,就算是略有计算机知识的人学习起来也不会有太大的困难。但 S7-200 系列 PLC 功能指令毕竟太多,在编程时要想了解指令的详细信息,可以查阅 S7-200 使用手册。在编程软件的指令树或程序编译区中选中某条指令并按 F1 键可以得到该指令详细的使用方法。

一、数据处理类指令

数据处理指令涉及最基本的数据操作,例如数据的传送、比较、数学运算和逻辑运算等,这些指令与基本指令中数字的表示方法有很大的关系。

(一) 传送类指令

该类指令用来完成各储存单元之间进行一个或者多个数据的传送。可分为单一传送指令和块指令。该类指令助记符中最后的 B、W、DW(或 D)和 R 分别表示操作数为字节(Byte)、字(Word)、双字(Double Word)和实数(Real)。

1. 单一传送指令(Move)

单一传送指令包括字节、字、双字和实数的传送。

指令格式:LAD 格式如图 6.22(a)所示,图中□处可为:B、W、DW 或 R,STL形式为:MOV□　IN,OUT,其中□处可以为 B、W、D 或 R。

功能描述:使能输入有效时,把一个单字节数据(字、双字或实数)由 IN 传送到OUT 所指的存储单元。

数据类型:输入输出均为字节(字、双字或实数)。

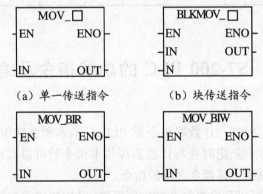

(a) 单一传送指令　　　　(b) 块传送指令

(c) 传送字节立即读指令　　(d) 传送字节立即写指令

图 6.22　传送指令格式

2. 块传送(Block Move)

该类指令可用来进行一次多个(最多 255 个)数据的传送,它包括字节块传送、字块传送、双字块传送和实数块传送。

指令格式:LAD 格式如图 6.22(b)所示,图中□处可为:B、W、DW 或 R,STL形式为:BM□ IN,OUT,N,其中□处可以为 B、W、D 或 R。

功能描述：使能输入有效时，把从 IN 开始的 N 个字节（字或双字）型数据传送到从 OUT 开始的 N 个字节（字或双字）存储单元。

数据类型：输入输出均为字节（字或双字），N 为字节型。

3. 字节立即传送(Move Byte Immediate)

字节立即传送指令就像位指令中的立即指令一样，用于输入和输出的立即处理。

(1) 传送字节立即读指令

指令格式：LAD 格式如图 6.22(c)所示，STL 形式为：BIR IN,OUT。

功能描述：立即读取单字节物理区数据 IN，并传送到 OUT 所指的字节存储单元。该指令用于对输入信号的立即响应。

操作数：输入为 IB，输出为字节。

(2) 传送字节立即写指令

指令格式：LAD 指令格式如图 6.22(d)所示。STL 形式为：BIW IN,OUT。

功能描述：立即将 IN 单元的字节数据写到 OUT 所指的字节存储单元的物理区及映像区，它用于把计算出的 Q 结果立即输出到负载。

数据类型：输入为字节，输出为 QB。

【例 6.15】　传送类指令使用如图 6.23 所示。

```
LD      I0.0              //I0.0有效时执行下面操作
MOVB    VB100, VB200      //字节VB100中的数据送到字节VB200中
MOVW    VW110, VW210      //字VW110中的数据送到字VW210中
MOVD    VD120, VD220      //双字VD120中的数据送到双字VD220中
BMB     VB130, VB230, 4   //字节VB130开始的4个连续字节中的数据送到字节VB230
                          //    开始的4个连续字节存储单元中
BMW     VW140, VW240, 4   //字VW140开始的4个连续字中的数据送到字VW240开始的
                          //    4个连续字存储单元中
BMD     VD150, VD250, 4   //双字VD150开始的4个连续双字中的数据送到双字VD250
                          //    开始的4个连续双字存储区中
BIR     IB1, VB270        //I1.0到I1.7的物理输入状态立即送到VB270中，不受扫描
                          //    周期的影响
BIW     VB280, QB0        //VB280中的数据立即从Q0.0到Q0.7端子输出，不受扫描
                          //    周期的影响
```

(a) 语句表

图 6.23　传送指令举例

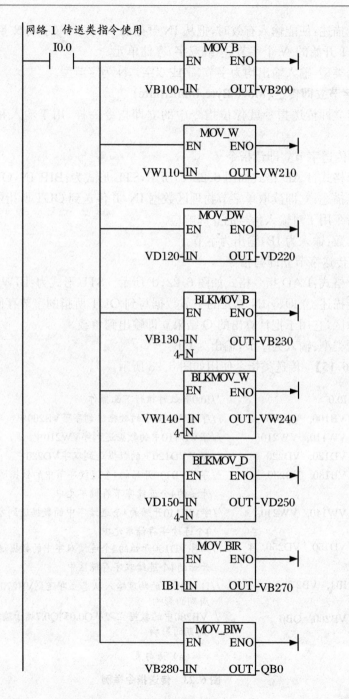

（b）梯形图

图 6.23 传送指令举例(续)

（二）字节交换指令（Swap Bytes）

LAD 指令格式如图 6.24(a)所示。STL 指令形式为：SWAP IN。

功能描述：字节交换指令将字型输入数据 IN 的高字节和低字节进行交换。

数据类型：输入为字。

【例 6.16】　字节交换指令使用。

LD　　　　I0.0　　　　// I0.0 有效时执行下面操作

EU　　　　　　　　　　// 在 I0.0 的上升沿执行

SWAP　　　VW10　　　// 字节交换指令

若例题中 VW10 的内容为 1011010100000001，则执行 SWAP 指令后，VW10 中的内容变为 0000000110110101。

（三）填充指令（Fill）

LAD 指令格式如图 6.24(b)所示。STL 指令形式为：FILL IN,OUT,N。

功能描述：将字型输入数据 IN 填充到从输出 OUT 所指的单元开始的 N 个字存储单元。

数据类型：IN 和 OUT 为字型，N 为字节型，取值范围为：1~255 的整数。

【例 6.17】　填充指令举例

LD　　　　SM0.1　　　　// 初始化操作

FILL　　　10,VW100,12　　// 填充指令

该例题的执行结果是将数据 10 填充到从 VW100 到 VW122 共 12 个字存储单元中。

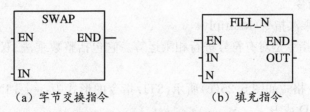

（a）字节交换指令　　　　　　（b）填充指令

图 6.24　字节交换及填充指令格式

二、数学运算指令

目前各种型号的 PLC 普遍具有较强的运算功能，和其他 PLC 不同，S7-200 的算术运算指令，在使用时要注意存储单元的分配。在用 LAD 编程时，IN1、IN2 和 OUT 可以使用不同的存储单元，这样编写出的程序条理清晰。但在用 STL 方式编程时，OUT 要和其中的一个操作数使用同一个存储单元，这样用起来较麻烦，

编写程序和使用计算结果时都很不方便。因为 LAD 格式程序转化为 STL 格式程序，或 STL 格式程序转化为 LAD 格式程序时，会有不同的转换结果。所以在使用算术指令和数学指令时，最好用 LAD 形式编程。

（一）四则运算指令

1. 加法指令（Add）

加法指令是对有符号数进行相加操作。它包括整数加法、双整数加法和实数加法。

LAD 指令格式如图 6.25(a)所示，STL 指令的形式为：+ □ IN1，OUT，图中的□处可为 I、D 或 R。

功能描述：在 LAD 中，IN1 + IN2 = OUT；在 STL 中，IN1 + OUT = OUT。

数据类型：整数加法时，输入输出均为 INT；双整数加法时，输入输出均为 DINT；实数加法时，输入输出均为 RINT。

2. 减法指令（Subtract）

减法指令是对有符号数进行相减操作。它包括整数减法、双整数减法和实数减法。

LAD 指令格式如图 6.25(b)所示，STL 指令的形式为：− □ IN1，OUT，图中的□处可为 I、D 或 R。

功能描述：在 LAD 中，IN1 − IN2 = OUT；在 STL 中，OUT − IN1 = OUT。

数据类型：整数减法时，输入输出均为 INT；双整数相减时，输入输出均为 D；实数相减时，输入输出均为 RINT。

3. 乘法指令

（1）一般乘法指令（Multiply）

一般乘法指令是对有符号进行相乘运算。它包括整数乘法、双整数乘法和实数乘法。

LAD 指令格式如图 6.25(c)所示，STL 指令的形式为：* □ IN1，OUT，图中的□处可为 I、D 或 R。

功能描述：在 LAD 中，IN1 × IN2 = OUT；在 STL 中，IN1 × OUT = OUT。

数据类型：整数乘法时，输入输出均为 INT；双整数乘法时，输入输出均为 D；实数乘法时，输入输出均为 RINT。

（2）完全整数乘法（Multiply Integer to Double Integer）

将两个单字长（16 位）的符号整数 IN1 和 IN2 相乘，产生一个 32 位双整数结果 OUT。

LAD 指令格式如图 6.25(d)所示，STL 指令的形式为：MUL IN1，OUT。

功能描述：在 LAD 中，IN1 × IN2 = OUT；在 STL 中，IN1 × OUT = OUT，32

位运算结果存储单元的低 16 位运算前用于存放被乘数。

数据类型:输入为 INT,输出为 DINT。

4. 除法运算

(1) 一般除法指令(Divide)

一般除法指令是对有符号数进行相除操作。它包括整数除法、双整数除法和实数除法。

LAD 指令格式如图 6.25(e)所示,STL 指令的形式为:/□ IN1,OUT,图中的□处可为 I、D 或 R。

功能描述:在 LAD 中,IN1/IN2 = OUT;在 STL 中,OUT /IN1 = OUT,不保留整数。

数据类型:整数除法时,输入输出均为 INT;双整数除法时,输入输出均为 DINT;实数除法时,输入输出均为 REAL。

(2) 完全整数除法(Divide Integer to Double Integer)

将两个 16 位的符号整数相除,产生一个 32 位的结果,其中,低 16 位为商,高 16 位为余数。

LAD 指令格式如图 6.25(f)所示,STL 指令的形式为:DIV IN1,OUT。

功能描述:在 LAD 中,IN1/IN2 = OUT;在 STL 中,OUT /IN1 = OUT,32 位运算结果存储单元的低 16 位运算前被兼用存放被除数。除法运算结果:商放在 OUT 的低 16 位字中,余数放在 OUT 的高 16 位字中。

数据类型:输入为 INT,输出为 DINT。

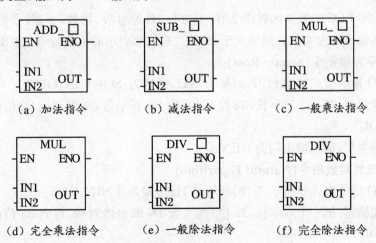

(a) 加法指令　　　　(b) 减法指令　　　　(c) 一般乘法指令

(d) 完全乘法指令　　(e) 一般除法指令　　(f) 完全除法指令

图 6.25　四则运算指令(□处可以是:I、DI 或 R)

【例 6.18】　算术运算指令使用如图 6.26 所示。

网络1 算术运算指令使用

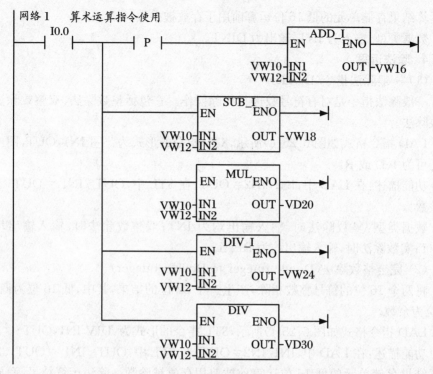

图 6.26 算术运算指令的使用

（二）数学函数指令

S7-200 PLC 的数学函数指令有：平方根、自然对数、指数、正弦、余弦和正切。运算输入输出均为实数。结果大于 32 位二进制数表示的范围时产生溢出。

1. 平方根指令（Square Root）

LAD 指令格式如图 6.27（a）所示，STL 形式为：SQRT IN，OUT。

功能描述：把一个双字长（32 位）的实数 IN 开平方，将得到的 32 位的实数结果送到 OUT。

数据类型：输入输出均为 REAL。

2. 自然对数指令（Natural Logarithm）

LAD 指令格式如图 6.27（b）所示，STL 形式为：LNIN，OUT。

功能描述：把一个双字长（32 位）的实数 IN 取自然对数，得到 32 位的实数结果送到 OUT。

数据类型：输入输出均为 REAL。

当求解以 10 为底的常用对数时，可以用（/R）DIV－R 指令将自然对数除以 2.302 585 即可（LN10 的值约为 2.302 585）。

3．指数指令（Natural Exponential）

LAD 指令格式如图 6.27(c)所示，STL 形式为：EXP IN,OUT。

功能描述：把一个双字长（32 位）的实数 IN 取以 e 为底的指数，将得到的 32 位的实数结果送到 OUT。

数据类型：输入输出均为 REAL。

求 5 的立方：

$$5^3 = EXP(3 \times LN(5)) = 125$$

求 5 的 3/2 次方：

$$5^{3/2} = EXP((3/2) \times LN(5)) = 11.18\,034$$

4．正弦（sine）、余弦（cosine）和正切（tan）指令

LAD 指令格式分别如图 6.27(d)、(e)、(f)所示，STL 格式分别为：SIN IN,OUT；COS IN,OUT；TAN IN,OUT。

功能描述：将一个双字长（32 位）的实数弧度值 IN 分别取正弦、余弦和正切，将各得到的 32 位的实数结果送到 OUT。

数据类型：输入输出均为 REAL。

如果已知输入值为角度，要先将角度值转化为弧度值，方法是使用（＊R）MUL_R 指令，把角度值乘以 π/180°即可。

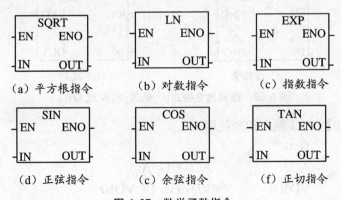

（a）平方根指令　　　（b）对数指令　　　（c）指数指令

（d）正弦指令　　　（c）余弦指令　　　（f）正切指令

图 6.27　数学函数指令

三、增减指令

增减指令又称为自增和自减指令，它是对无符号或有符号整数进行自动加 1 或减 1 的操作，数据长度可以是字节、字或双字，其中字节增减是对无符号数操作，而字或双字的增减是对有符号数操作。

1. 增指令(Increment)

增指令包括字节增、字增和双字增指令。

LAD 指令格式如图 6.28(a)所示,STL 指令格式为:INC□ IN,□处可为 B、W 或 D。

功能描述:在 LAD 中,IN1 + 1 = OUT ;在 STL 中,OUT + 1 = OUT,即 IN 和 OUT 使用同一个存储单元。

数据类型:字节增指令输入输出均为字节,字增指令输入输出均为 INT,双字增指令输入输出均为 DINT。

2. 减指令(Decrement)

减指令包括字节减、字减和双字减指令。

LAD 指令格式如图 6.28(b)所示,STL 指令格式为:DEC□ IN,□处可为 B、W 或 D。

功能描述:在 LAD 中,IN1 − 1 = OUT ;在 STL 中,OUT − 1 = OUT,即 IN 和 OUT 使用同一个存储单元。

数据类型:字节减指令输入输出均为字节,字减指令输入输出均为 INT,双字减指令输入输出均为 DINT。

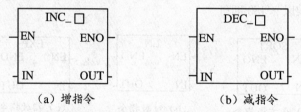

（a）增指令　　　　　　　　　　（b）减指令

图 6.28　增减指令格式(□处为:B、W 或 DW)

【例 6.19】 加 1 减 1 指令使用。

```
LD      I4.0
INCW    AC0         // AC0 + 1 = AC0
DECD    VD100       // VD100 − 1 = VD100
```

四、逻辑运算指令

逻辑运算对逻辑数(无符号数)进行处理,按运算性质不同,有逻辑与、逻辑或、逻辑异或和取反等。参与运算的操作数可以是字节、字或双字。

1. 逻辑与运算指令(Logic And)

它包括字节、字和双字的逻辑与运算指令。

指令格式:LAD 格式如图 6.29(a)所示,STL 格式为:AND□ IN1,OUT,□

处可为 B(字节)、W(字)或 D(双字)。

功能描述:把两个一个字节(字或双字)长的输入逻辑数按位相与,得到一个字节(字或双字)的逻辑数并输出到 OUT 中。在 STL 中 OUT 与 IN2 使用同一个存储单元。

数据类型:输入输出均为字节(字或双字)。

2. 逻辑或运算指令(Logic Or)

它包括字节、字和双字的逻辑或运算指令。

指令格式:LAD 格式如图 6.29(b)所示。STL 格式为:OR□ IN1,OUT,□处可为 B(字节)、W(字)或 D(双字)。

功能描述:把两个一个字节(字或双字)长的输入逻辑数按位相或,得到一个字节(字或双字)的逻辑数并输出到 OUT 中。在 STL 中 OUT 与 IN2 使用同一个存储单元。

数据类型:输入输出均为字节(字或双字)。

3. 逻辑异或运算指令(Logic Exclusive Or)

它包括字节、字和双字的逻辑异或运算指令。

指令格式:LAD 格式如图 6.29(c)所示,STL 格式为:XOR□ IN1,OUT,□处可为 B(字节)、W(字)或 D(双字)。

功能描述:把两个一个字节(字或双字)长的输入逻辑数按位相异或,得到一个字节(字或双字)的逻辑数并输出到 OUT 中。在 STL 中 OUT 与 IN2 使用同一个存储单元。

数据类型:输入输出均为字节(字或双字)。

4. 取反指令(Logic Invert)

它包括字节、字和双字的逻辑取反运算指令。

指令格式:LAD 格式如图 6.29(d)所示,STL 格式为:INV□ IN1,OUT。□处可为 B(字节)、W(字)或 D(双字)。

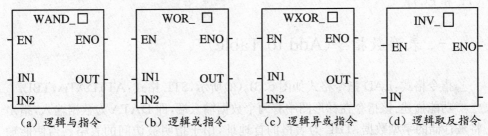

（a）逻辑与指令　　（b）逻辑或指令　　（c）逻辑异或指令　　（d）逻辑取反指令

图 6.29　逻辑运算指令格式(□处为:B、W 或 DW)

功能描述:把两个一个字节(字或双字)长的输入逻辑数按位取反,得到一个字节(字或双字)的逻辑数并输出到 OUT 中。在 STL 中 OUT 与 IN2 使用同一个存储单元。

数据类型:输入输出均为字节(字或双字)。

【例 6.20】 逻辑运算指令的使用。

```
LD        I4.0
ANDB      VB1,VB2
ORB       VB3,VB4
XORB      VB5,VB6
```

运算前后各存储单元中的值如图 6.30 所示。

运算前 `11100101`   运算前 `11000000`   运算前 `11100101`

运算前 `11110000`   运算前 `00001011`   运算前 `11001011`

运算后 `11100000`   运算后 `11001011`   运算后 `00101110`

　(a)　　　　　　　　　　(b)　　　　　　　　　　(c)

图 6.30　逻辑运算指令的使用

第六节　表功能指令

在 S7-200 PLC 指令系统中,表只对字型数据进行操作。一个表由表的首地址指明,表的第一个数值是最大表格长度 TL,第二个数值是实际表格长度 EC,最多可存放 100 个数据。表地址和第二个字地址所对应的单元分别存放两个表参数(TL 和 EC)。

一、表存数指令(Add to Table)

指令格式:LAD 指令格式如图 6.31 (a)所示,STL 格式:ATTDATA,TBL。

功能描述:该指令在梯形图中有两个数据输入端,即 DATA 为数据输入,指出将被存储的字型数据;TBL 为表的首地址,用于指明被访问的表格。当使能输入有效时,将输入字型数据添加到指定的表格中。

表存数时,新存的数据添加在表中最后一个数据的后面。每次向表中存一个数据,实际填表数 EC 会自动加 1。

数据类型：DATA 为 INT，TBL 为字。

二、表取数指令

从表中取出一个字型数据可有两种方式：先进先出式和后进先出式。一个数据从表中取出之后，表的实际填表数 EC 值减少 1。两种方式的指令在梯形图中有两个数据端：输入端 TBL 为表格的首地址，用于指明访问的表格；输出端 DATA 指明数值取出后要存放的目标单元。如果指令试图从空表中取走一个数值，则特殊标志寄存器位 SM1.5 置位。

1. 先进先出指令（First-In-First-Out）

指令格式：LAD 格式如图 6.31（b）所示，STL 格式：FIFO TBL，DATA。

功能描述：从 TBL 指定的表中移出第一个字型数据并将其输出到 DATA 所指定的字存储单元。取数时，移出的数据总是最先进入表中的数据。每次从表中移出一个数据，剩余数据则依次上移一个字单元位置，同时实际填表数 EC 会自动减 1。

数据类型：DATA 为 INT，TBL 为字。

2. 后进先出指令（Last-In-First-Out）

指令格式：LAD 格式如图 6.31（c）所示，STL 格式：LIFOTBL，DATA

功能描述：从 TBL 指定的表中取出最后一个字型数据并将其输出到 DATA 所指定的字存储单元。取数时，移出的数据是最后进入表中的数据。每次从表中取出一个数据，剩余数据位置保持不变，实际填表数 EC 会自动减 1。

数据类型：DATA 为字，TBL 为 INT。

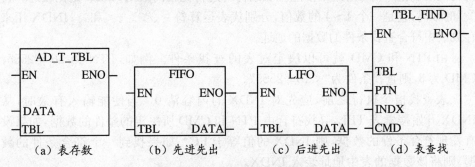

图 6.31　表功能指令格式

【例 6.21】　表功能指令的使用（对表 6.14 执行程序：LIFOVW100，AC0）。指令执行结果如表 6.14 所列。

表 6.14　指令 LIFO 执行结果执行后内容

操作数	单元地址	执行前内容	执行后内容	说　明
DATA	AC0	任意数	3592	从表中取走的数据输出到 AC0
TBL	VW100	0006	0006	TL＝6,最大填表数为 6,不变化
	VW102	0004	0003	EC 实际存表数由 4 减 1 变为 3
	VW104	1203	1203	数据 0,剩余数据不移动
	VW106	4467	4467	数据 1
	VW108	9086	9086	数据 2
	VW110	3592	＊＊＊＊	无效数据
	VW112	＊＊＊＊	＊＊＊＊	无效数据
	VW114	＊＊＊＊	＊＊＊＊	无效数据

3. 表查找指令(Table Find)

通过表查找指令可以从数据表中找出符合条件数据的表中编号,编号范围为: 0~99。

指令格式:LAD 格式如图 6.31 (d)所示。

STL 格式:FND ＝　TBL,PTN,INDX (查找条件: ＝ PTN)。

　　　　　FND＜＞TBL,PTN,INDX (查找条件:＜＞PTN)。

　　　　　FND＜　TBL,PTN,INDX (查找条件:＜PTN)。

　　　　　FND＞　TBL,PTN,INDX (查找条件:＞PTN)。

功能描述:在梯形图中有 4 个数据输入端,即 TBL 为表格的首地址,用以指明被访问的表格;PTN 是用来描述查表条件时进行比较的数据;CMD 是比较运算符 "?"的编码,它是一个 1~4 的数值,分别代表运算符 ＝ 、＜＞、＜和＞;INDX 用来存放表中符合查找条件的数据的地址。

由 PTN 和 CMD 就可以决定对表的查找条件。例如,PTN 为 16♯2555, CMD 为 3,则查找条件为"＜16♯2555"。

表查找指令执行之前,应先对 INDX 的内容清 0。当使能输入有效时,从 INDX 开始搜索表 TBL,寻找符合由 PTN 和 CMD 所决定的条件的数据,如果没有发现符合条件的数据,则 INDX 的值等于 EC。如果找到一个符合条件的数据,则将该数据的表中地址装入 INDX。

数据类型:TBL、INDX 为字,PTN 为 INT,CMD 为字节型常数。

表查找指令执行完成,找到一个符合条件的数据,如果想继续向下查找,必须先对 INDX 加 1,然后重新激活表查找指令。

在语句表中运算符直接表示,而不用各自的编码。

【例 6.22】 表功能指令的使用(对表 6.15 执行程序:FND＞VW100,VW300,AC0)。

指令的执行结果如表 6.15 所示。

表 6.15 表查找指令执行结果

操作数	单元地址	执行前内容	执行后内容	说　明
PTN	VW300	5000	5000	用来比较的数据
INDX	AC0	0	2	符合查表条件的单元地址
CMD	无	4	4	4 表示为＞
TBL	VW100	0006	0006	TL＝6,最大填表数,不变化
	VW102	0004	0004	EC 实际存表数,不变化
	VW104	1203	1203	数据 0
	VW106	4467	4467	数据 1
	VW108	9086	9086	数据 2
	VW110	3592	3592	数据 3
	VW112	＊＊＊＊	＊＊＊＊	无效数据
	VW114	＊＊＊＊	＊＊＊＊	无效数据

第七节 转 换 指 令

转换指令是指对操作数的类型进行转换,包括数据的类型转换、码的类型转换以及数据和码之间的类型转换。

一、数据类型转换指令

PLC 中的主要数据类型包括字节、整数、双整数和实数。主要的码制有 BCD 码、ASCII 码、十进制数和十六进制数等。不同性质的指令对操作数的类型要求不同,因此在指令使用之前需要将操作数转换成相应的类型,转换指令可以完成这样的任务。

（一）字节与整数

1．字节到整数（Byte to Integer）

指令格式：LAD 格式如图 6.32(a)所示，STL 格式：BTI IN,OUT。

功能描述：将字节型输入数据 IN 转换成整数类型，并将结果送到 OUT 输出。字节型是无符号的，所以没有符号扩展位。

数据类型：输入为字节，输出为 INT。

2．整数到字节（Integer to Byte）

指令格式：LAD 格式如图 6.32(b)所示，STL 格式：ITB IN,OUT

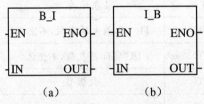

（a）　　　　　（b）

图 6.32　字节与整数转换指令

功能描述：将整数输入数据 IN 转换成字节类型，并将结果送到 OUT 输出。输入数据超出字节范围（0～255）时产生溢出。

数据类型：输入为 INT，输出为字节。

（二）整数与双整数

1．双整数到整数（Double Integer to Integer）

指令格式：LAD 格式如图 6.33(a)所示，STL 格式：DTI IN,OUT。

功能描述：将双整数输入数据 IN 转换成整数类型，并将结果送到 OUT 输出。输出数据超出整数范围则产生溢出。

数据类型：输入为 DINT，输出为 INT。

2．整数到双整数（Integer to Double Integer）

指令格式：LAD 格式如图 6.33(b)所示，STL 格式：ITD IN,OUT。

功能描述：将整数输入数据 IN 转换成双整数类型（符号进行扩展），并将结果送到 OUT 输出。数据类型：输入为 INT，输出为 DINT。

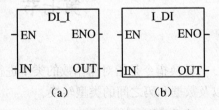

（a）　　　　　（b）

图 6.33　整数与双整数转换指令

（三）双整数与实数

1．实数到双整数（Real to Double Integer）

实数转换为双整数，其指令有两条：ROUND 和 TRUNC。

指令格式：LAD 格式如图 6.34(a)(b)所示，STL 格式：ROUND IN,OUT 或 TRUNC IN,OUT。

功能描述：将实数型输入数据 IN 转换成双整数类型，并将结果送到 OUT 输出。两条指令的区别是：前者小数部分四舍五入，而后者小数部分直接舍去。

数据类型：输入为 REAL，输出为 DINT。

2. 双整数到实数(Double Integer to Real)

指令格式：LAD 格式如图 6.34(c)所示，STL 格式：DTR IN,OUT。

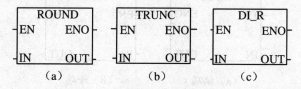

图 6.34　双整数与实数转换指令

功能描述：将双整数输入数据 IN 转换成实数，并将结果送到 OUT 输出。

数据类型：输入为 DINT，输出为 REAL。

3. 整数到实数(Integer to Real)

没有直接的整数到实数转换指令。转换时，先使用 I_DI(整数到双整数)指令，然后再使用 DTR(双整数到实数)指令即可。

(四) 整数与 BCD 码

1. BCD 码到整数(BCD to Integer)

指令格式：LAD 格式如图 6.35(a)所示，STL 格式：BCDI OUT。

功能描述：将 BCD 码输入数据 IN 转换成整数类型，并将结果送到 OUT 输出。输入数据 IN 的范围为 0～9 999。在 STL 中，IN 和 OUT 使用相同的存储单元。

数据类型：输入输出均为字。

2. 整数到 BCD 码(Integer to BCD)

指令格式：LAD 格式如图 6.35(b)所示，STL 格式：IBCD OUT。

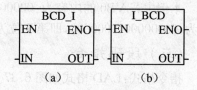

功能描述：将整数输入数据 IN 转换成 BCD 码类型，并将结果送到 OUT 输出。输入数据 IN 的范围为 0～9 999。在 STL 中，IN 和 OUT 使用相同的存储单元。

图 6.35　整数与 BCD 码转换指令

数据类型：输入输出均为字。

二、编码和译码指令

(一) 编码指令(Encode)

指令格式：LAD 格式如图 6.36(a)所示，STL 格式：ENCO IN,OUT。

功能描述：将字型输入数据 IN 的最低有效位(值为 1 的位)的位号输出到

OUT 所指定的字节单元的低 4 位,即用半个字节来对一个字型数据 16 位中的"1"位有效位进行编码。

数据类型:输入为字,输出为字节。

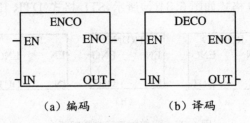

（a）编码　　　　（b）译码

图 6.36　编码、译码指令格式

【例 6.23】　执行程序:ENCO VW0,VB10。

本例中若 VW0 的内容为:0010101001000000,即最低为 1 的位是第 6 位,则执行编码指令后,VB10 的内容为:00000110(即 06)。

（二）译码指令（Decode）

指令格式:LAD 格式如图 6.36(b)所示,STL 格式:DECO IN,OUT。

功能描述:将字型型输入数据 IN 的低 4 位所表示的位号对 OUT 所指定的字单元的对应位置 1,其他位置 0。即对半个字节的编码进行译码,以选择一个字型数据 16 位中的"1"位。

数据类型:输入为字节,输出为字。

【例 6.24】　执行程序:DECO VB0,VW10。

本例中若 VB0 的内容为:00000111(即 07),则执行译码指令后,VW10 的内容为:0000000010000000,即第 7 位为 1,其余位为 0。

（三）段码指令

指令格式:LAD 格式如图 6.37 所示,STL 格式:SEG IN,OUT。

功能描述:将字节型输入数据 IN 的低 4 位有效数字产生相应的七段码,并将其输出到 OUT 所指定的字节单元。该指令在数码显示时直接应用非常方便。

数据类型:输入输出均为字节。

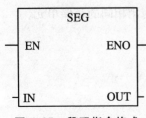

图 6.37　段码指令格式

【例 6.25】　执行程序:SEG　VB10,QB0。

若设 VB10＝05,则执行上述程序后,在 Q0.0～Q0.7 上可以输出:01101101。

三、ASCII 码转换指令

ASCII 码转换指令是将标准字符 ASCII 编码
与 16 进制值、整数、双整数及实数之间进行转换。可进行转换的 ASCII 码为 30～39 和 41～46,对应的十六进制为 0～9 和 A～F。

1. ASCII 码转换为 16 进制数指令(ASCII to HEX)

指令格式:LAD 格式如图 6.38(a)所示,STL 格式:ATH IN,OUT,LEN。

功能描述:把从 IN 开始的长度为 LEN 的 ASCII 码转换为 16 进制数,并将结果送到 OUT 开始的字节输出。LEN 的长度最大为 255。

数据类型:IN、LEN 和 OUT 均为字节类型。

2. 16 进制转换为 ASCII 码指令(HEX to ASCII)

指令格式:LAD 格式如图 6.38(b)所示,STL 格式:HTA IN,OUT,LEN。

功能描述:把从 IN 开始的长度为 LEN 的 16 进制数转换为 ASCII 码,并将结果送到 OUT 开始的字节进行输出。LEN 的长度最大值为 255。

数据类型:IN、LEN 和 OUT 均为字节类型。

3. 整数转换为 ASCII 码指令(Integer to ASCII)

指令格式:LAD 格式如图 6.38(c)所示,STL 格式:ITA IN,OUT,FMT。

功能描述:把一个整数 IN 转换成一个 ASCII 码字符串。格式 FMT 指定小数点右侧的转换精度和小数点是使用逗号还是使用点号。转换结果放在 OUT 所指定的 8 个连续的字节中。

数据类型:IN 为整数,FMT 和 OUT 均为字节类型。

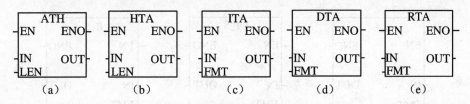

图 6.38 ASCII 码转换指令

4. 双整数转换为 ASCII 码(Double to ASCII)

指令格式:LAD 格式如图 6.38(d)所示,STL 格式:DTA IN,OUT,FMT。

功能描述:把一个双整数 IN 转换成一个 ASCII 码字符串。格式 FMT 指定小数点右侧的转换精度和小数点是使用逗号还是使用点号。转换结果放在 OUT 指定的连续 12 个字节中。

数据类型:IN 为双整数、FMT 和 OUT 均为字节型数据。

DTA 指令的 OUT 比 ITA 指令多 4 个字节,其余都和 ITA 指令一样。

5.实数转换为 ASCII 码(Real to ASCII)

指令格式:LAD 格式如图 6.38(e)所示,STL 格式:RTA IN,OUT,FMT。

功能描述:把一个实数 IN 转换成一个 ASCII 码字符串。格式 EMT 指定小数点右侧的转换精度和小数点是使用逗号还是使用点号,转换结果放在 OUT 开始的 3~15 个字节中。

数据类型:IN 为实数、FMT 和 OUT 均为字节类型。

四、字符串转换指令

字符串转换指令在 CPU V1.21 和 Micro/Win 32 V3.2 版本以上才可使用。

字符串是指全部合法的 ASCII 码字符串,这一点和上一节中的 ASCII 码范围不同。

(一) 数值转换为字符串

1.整数转换为字符串指令(Convert Integer to String)

指令格式：LAD 格式如图 6.39(a)所示,STL 格式:ITS IN,FMT,OUT。

它和 ITA 指令基本上是一样的,唯一的区别是它转换结果放在从 OUT 开始的 9 个连续字节中,(OUT+0)字节中的值为字符串的长度。

2.双整数转换为字符串指令(Convert Double Integer to String)

指令格式:LAD 格式如图 6.39(b)所示,STL 格式:DTS IN,FMT,OUT。

它和 DTA 指令基本上是一样的,唯一的区别是它的转换结果放在从 OUT 开始的 13 个连续字节中,(OUT+0)字节中的值为字符串的长度。

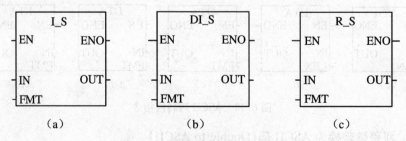

图 6.39　数值转换为字符串指令

3.实数转换为字符串指令(Convert Real to String)

指令格式:LAD 格式如图 6.39(c)所示,STL 格式:RTS IN,FMT,OUT。

它和 RTA 指令基本上是一样的,唯一的区别是它的输出数据类型为字符串型字节,它的转换结果存放单元的第一个字节(OUT+0)中的值为字符串的长度,所以它的转换结果存放单元是从 OUT 开始的＊＊＊＊＋1 个连续字节。

（二）字符串转换为数值

字符串转换为数值包括 3 条指令：字符串转整数（Convert Substring to Integer）、字符串转双整数（Convert Substring to Double Integer）和字符串转实数（Convert Substring to Real）。

指令格式：LAD 格式如图 6.40(a)、(b)、(c)所示，STL 格式：STI IN, INDX, OUT；STD IN, INDX, OUT；STR IN, INDX, OUT。

功能描述：这 3 条指令将一个字符串 IN，从偏移量 INDX 开始，分别转换为整数、双整数和实数值，结果存放在 OUT 中。

数据类型：这 3 条指令的 IN 均为字符串型字节，INDX 均为字节；STI 的 OUT 为 INT 型，STD 的 OUT 为 DINT 型，STD 的 OUT 为 REAL 型。

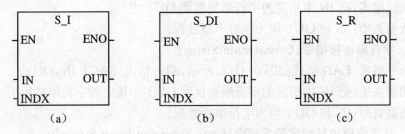

图 6.40　字符串转换为数值

使用说明：

① STI 和 STD 将字符串转换为以下格式：[空格][＋或－][数字 0～9]。STR 将字符串转换为以下格式：[空格][＋或－][数字 0～9][.或,][数字 0～9]。

② INDX 的值通常设置为 1，它表示从第一个字符开始转换。INDX 也可以设置为其他值，从字符串的不同位置进行转换，这可以被用于字符串中包含非数值字符的情况。例如，输入字符串为"Temperature:77.8"，若 INDX 设置为 13，则可以跳过字符串开头的"Temperature"。

③ STR 指令不能用于转换以科学计数法或以指数形式表示的实数的字符串。指令不会产生溢出错误（SM1.1），但是它会将字符串转换到指数之前，然后停止转换，例如：字符串转换为"1.234E6"转换为实数值 1.234，但不会有错误提示。

④ 非法字符是指任意非数字（0～9）字符。在转换时，当到达字符串的结尾或第一个非法字符时，转换指令结束。

⑤ 当转换产生的数值过大或过小以致使输出值无法表示时，溢出标志（SM1.1）会置位。例如使用 STI 时，若输入字符串产生的数值大于 32 767 或者小于 –32 768 时，SM1.1 就会置位。

⑥ 当输入字符串中不包含可以转换的合法数值时,SM1.1 也会置位。例如字符串为空串或者为"A123"等。

(三) 字符串指令

字符串指令在处理人机界面设计和数据转换时非常有用,这是新版本的 PLC 才有的指令。

1. 字符串长度指令(String Length)

指令格式:LAD 格式如图 6.41(a)所示,STL 格式:SLEN IN,OUT。

功能描述:把 IN 中指定的字符串的长度值送到 OUT 中。

数据类型:IN 为字符串型数据,OUT 为字节。

2. 字符串复制指令(Copy String)

指令格式:LAD 格式如图 6.41(b)所示,STL 格式:SCPY IN,OUT。

功能描述:把 IN 中指定的字符串复制到 OUT 中。

数据类型:IN 和 OUT 均为字符串型数据。

3. 字符串连接指令(Concatenate String)

指令格式:LAD 格式如图 6.41(c)所示,STL 格式:SACT IN,OUT。

功能描述:把 IN 中指定的字符串连接到 OUT 中指定的字符串的后面。

数据类型:IN 和 OUT 均为字符串型数据。

4. 从字符串中复制字符串指令(Copy Substring From String)

指令格式:LAD 格式如图 6.41(d)所示,STL 格式:SSCPY IN,INDX,N,OUT。

功能描述:从 INDX 指定的字符串开始,把 IN 中存储的字符串中的 N 个字符复制 OUT 中。

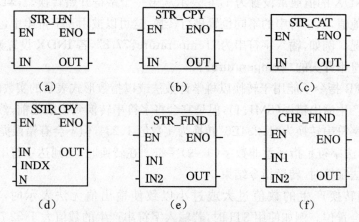

图 6.41　字符串指令格式

数据类型:IN 和 OUT 均为字符串型数据,INDX 和 N 均为字节。

5. 字符串搜索指令(Find String Within String)

指令格式:LAD 格式如图 6.41(e)所示,STL 格式:SFND IN1,IN2,OUT。

功能描述:在 IN1 字符串中寻找 IN2 字符串。由 OUT 指定搜索的起始位置,如果找到了相匹配的字符串,则 OUT 中会存入这段字符中首个字符的位置;如果没有找到,OUT 被清零。

数据类型:IN1 和 IN2 均为字符串型字节,OUT 为字节。

6. 字符搜索指令(Find First Character Within String)

指令格式:LAD 格式如图 6.41(f)所示,STL 格式:CFND IN1,IN2,OUT。

功能描述:在 IN1 字符串中寻找 IN2 字符串中的任意字符。由 OUT 指定搜索的起始位置。如果找到了相匹配的字符串,则 OUT 中会存入相匹配的首个字符的位置;如果没有找到,OUT 被清零。

数据类型:IN1 和 IN2 均为字符串型数据,OUT 为字节。

五、时钟指令

利用时钟指令可以实现调用系统实时时钟或根据需要设定时钟,这对于实现控制系统的运行监视、运行记录以及所有和实时时间有关的控制等十分方便。时钟操作有两种:读实时时钟和设定实时时钟。

1. 读实时时钟指令(Read Real-Time Clock)

指令格式:LAD 格式如图 6.42(a)所示,STL 格式:TODR T。

功能描述:系统读当前时间和日期,并把它装入一个 8 字节缓冲区。操作数 T 用来指定 8 个字节缓冲区的起始地址。

数据类型:T 为字节。

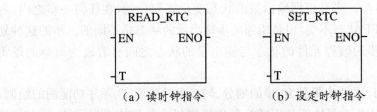

(a)读时钟指令　　　　　(b)设定时钟指令

图 6.42　时钟指令格式

2. 设定实时时钟指令(Set Real-Time Clock)

指令格式: LAD 格式如图 6.42(b)所示,STL 格式:TODW T。

功能描述:系统将包含当前时间和日期的一个 8 字节的缓冲区装入 PLC 的时

钟中去。操作数 T 用来指定 8 字节缓冲区的起始地址。

数据类型：T 为字节。

第八节　S7-200 PLC 顺序控制设计法与顺序控制指令

用经验设计法设计梯形图时，没有一套固定的方法和步骤可以遵循，要多次试探，随意性较大，对于不同的控制系统，没有一种通用的容易掌握的设计方法；在设计复杂系统的梯形图时，要用大量的中间单元来完成记忆、联锁和互锁等功能，由于需要考虑的因素很多，它们往往又交织在一起，分析起来非常困难，并且很容易遗漏一些应该考虑的问题；用经验法设计的梯形图很难阅读，给系统的维护和改进也带来很大的困难；采用顺序控制设计法则可以解决以上这些问题。

一、顺序控制设计法

（一）顺序控制设计

所谓顺序控制，就是按照生产工艺预先规定的顺序，在各个输入信号的作用下，根据内部状态和时间的顺序，使生产过程中各个执行机构自动的有秩序的进行操作。使用顺序控制设计法时，首先根据系统的工艺过程，画出顺序功能图，然后根据顺序功能图画出梯形图。它是一种先进的设计方法，易学易用，对于有经验的工程师，也会提高设计的效率，程序的调试、修改和阅读也很方便。

顺序控制设计法最基本的思想是将系统的一个工作周期划分为若干个顺序相连的阶段，这些阶段称为步（Step），并用编程元件（例如位存储器 M 和顺序控制继电器 S）来代表各步。步是根据输出量的状态变化来划分的，在任何一步之内，各输出量的 ON/OFF 状态不变，但是相邻两步输出量的状态是不同的。步的这种划分方法使代表各步的编程元件的状态与输出量的状态之间有着极为简单的逻辑关系。

顺序控制设计法的步骤分为：步的划分、转换条件的确定、顺序功能图的绘制、梯形图的编制等 4 步。具体就是用转换条件控制代表各步的编程元件，让它们的状态按一定的顺序变化，也就是用代表各步的编程元件去控制 PLC 的输出位。

（二）顺序功能图

顺序功能图又称为状态转移图，它是描述控制系统的控制过程、功能和特性的一种图形，也是设计 PLC 的顺序控制程序的有力工具。绘制顺序功能图是顺序控制设计中最为关键的一步。

顺序功能图并不涉及所描述的控制功能的具体技术,它是一种通用的技术语言,可以供进一步设计和不同专业的人员之间进行技术交流之用。顺序功能图主要由步、有向连线、转换、转换条件和动作(或命令)组成,如图 6.43 所示。

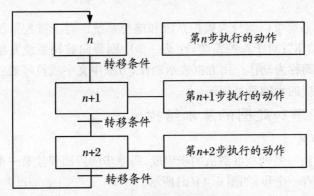

图 6.43　顺序功能图组成

1. 步

步是控制系统中一个相对不变的状态。在顺序功能图中用矩形方框表示步,方框中可以用数字表示该步的编号,也可以用代表该步的编程元件的地址作为步的编号,如 M0.0 等,这样在根据顺序功能图设计梯形图时较为方便。

(1)初始步

与系统的初始状态相对应的步称为初始步,初始状态一般是系统等待启动命令的相对静止的状态。初始步用双方框表示,每一个顺序功能图至少有一个初始步。

(2)活动步

当系统正处于某一步时,该步处于活动状态,称为"活动步"。步处于活动时,相应的动作被执行。

2. 有向线段、转换与转换条件

(1)有向线段

顺序功能图中步的活动状态顺序进展按有向线段规定的路线和方向进行。活动状态的进展方向习惯上是从上到下或从左到右,在这两个方向上有向线段的箭头可以省略。如果不是上述的方向,应在有向线段上用箭头注明进展的方向。

(2)转换

在有向线段上用短划线表示,转换将相邻的两步分隔开。步的活动状态的进展是由转换的实现来完成的,并与控制过程的发展相对应。

(3)转换条件

使系统由当前步进入下一步的信号称为转换条件,转换条件可以是外部的输入信号,如按钮、指令开关、限位开关的接通/断开等;也可以是 PLC 内部产生的信号,如定时器、计数器常开触点的接通等。转换条件还可能是若干个信号的与、或、非的逻辑组合。转换条件可以用语言、布尔代数表达式或图形符号标注在表示转换的短线的旁边。

3.动作

一个控制系统可以划分为被控系统和施控系统。对于被控系统,在某一步中要完成某些"动作";对于施控系统,在某一步中则要向被控系统发出某些"命令",将动作或命令简称为动作。用方框表示动作,方框中文字或符号表示具体的动作,该动作应与相应的步的符号相连。

(三)顺序功能图的基本结构

1.单一序列

单一序列由一系列相继激活的步组成,每一步的后面仅接有一个转换,每一个转换的后面只有一个步,如图 6.44(a)所示。

2.选择序列

选择序列的开始称为分支,如图 6.44(b)所示,转换符号只能标在水平连线之下。

3.并行序列

如图 6.44(c)所示,并行序列的开始称为分支,当转换条件的实现导致几个序列同时激活时,这些序列称为并行序列。为了强调转换的同步实现,水平连线用双线表示。

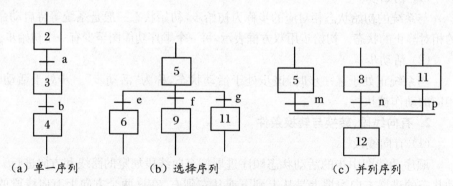

(a) 单一序列　　　　　(b) 选择序列　　　　　(c) 并行序列

图 6.44　顺序功能图基本结构

(四)绘制顺序功能图应注意的问题

① 两个步不能直接相连,必须用一个转换将它们隔开。

② 两个转换也不能直接相连,必须用一个步将它们隔开。

③ 顺序功能图中初始步是必不可少的。

④ PLC 开始进入 RUN 方式时各步均处于"0"状态,因此必须要有初始化信

号,将初始步预置为活动步,否则顺序功能图中不会出现活动步,系统将无法工作。

二、使用 SCR 指令的顺序控制梯形图的设计方法

(一) 顺序控制继电器指令

S7-200 PLC 中的顺序控制继电器(S0.0～S31.7)专门用于编制顺序控制程序。顺序控制指令有 3 条,它们的 STL 及 LAD 格式如表 6.16 所示。

表 6.16　顺序控制继电器指令

STL	LAD	功　能	操作对象
LSCR bit	bit SCR	顺序状态开始	S(位)
SCRT bit	bit (SCRT)	顺序状态转移	S(位)
SCRE	(SCRE)	顺序状态结束	无

从表 6.16 中可以看出,顺序控制指令的操作对象为顺序控制继电器 S,S 也称为状态器,每一个 S 位都表示功能图中的一种状态(使用的是 S 位的信息)。

从 LSCR 指令开始到 SCRE 指令结束的所有指令组成一个顺序控制继电器(SCR)段。LSCR 指令标记一个 SCR 段的开始,当该段的状态器置位时,允许该 SCR 段工作,SCR 段必须用 SCRE 指令结束。当 SCRT 指令的输入端有效时,一方面置位下一个 SCR 段的状态器,以便使下一个 SCR 段开始工作,另一方面又同时使该段的状态器复位,使该段停止工作。

1. 单一序列顺序功能图的编程方法

图 6.45 是某小车运动的示意图和顺序功能图。设小车在初始位置时停在左边,限位开关 I0.2 为"1"状态。按下启动按钮 I0.0 后,小车向右运动(简称右行),碰到限位开关 I0.1 后,停在该处,3 s 后开始左行,碰到 I0.2 后返回初始步,停止运动。根据 Q0.0 和 Q0.1 状态的变化,显然一个工作周期可以分为左行、暂停和右行三步,另外还应设置启动的初始步,并分别用 S0.0～S0.3 来代表这四步。启动按钮 I0.0 和限位开关的常开触点,T37 延时接通的常开触点是各步之间转换的

条件。

　　首次扫描时 SM0.1 的常开触点接通一个扫描周期,使顺序控制继电器 S0.0 置位,初始步变为活动步。按下启动按钮 I0.0,SCRT S0.1 指令的线圈得电,使 S0.1 变为"1"状态,S0.0 变为"0"状态,系统从初始步转换到右行步,转为执行S0.1 对应的 SCR 段。在该段中,因为 SM0.0 一直为"1"状态,其常开触点闭合,Q0.0 的线圈得电,小车右行。碰到右限位开关时,I0.1 的常开触点闭合,将实现右行步 S0.1 到暂停步的转换。定时器 T37 用来使暂停步持续 3 s。延时时间到 T37 的常开触点接通。使系统由暂停步转换到左行步 S0.3,直到返回初始步。

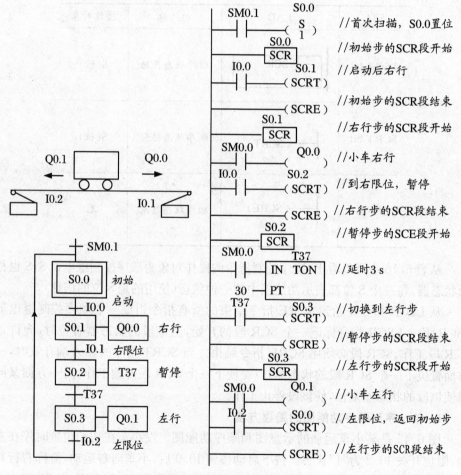

图 6.45　单一序列功能图

　　在设计梯形图时,用 LSCR 和 SCRE 指令作为 SCR 段的开始和结束指令。在 SCR 段中用 SM0.0 的常开触点来驱动在该步中应为 1 的状态的输出点(Q)的线圈,并用转换条件对应的触点或电路来驱动转换到后续步的 SCRT 指令。

2. 选择序列的编程方法

(1) 选择序列的分支的编程方法

图 6.46 中,步 S0.0 之后有一个选择序列的分支,当它是活动步,并且转换条件 I0.0 得到满足,后续步 S0.1 将变为活动步,S0.0 变为不活动步。如果 S0.0 为活动步,并且转换条件 I0.2 得到满足,后续步 S0.2 将变为活动步,S0.0 变为不活动步。

当 S0.0 为 1 时,它对应的 SCR 段被执行,此时若转换条件 I0.0 为 1,该程序段中的指令 SCRT S0.1 被执行,将转换到步 S0.1,若 I0.2 的常开触点闭合,将执行指令 SCRT S0.2,转换到步 S0.2。

(2) 选择序列的合并的编程方法

图 6.46 中,步 S0.3 之前有一个选择序列的合并,当步 S0.1 为活动步(S0.1 为"1"状态),并且转换条件 I0.1 满足,或步 S0.2 为活动步,并且转换条件 I0.3 满足,步 S0.3 都应变为活动步。在步 S0.1 和步 S0.2 对应的 SCR 段中,分别用 I0.1 和 I0.3 的常开触点驱动 SCRT S0.3 指令。

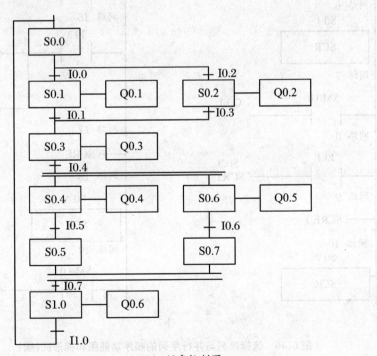

(a) 顺序控制图

图 6.46 选择序列与并行序列的顺序功能图和梯形图

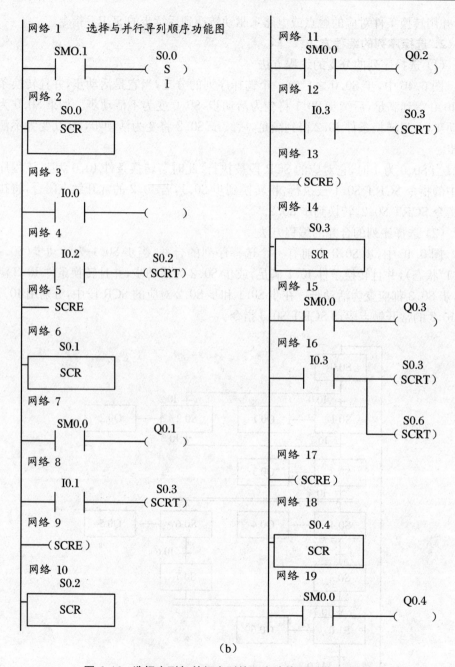

（b）

图 6.46　选择序列与并行序列的顺序功能图和梯形图（续）

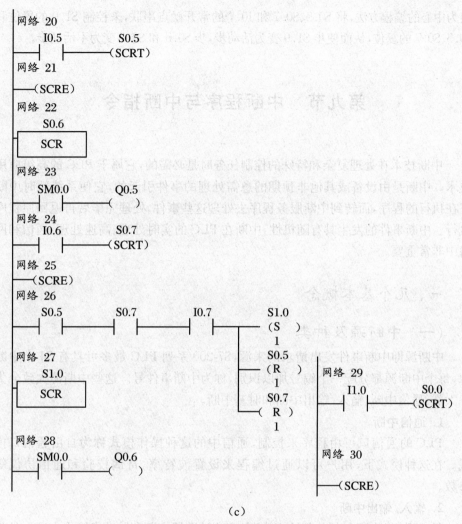

(c)

图 6.46　选择序列与并行序列的顺序功能图和梯形图(续)

3. 并行序列的编程方法

(1) 并行序列的分支的编程方法

图 6.46 中步 S0.3 之后有一个并行序列的分支,当步 S0.3 是活动步,并且转换条件 I0.4 满足,步 S0.4 与步 S0.6 应同时变为活动步,这是用 S0.3 对应的 SCR 段中 I0.4 的常开触点同时驱动指令 SCRT S0.4 和 SCRT S0.6 对应的线圈来实现。与此同时,S0.3 被自动复位,步 S0.3 变为不活动步。

(2) 并行序列的合并的编程方法

步 S1.0 之前有一个并行序列的合并,I0.7 对应的转换实现的条件是所有的前级步(即步 S0.5 和 S0.7)都是活动步和转换条件 I0.7 满足。由此可知,应使用以转换为中心的编程方法,将 S0.5、S0.7 和 I0.7 的常开触点串联,来控制 S1.0 的置位和 S0.5、S0.7 的复位,从而使步 S1.0 变为活动步,步 S0.5 和 S0.7 变为不活动步。

第九节　　中断程序与中断指令

中断技术在处理复杂和特殊的控制任务时是必需的,它属于 PLC 的高级应用技术。中断是由设备或其他非预期的急需处理的事件引起的,它使系统暂时中断正在执行的程序,而转到中断服务程序去处理这些事件,处理完毕后再返回原程序执行。中断事件的发生具有随机性,中断在 PLC 的实时处理、高速处理、通信和网络中非常重要。

一、几个基本概念

(一) 中断源及种类

中断源即中断事件发出请求的来源,S7-200 系列 PLC 最多可具有 34 个中断源,每个中断源都分配一个编号加以识别,称为中断事件号。这些中断源大致分为三大类:通信中断、输入/输出中断和时基中断。

1. 通信中断

PLC 的通信口可由程序来控制,通信中的这种操作模式称为自由通信口模式。在这种模式下,用户可以通过编程来设置波特率、奇偶校验和通信协议等参数。

2. 输入/输出中断

输入/输出中断包括外部输入中断、高速计数器中断和脉冲串输出中断。外部输入中断是系统利用 I0.0~I0.3 的上升沿或下降沿产生中断,这些输入点可用作连接某些一旦发生就必须引起注意的外部事件;高速计数器中断可以响应当前值等于预设值、计数方向改变、计数器外部复位等事件所引起的中断;脉冲串输出中断可以用来响应给定数量的脉冲输出完成所引起的中断。

3. 时基中断

时基中断包括定时中断和定时器中断。定时中断可以用来支持一个周期性的活动,周期时间以 1ms 为计量单位,周期可以是 1~255 ms。对于定时中断 0,把周期时间值写入 SMB34 中;对于定时中断 1,把周期时间值写入 SMB35。每当达到定时时间值,相关定时器溢出,执行中断处理程序。定时中断可以以固定的时间间隔作为采样周期来对模拟量输入进行采样,也可以用来执行一个 PID 控制回路,另外定时中断在自由口通信编程时非常有用。

当把某个中断程序连接到一个定时中断事件上时,如果该定时中断被允许,那就开始计时。当定时中断重新连接时,定时中断功能能清除前一次连接时的任何累计值,并用新值重新开始计时。

定时器中断可以用定时器来对一个指定的时间段产生中断。这类中断只能使用分辨率为 1 ms 的定时器 T32 和 T96 来实现。当所用定时器的当前值等于预设值时,在主机正常的定时刷新中,执行中断程序。

(二) 中断优先级

在中断系统中,将全部中断源按中断性质和处理的轻重缓急进行,并赋予优先权。所谓优先权,是指多个中断事件同时发出中断请求时,CPU 对中断响应的优先次序。中断优先级由高到低依次是:通信中断、输入/输出中断、时基中断。每种中断中的不同中断事件又有不同的优先权。所有中断事件及优先权如表 6.17 所示。

表 6.17　中断事件及优先级

组优先级	组内类型	中断事件号	中断事件描述	组内优先级
通信中断 (最高级)	通信口 0	8	通信口 0:接收字符	0
		9	通信口 0:发送完成	0
		23	通信口 0:接收信息完成	0
	通信口 1	24	通信口 1:接收信息完成	1
		25	通信口 1:接收字符	1
		26	通信口 1:发送字符	1
输入/输出中断 (次高级)	脉冲输出	19	PTO0 脉冲串输出完成中断	0
		20	PTO1 脉冲串输出完成中断	1
	外部输入	0	I0.0 上升沿中断	2
		2	I0.1 上升沿中断	3
		4	I0.2 上升沿中断	4
		6	I0.3 上升沿中断	5
		1	I0.0 下降沿中断	6
		3	I0.1 下降沿中断	7
		5	I0.2 下降沿中断	8
		7	I0.3 下降沿中断	9

续表 6.17

组优先级	组内类型	中断事件号	中断事件描述	组内优先级
输入/输出中断（次高级）	高速计数器	12	HSC0 当前值等于预设值中断	10
		27	HSC0 输入方向中断	11
		28	HSC0 外部复位中断	12
		13	HSC1 当前值等于预设值中断	13
		14	HSC1 输入方向改变中断	14
		15	HSC1 外部复位中断	15
		16	HSC2 当前值等于预设值中断	16
		17	HSC2 输入方向改变中断	17
		18	HSC2 外部复位中断	18
		32	HSC3 当前值等于预设值中断	19
		29	HSC4 当前值等于预设值中断	20
		30	HSC4 输入方向改变中断	21
		31	HSC4 外部复位中断	22
		33	HSC5 当前值等于预设值中断	23
时基中断（最低级）	定时	10	定时中断 0	0
		11	定时中断 1	1
		21	T32 当前值等于预设值中断	2
		22	T96 当前值等于预设值中断	3

　　在 PLC 中,CPU 按先来先服务的原则响应中断请求,一种中断程序一旦执行,就一直执行到结束为止,不会被其他甚至更高优先级的中断程序所中断。在任何时刻,CPU 只执行一个中断程序。中断程序执行中,新出现的中断请求按优先级排队等候处理。中断队列能保存的最大中断个数有限,如果超过队列容量,则会产生溢出,某些特殊标志存储器位被置位。中断队列、溢出位及队列容量如表6.18所示。

表 6.18　中断队列、溢出位及队列容量

中断队列种类	中断队列溢出标志位	CPU221	CPU222	CPU224	CPU226/CPU226XM
通信中断队列	SM4.0	4 个	4 个	4 个	8 个
I/O 中断队列	SM4.1	16 个	16 个	16 个	16 个
时基中断队列	SM4.2	8 个	8 个	8 个	8 个

二、中断程序

中断程序不是由程序调用,而是在中断事件发生时由操作系统调用的,编程时可以用中断程序入口处的中断程序标号来识别每个中断程序。因为不能预知系统何时调用中断程序,它不能改写其他程序使用的存储器,为此应在中断程序中使用局部变量。在中断程序中可以调用一级子程序,累加器和逻辑堆栈在中断程序和被调用的子程序中是公用的。

中断处理提供对特殊内部事件或外部事件的快速响应。应优化中断程序,执行完某项特定任务后立即返回主程序。应使中断程序尽量短小,以减少中断程序的执行时间,减少对其他处理的延迟,否则可能引起主程序控制的设备操作异常。

(一) 构 成

中断程序必须由三部分构成:中断程序标号、中断程序指令和无条件返回指令。中断程序标号,即中断程序的名称,它在建立程序时生成。中断程序指令是中断程序的实际有效部分,对中断事件的处理就是由这些指令组合完成的,在中断程序中可以调用嵌套子程序。中断返回指令用来退出中断程序回到主程序,它有两条返回指令,一是无条件中断返回指令 RETI,程序编译时由软件自动在程序结尾加上 RETI 指令,而不必由编程人员手工输入;另一条是条件返回指令 CRETI,在中断程序内部用它可以提前退出中断程序。

(二) 要 求

中断程序编写要求:短小精悍、执行时间短。用户应最大限度的优化中断程序,否则意外条件可能会导致由主程序控制的设备出现异常操作。

(三) 编制方法

可以采用下列方法创建中断程序:在"编辑"菜单中选择"插入→中断";在程序编辑器视窗中按鼠标右键,从弹出菜单中选择"插入→中断";用鼠标右键击指令树上的"程序块"图标,并从弹出菜单中选择"插入→中断"。创建成功后程序编辑器将显示新的中断,程序编辑器底部出现标有新的中断程序的标签,可以对新的中断程序编程。

注意:① 在执行中断程序和中断程序调用的子程序时共用累加器和逻辑堆栈;
② 在中断程序中不能使用 DISI、ENI、HDEF、LSCR 和 END 指令。

三、中断指令

中断调用即调用中断程序,使系统对特殊的内部事件做出响应。系统响应中断时自动保存逻辑堆栈、累加器和某些特殊标志存储器位,即保护现场。中断处理完成后,又自动恢复到这些单元原来的状态,即恢复现场。

(一) 中断连接指令

指令格式:LAD 格式如图 6.47(a)所示,STL 格式:ATCH INT,EVNT。

功能描述:将一个中断事件和一个中断程序建立联系,并允许这一中断事件。

数据类型:中断程序号 INT 和中断事件号 EVNT 均为字节型常数。

不同 CPU 主机的 EVNT 取值范围不同,如表 6.19 所示。

表 6.19　EVNT 取值范围

CPU 型号	CPU221	CPU222	CPU224	CPU226/ CPU226XM
EVNT 取值范围	0~12、19~23、 27~33	0~12、19~23、 27~33	0~23、27~33	0~33

(二) 中断分离指令(Detach Interrupt)

指令格式:LAD 格式如图 6.47(b)所示,STL 格式:DTCH　EVNT。

功能描述:切断一个中断事件和所有程序的联系,使该事件的中断回到不激活或无效状态,因而禁止了该中断事件。本指令主要用于对某一事件单独禁止中断。

数据类型:中断事件号 EVNT 为字节型常数。

(三)开中断(Enable Interrupt)及关中断(Disable Interrupt)

指令格式:LAD 格式如图 6.47(c)所示,STL 格式:ENIDISI。

ENI:开中断指令(中断允许指令)。全局开放(或允许)所有被连接的中断事件。梯形图中以线圈形式编程,无操作数。

DISI:关中断指令(中断禁止指令)。全局关闭(或禁止)所有被连接的中断事件,梯形图中以线圈形式编程,无操作数。

图 6.47　中断指令格式

注意:① 多个事件可以调用同一个中断程序,但同一个中断事件不能同时指定多个中断服务程序,否则,在中断允许时,若发生某个中断事件,系统默认只执行该事件指定的最后一个中断程序。

② 当系统由其他模式切换到 RUN 模式时,就自动关闭了所有的中断。

③ 可以通过编程,在 RUN 模式下,用使能输入执行 ENI 指令来开放所有的中断,以实现对中断事件的处理。全局关中断指令 DISI 使所有的中断程序不能被激活,但允许发生的中断事件等候,直到使用开中断指令重新允许中断。

【例 6.26】 中断指令使用。

编写一段程序完成一个数据采集任务,要求每 200ms 采集一个数,程序如图 6.48 所示。

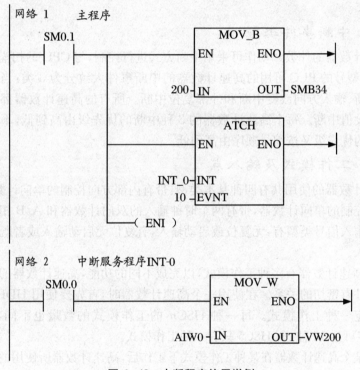

图 6.48　中断程序使用举例

第十节　高速计数器指令

一般来说,高速计数器 HSC 和编码器配合使用,可在现代自动控制中实现精确定位和测量长度。它可用来累计比 PLC 的扫描频率高得多的脉冲输入,利用其产生的中断事件完成预定的操作。

一、高速计数器介绍

(一) 数量与编号

高速计数器在程序中使用的地址编号用 HCn 来表示(在非程序中一般用 HSCn 表示),HC 表示编程元件名称为高速计数器,n 为编号。

不同型号的 PLC 主机,高速计数器的数量也不同,CPU221 和 CPU222 有 4 个,它们是 HC0 和 HC3~HC5;CPU224、CPU226 和 CPU226XM 有 6 个,它们是 HC0~HC5。

(二) 中断事件类型

高速计数器的计数和动作可采用中断方式进行控制,与 CPU 的扫描周期关系不大,各种型号的 PLC 可用的高速计数器的中断事件大致分为 3 类:当前值等于预设值中断、输入方向改变中断和外部复位中断。所有的高速计数器都支持当前值等于预设值中断。每个高速计数器的 3 种中断的优先级由高到低,不同高速计数器之间的优先级又按编号顺序由高到低。

(三) 工作模式及输入点

高速计数器的使用共有四种基本类型:带有内部方向控制的单向计数器,带有外部方向控制的单向计数器,带有两个时钟输入的双向计数器和 A/B 相正交计数器。它的输入信号类型有:无复位或启动输入,有复位无启动输入或者既有启动又有复位输入。

每种高速计数器有多种工作模式,以完成不同的功能,高速计数器的工作模式与中断事件有密切的关系。在使用一个高速计数器时,首先要使用 HDEF 指令给计数器设定一种工作模式。每一种 HSCn 的工作模式的数量也不同,HSC1 和 HSC2 最多可达 12 种,而 HSC5 只有一种工作模式。

选用某个高速计数器在某种工作模式下工作后,高速计数器所使用的输入端不是任意选择的,必须按系统指定的输入点输入信号。例如,如果 HSC0 在模式 4 下工作,就必须用 I0.0 为时钟输入端,I0.1 为增减方向输入端,I0.2 为外部复位输入端。

高速计数器输入点、输入/输出中断输入点都包括在一般数字量输入点编号范围内。同一个输入点只能用作一种功能,如果程序使用了高速计数器,则高速计数器的这种工作模式下指定的输入点只能被高速计数器使用。只有高速计数器不用的输入点才可以作为输入/输出中断或一般数字量的输入点使用。例如,HSC0 在模式 0 下工作,只用 I0.0 作时钟输入,不使用 I0.1 和 I0.2,则这两个输入端可另作他用。

高速计数器的输入点和工作模式如表 6.20 所示。

表 6.20　高速计数器工作模式

格式	描述	输入点			
	HSC0	I0.0	I0.1	I0.2	
	HSC1	I0.6	I0.7	I0.2	I1.1
	HSC2	I1.2	I1.3	I1.1	I1.2
	HSC3	I0.1			
	HSC4	I0.3	I0.4	I0.5	
	HSC5	I0.4			
0	带有内部方向控制的单向计数器	时钟			
1		时钟		复位	
2		时钟		复位	启动
3	带有外部方向控制的单向计数器	时钟	方向		
4		时钟	方向	复位	
5		时钟	方向	复位	启动
6	带有增减计数时钟的双向计数器	增时钟	减时钟		
7		增时钟	减时钟	复位	
8		增时钟	减时钟	复位	启动
9	A/B 相正交计数器	时钟 A	时钟 B		
10		时钟 A	时钟 B	复位	
11		时钟 A	时钟 B	复位	启动

对高速计数器的复位和启动有如下规定：

① 当激活复位输入端时，计数器清除当前值并一直保持到复位端失效。

② 当激活启动输入端时，计数器计数；当启动端失效时，计数器的当前值保持为常数，并且忽略时钟事件。

③ 如果在启动输入端无效的同时，复位信号被激活，则忽略复位信号，当前值保持不变；如果在复位信号被激活的同时启动输入端被激活，则当前值被清除。

二、高速计数器指令

(一) 定义高速计数器指令

指令格式：LAD 格式如图 6.49(a)所示，STL 格式：HDEF HSC，MODE。

功能描述:为指定的高速计数器分配一种工作模式,即用来建立高速计数器与工作模式之间的联系。每个高速计数器使用之前必须使用 HDEF 指令,而且只能使用一次。

数据类型:HSC 表示高速计数器编号,为 0~5 的常数,属字节型;MODE 表示工作模式,为 0~11 的常数,属字节型。

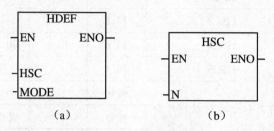

（a）　　　　　　　　　　　（b）

图 6.49　高速计数器指令格式

（二）高速计数器指令

指令格式:LAD 格式如图 6.49(b)所示,STL 格式:HSC N。

功能描述:根据高速计数器特殊存储器位的状态,并按照 HDEF 指令指定的工作模式,设置高速计数器并控制其工作。

数据类型:N 表示高速计数器编号,为 0~5 的常数,属字型。

三、高速计数器的使用方法

每个高速计数器都有固定的特殊存储器与之相配合,完成高速计数功能。具体对应关系如表 6.21 所示。

表 6.21　HSC 使用的特殊标志寄存器

高速计数器编号	状态字节	控制字节	当前值(双字)	预设值(双字)
HSC0	SMB36	SMB37	SMD38	SMD42
HSC1	SMB46	SMB47	SMD48	SMD52
HSC2	SMB56	SMB57	SMD58	SMD62
HSC3	SMB136	SMB137	SMD138	SMD142
HSC4	SMB146	SMB147	SMD148	SMD152
HSC5	SMB156	SMB157	SMD158	SMD162

（一）状态字节

每个高速计数器都有一个状态字节,程序运行时根据运行状况自动使某些位置位,可以通过程序来读取相关位的状态,用做判断条件实现相应的操作。状态字节中各状态位的功能如表 6.22 所示。

表 6.22　状态字节

状态位	SM＊＊6.0～SM＊＊6.4	SM＊＊6.5	SM＊＊6.6	SM＊＊6.7
功能描述	不用	当前计数方向 0:减;1:增	当前值＝预设值 0:不等;1:等于	当前值＞预设值 0:≤=;1:＞

(二) 控制字节

每个高速计数器都对应一个控制字节,用户可以根据要求来设置控制字节中各控制位的状态,如复位与启动输入信号的有效状态、计数速率、计数方向、允许更新双字值和允许执行 HSC 指令等,实现对高速计数器的控制。

(三) 使用高速计数器及选择工作模式步骤

选择高速计数器及工作模式包括两方面工作:根据使用的主机型号和控制要求,一是选择高速计数器;二是选择该高速计数器的工作模式。

1. 选择高速计数器

例如,要对一高速脉冲信号进行增/减计数,计数当前值达到 1 200 产生中断,计数方向用一个外部信号控制,所用的主机型号为 CPU224。

分析:本控制要求是带外部方向控制的单相增/减计数,因此可用的高速计数器可以是 HSC0、HSC1、HSC2 或 HSC4 中的任何一个。如果确定为 HSC0,由于不要求外部复位,所以应选择工作模式 3。同时也确定了各个输入点:I0.0 为计数脉冲的时钟输入;I0.1 为外部方向控制(I0.1＝0 时为减计数,I0.1＝1 时为增计数)。

2. 设置控制字节

在选择用 HSC0 的工作模式 3 之后,对应的控制字节为 SMB37,如果向 SMB37 写入 2♯11111000,即 16♯F8,则对 HSC0 的功能设置为:复位与启动输入信号都是高电位有效、4 倍计数频率、计数方向为增计数、允许更新双字值和允许执行 HSC 指令。

3. 执行 HDEF 指令

执行 HDEF 指令时,HSC 的输入值为 0,MODE 的输入值为 3,指令如下:HDEF 0,3。

4. 设定当前值与预设值

每个高速计数器都对应一个双字长的当前值和一个双字长的预设值。两者都是有符号整数。当前值随计数脉冲的输入而不断变化,运行时当前值可以由程序直接读取 HCn 得到。

本例中,选择 HSC0,所以对应的当前值和预设值分别存到 SMD38 和 SMD42 中。如果希望从 0 开始计数,计数值达到 1 200 时产生中断,则可以用双字节传送指令分别将 0 和 1 200 装入 SMD38 和 SMD42 中。

5. 设置中断事件并全局开中断

高速计数器利用中断方式对高速事件进行精确控制。

本例中,用 HSC0 进行计数,要求在当前值等于预设值时产生中断。因此,中断事件是当前值等于预设值,中断事件号为 12。用中断调用 ATCH 指令将中断事件号 12 和中断程序(假设中断子程序编号为 INT_0)连接起来,并全局开中断。指令如下:

ATCH INT_0,12

ENI

在 INT_0 程序中,可完成 HSC0 当前值等于设定值时计划要做的工作。

6. 执行 HSC 指令

以上设置完成并用指令实现之后,即可用 HSC 指令对高速计数器编程进行计数。本例中指令如下:HSC 0。

以上 6 步是对高速计数器的初始化,该过程可以用主程序中的程序段来实现,也可以用子程序来实现。高速计数器在投入运行之前,必须要执行一次初始化程序段或初始化子程序。

第十一节　程序控制指令

程序控制类指令使程序结构灵活,合理利用程序控制类指令可以优化程序结构,增强程序功能。这类指令主要包括结束、暂停、看门狗、跳转、子程序、循环和顺序控制等指令。

一、结束、暂停及看门狗指令

(一) 结束指令 END 和 MEND

结束指令分为有条件结束指令(END)和无条件结束指令(MEND)。两条指令在梯形图中以线圈形式编程,指令不含操作数。执行完结束指令后,系统结束主程序,返回到主程序起点。

使用说明：

① 结束指令只能用在主程序中，不能在子程序和中断程序中使用。而有条件结束指令可以用在无条件结束指令前结束主程序。

② 调试程序时，在程序的适当位置插入无条件结束指令可以实现程序的分段调试。

③ 可以利用程序执行的结果状态、系统状态或外部设置切换条件来调用有条件结束指令，使程序结束。

④ 使用 Micro/Win 32 编程时，编程人员不需要手工输入无条件结束指令，该软件会自动在内部加上一条无条件结束指令到主程序的结尾。

（二）停止指令 STOP

STOP 指令有效时，可以使主机 CPU 的工作方式由 RUN 切换到 STOP，从而立即中止用户程序的执行。STOP 指令在梯形图中以线圈形式编程，指令不含操作数。

STOP 指令可以用在主程序、子程序和中断程序中。如果在中断程序中执行 STOP 指令，则中断处理立即中止，并忽略所有挂起的中断，继续扫描程序的剩余部分，在本次扫描周期结束后，完成将主机从 RUN 到 STOP 的切换。

STOP 和 END 指令通常在程序中用来对突发紧急事件进行处理，以避免实际生产中的重大损失。

（三）看门狗指令

WDR（Watch Dog Reset）称为看门狗复位指令，也称为警戒时钟刷新指令。它可以把警戒时钟刷新，即延长扫描周期，从而有效地避免看门狗超时错误。WDR 指令在梯形图中以线圈形式编程，无操作数。

使用 WDR 指令时要特别小心，如果因为使用 WDR 指令而使扫描时间拖得过长（如在循环结构中使用 WDR），那么在中止本次扫描前，下列操作过程将被禁止：

① 通信（自由口除外）。

② I/O 刷新（直接 I/O 除外）。

③ 强制刷新。

④ SM 位刷新（SM0、SM5～SM29 的位不能被刷新）。

⑤ 运行时间诊断。

⑥ 扫描时间超过 25 s 时，使 10 ms 和 100 ms 定时器不能正确计时。

⑦ 中断程序中的 STOP 指令。

注意：如果希望扫描周期超过 300 ms，或者希望中断时间超过 300 ms，则最好用 WDR 指令来重新触发看门狗定时器。

【例 6.27】 结束指令、停止指令和看门狗指令的使用（图 6.50）。

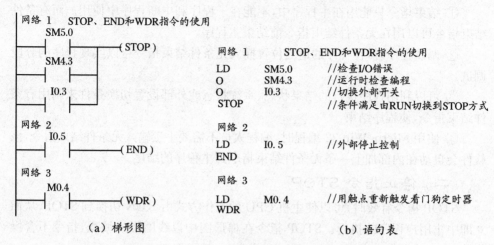

网络 1　　STOP、END和WDR指令的使用

网络 1		STOP、END和WDR指令的使用
LD	SM5.0	//检查I/O错误
O	SM4.3	//运行时检查编程
O	I0.3	//切换外部开关
STOP		//条件满足由RUN切换到STOP方式

网络 2

LD	I0.5	//外部停止控制
END		

网络 3

LD	M0.4	//用触点重新触发看门狗定时器
WDR		

（a）梯形图　　　　　　　　　　　　　　　　（b）语句表

图 6.50　结束指令、停止指令和看门狗指令的使用

二、跳转及标号指令

跳转指令可以使 PLC 编程的灵活性大大提高，使主机可根据对不同条件的判断，选择不同的程序段执行程序。

跳转指令 JMP（Jump to Label）：当输入端有效时，使程序跳转到标号处执行。

标号指令 LBL（Label）：指令跳转的目标标号。操作数 n 为 0～255。

使用说明：

① 跳转指令和标号指令必须配对使用，而且只能使用在同一程序块中，如主程序、同一个子程序或同一个中断程序，不能在不同的程序块中互相跳转。

② 执行跳转后，被跳过的程序段中的各元器件的状态为：a. Q、M、S 和 C 等元器件的位保持跳变前的状态；b. 计数器 C 停止计数，当前值存储器保持跳转前的状态；c. 对定时器来说，因刷新方式不同而工作状态不同。在跳转期间，分辨率为 1 ms 和 10 ms 的定时器会一直保持跳转前的工作状态，原来工作的继续工作，到设定值后，其位的状态也会改变，输出触点动作，其当前值存储器一直累积到最大值 32 767 才停止。对分辨率为 100 ms 的定时器，跳转期间停止工作，但不会复位，存储器里的值为跳转时的值，跳转结束后，若输出条件允许，可以继续计时，但已失去准确计时的意义。所以，在跳转段里的定时器要慎用。

【例 6.28】　跳转指令的使用如图 6.51 所示。

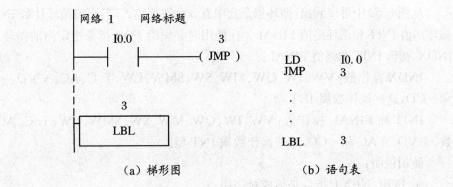

（a）梯形图　　　　　　（b）语句表

图 6.51　跳转指令的使用

三、循环指令

循环指令的引入为解决重复执行相同功能的程序段提供了极大的方便,并且优化了程序结构。特别是在进行大量相同功能的计算和逻辑处理时,循环指令非常有用。循环指令有两条:FOR 和 NEXT。

（一）循环指令

循环开始指令 FOR:用来标记循环体的开始。

循环结束指令 NEXT:用来标记循环体的结束。无操作数。

FOR 和 NEXT 之间的程序段称为循环体,每执行一次循环体,当前计数器值增 1,并且将其结果同终值作比较,如果大于终值,则终止循环。

循环指令的 LAD 和 STL 格式如图 6.52 所示:

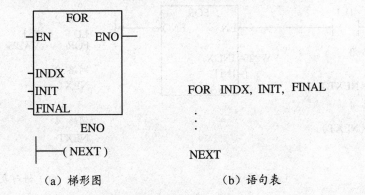

（a）梯形图　　　　　　（b）语句表

图 6.52　循环指令格式

（二）参数说明

从图 6.52 中可以看出,循环指令盒中有 3 个数据输入端:当前循环计数 INDX、循环初值 INIT 和循环终值 FINAL。在使用时必须给 FOR 指令指定当前循环计数 INDX、初值 INIT 和终值 FINAL。

INDX 操作数:VW、IW、QW、MW、SW、SMW、LW、T、C、AC、＊VD、＊AC 和＊CD,这些操作数属 INT 型。

INIT 和 FINAL 操作数:VW、IW、QW、MW、SW、SMW、LW、T、C、AC、常数、＊VD、＊AC 和＊CD,这些操作数属 INT 型。

使用说明:

① FOR、NEXT 指令必须成对使用。

② FOR 和 NEXT 可以循环嵌套,嵌套最多为 8 层,但各个嵌套之间一定不可有交叉。

③ 每次使能输入(EN)重新有效时,指令将自动复位各参数。

④ 初值大于终值时,循环体不被执行。

⑤ 在使用循环指令时,要注意在循环体中对 INDX 的控制。

【例 6.29】 循环指令使用(图 6.53)。

当 I0.0 接通时,标为 A 的外层循环执行 100 次。当 I1.1 接通时,标为 B 的内

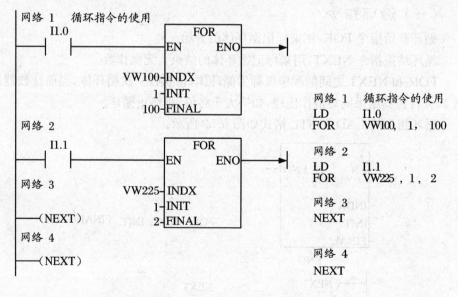

（a）梯形图　　　　　（b）语句表

图 6.53 循环指令的使用

层循环执行 2 次。

四、子程序

子程序在结构化程序设计中是一种方便有效的工具。S7-200PLC 的指令系统具有简单、方便、灵活的子程序调用功能。与子程序有关的操作有:建立子程序、子程序的调用和返回。

(一) 建立子程序

建立子程序是通过编程软件来完成的。可以用编程软件"编辑"菜单中的"插入"选项选择"子程序",以建立或插入一个新的子程序,同时,在指令树窗口可以看到新建的子程序图标,默认的程序名是 SBR_N,编号 N 从 0 开始按照递增顺序生成,也可以在图标上直接更改子程序的程序名,把它变成更能描述该子程序功能的名字。在指令树窗口中双击子程序的图标就可以进入子程序,并对它进行编辑。对于 CPU226XM,最多可以有 128 个子程序;对其余的 CPU,最多可以有 64 个子程序。

(二) 子程序的调用

1. 子程序调用指令(CALL)

在使能输入有效时,主程序把程序控制权交给子程序。子程序的调用可以带参数,也可以不带参数。它在梯形图中以指令盒的形式编程,指令格式如表 6.23 所示:

表 6.23　子程序调用指令格式

指　令	子程序调用指令	子程序条件返回指令
LAD	SBR_0 EN	(RET)
STL	CALL SBR_0	CRET

2. 子程序条件返回指令

在使能输入有效时,结束子程序的执行,返回主程序中(返回到调用此子程序的下一条指令)。梯形图中以线圈的形式编程,指令不带参数,指令格式如表 6.23 所示。

使用说明:

① CRET 多用于子程序的内部,由判断条件决定是否结束子程序调用,RET

用于子程序的结束。用 Micro/Win 32 编程时,编程人员不需要输入 RET 指令,而是由编程软件自动在内部加到每个程序结尾。

② 如果在子程序的内部又对另一个子程序执行调用指令,则这种调用称为子程序的嵌套。子程序的嵌套深度最多为 8 级。

③ 当一个子程序被调用时,系统会自动保存当前的堆栈数据,并把栈顶置 1,堆栈中的其他值为 0,子程序占有控制权。子程序执行结束,通过返回指令自动恢复原来的逻辑堆栈值,调用程序又重新取得控制权。

④ 累加器可在调用程序和被调用子程序之间自由传递,所以累加器的值在子程序调用时既不保存也不恢复。

(三) 带参数的子程序的调用

子程序可以有参变量,带参数的子程序的调用极大地扩大了子程序的使用范围,增加了调用的灵活性。它主要用于功能类似的子程序块的编程。子程序的调用过程如果存在数据的传递,则在调用指令中应包含相应的参数。

1. 子程序参数

子程序最多可以传递 16 个参数。参数在子程序的局部变量表中加以定义。参数包含下列的信息:变量名、变量类型和数据类型。

① 变量名:变量名最多用 8 个字符表示,第一个字符不能是数字。

② 变量类型:变量类型是按变量对应数据的传递方向来划分的,可以是传入子程序(IN)、传入和传出子程序(IN/OUT)、传出子程序(OUT)和暂时变量(TEMP)等 4 种类型。4 种变量类型的参数在变量表中的位置必须按以下先后顺序。

IN 类型:传入子程序参数。参数可以是直接寻址数据(如 VB100)、间接寻址数据(如 * AC)、立即数(如 16♯2344)或数据的地址值(如 &VB100)。

IN/OUT 类型:传入和传出子程序参数。调用时将指定参数位置的值传到子程序,返回时从子程序得到的结果值被返回到同一地址。参数可以采用直接和间接寻址,但立即数(如 16♯1234)和地址值(如 &VB100)不能作为参数。

OUT 类型:传出子程序参数。它将从子程序返回的结果值送到指定的参数位置。输出参数可以采用直接和间接寻址,但不能是立即数或地址编号。

TEMP 类型:暂时变量参数。在子程序内部暂时存储数据,但不能用于与调用程序传递参数数据。

③ 数据类型:局部变量表中还要对数据类型进行声明。数据类型可以是:能流、布尔型、字节型、字型、双字型、整数型、双整数型和实数型。

能流:仅允许对位输入操作,是位逻辑运算的结果。在局部变量表中布尔能流输入处于所有类型的最前面。

布尔型：布尔型用于单独的位输入和输出。

字节、字和双字型：这 3 种类型分别声明一个 1 字节、2 字节和 4 字节的无符号输入或输出参数。

整数、双整数型：这 2 种类型分别声明一个 2 字节或 4 字节的有符号输入或输出参数。

实数型：该类型声明一个 IEEE 标准的 32 位浮点参数。

2. 参数子程序的调用规则

① 常数参数必须声明数据类型。例如，把值为"223344"的无符号双字作为参数传递时，必须用"DW♯223344"来指明。如果缺少常数参数的这一描述，常数可能会被当做不同类型使用。

② 输入或输出参数没有自动数据类型转换功能。例如，局部变量表中声明一个参数为实型，而在调用时使用一个双字，则子程序中的字就是双字。

③ 参数在调用时必须按照一定的顺序排列，先是输入参数，然后是输入输出参数，最后是输出参数和暂时变量。

3. 变量表的使用

按照子程序指令的调用顺序，参数值分配给局部变量存储器，起始地址是 L0.0。使用编程软件时，地址分配是自动的。在局部变量表中要加入一个参数，单击要加入的变量类型区可以得到一个选择菜单，选择"插入"，然后选择"下一行"即可。局部变量表使用局部变量存储器。

当在局部变量表中加入一个参数时，系统会自动给各参数分配局部变量存储空间。

参数子程序调用指令格式：CALL 子程序名，参数 1、参数 2、……、参数 n。

五、"与"ENO 指令

ENO 是 LAD 中指令盒的布尔能流输出端。如果指令盒的能流输入有效，则执行没有错误，ENO 就置位，并将能流向下传递。ENO 可以作为允许位表示指令成功执行。

STL 指令没有 EN 输入，但对要执行的指令，其栈顶值必须为 1。可以用"与" ENO 指令来产生和指令盒中的 ENO 位相同的功能。

指令格式：AENO。

AENO 指令无操作数，且只在 STL 中使用，它将栈顶值和 ENO 位的逻辑进行"与"运算，运算结果保存到栈顶。

AENO 指令使用较少。

【例 6.30】　AENO 指令的使用(图 6.54)。

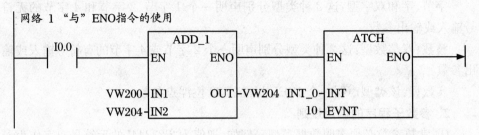

(a) 梯形图

网络 1　　"与" END 指令的使用　　//使能输入
LD　　　　I0.0　　　　　　　　//整数加法，VW200+VW204=VW204
+I　　　　VW200，VW204　　　　//与 ENO 指令
AENO　　　　　　　　　　　　//如果 +I 指令执行正确
ATCH　　　INT_0，　10　　　　//则调用中断程序 INT_0,中断事件号为 10

(b) 语句表

图 6.54　AENO 指令的使用

习题与思考题

1. 写出图 6.55 所示梯形图对应的语句表程序。

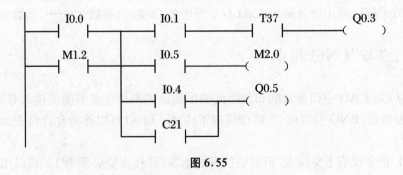

图 6.55

2. 画出图 6.56(a)、(b)、(c)所示语句表对应的梯形图。

(a)	(b)	(c)
	LD　I0.0	
	LPS	
	LD　M0.0	
	O　M0.1	
	ALD	LD　M0.0
	＝　Q0.0	LPS
	LRD	A　M0.1
	LD　M0.2	LPS
	A　M0.3	AN　M0.2
	LDN　M0.4	＝　Q0.3
	A　M0.5	LPP
LD　I0.0	OLD	A　M0.3
A　M0.0	ALD	＝　Q0.1
＝　Q0.0	Q0.1	LPP
LD　M0.1	LPP	A　M0.4
AN　I0.2	A　M1.0	LPS
M0.3	Q0.2	A　M0.5
A　T5	LD　M1.1	＝　Q0.2
＝　Q0.3	O　M1.2	LPP
AN　M0.5	ALD	AN　M0.6
＝　Q0.1	＝　Q0.3	＝　Q0.3
(a)	(b)	(c)

图 6.56

3. S7-200 PLC 有几种分辨率的定时器？它们的刷新方式有何不同？S7-200 PLC 有几种类型的定时器？对它们执行复位操作后，它们的当前值和位的状态是什么？

4. S7-200 PLC 有几种类型的计数器？对它们执行复位操作后，它们的当前值和位的状态是什么？

5. 设计二分频电路的梯形图。

6. 设计一个 30 h 40 min 的长延时电路。

7. 设计一个照明灯的控制程序。当按下接在 I0.0 上的按钮后，接在 Q0.0 上的照明灯可以发光 30 s。如果在这段时间内有人按下按钮，则计时重新从头开始。这样可确保在最后一次按完按钮后，灯光可以维持 30 s 的照明。

8. 设计一个抢答器电路，出题人提出问题，3 个答题人按动按钮，仅仅是最早按下的人的面前的灯亮。这个问题结束后出题人按下复位键，开始下一个问题。

9. 设计一个对锅炉鼓风机和引风机控制的程序。控制要求：

(1) 开机时首先启动引风机，10 s 后自动启动鼓风机。

(2) 停止时，立即关断鼓风机，经 30 s 后自动关断引风机。

10. 在 I0.0 的上升沿，将 VB10～VB49 中的数据逐个异或，求它们的异或校验码，设计出语句表控制程序。

11. 用整数运算指令将 VW2 中的整数乘以 0.932 后存放在 VW6 中。

12. 8 个 12 位的二进制数据存放在 VW10 开始的存储区内,用循环指令求它们的平均值,并存放在 VW20 中。

13. 控制接在 Q0.0～Q0.7 上的 8 个彩灯循环移位,用 T37 定时器定时,每秒移动 1 位,首次扫描时用接在 I0.0～I0.7 的小开关设置彩灯的初值,用 I0.0 控制彩灯移位的方向,设计出控制程序。

14. 用实时时钟指令控制路灯的定时接通和断开,在 5 月 1 日～10 月 31 日的 20:00 开灯,次日 6:00 关灯;在 11 月 1 日～4 月 30 日的 19:00 开灯,次日 7:00 关灯。设计出控制程序。

15. 首次扫描时给 Q0.0～Q0.7 置初值,用 T32 中断定时,控制接在 Q0.0～Q0.7 上的 8 个彩灯循环左移,每秒移位 1 次,设计出控制程序。

16. 设计出图 6.57 所示的顺序功能图的梯形图程序。

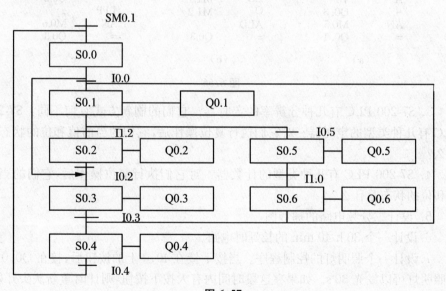

图 6.57

第七章　可编程控制器过程控制

在工业控制中,存在大量的物理量,如压力、温度、速度、位移等模拟量,为了实现自动控制,这些模拟信号需要被 PLC 处理。为了完成这些功能,PLC 有相应的模拟量输入/输出扩展模块。模拟量输入模块用于连接电压和电流传感器、热电偶、电阻器和电阻式温度计,将扩展过程中的模拟信号转换为 PLC 能处理的数字信号。模拟量输出模块用于将 PLC 与执行元件相连,将数字量输出转换为模拟信号。模拟量输入/输出模块兼有模拟输入和模拟输出的功能。

第一节　模拟量输入/输出硬件模块

用于处理模拟量的模块有:模拟量输入模块、模拟量输出模块和模拟量输入/输出模块。

一、S7-200 系列 PLC 模拟量输入/输出模块

(一) 模拟量输入模块(A/D)

模拟量输入模块是将设备现场连续变化的物理量,转换为 PLC 可以处理的数字量。要对这些模拟量进行采集并送给 PLC 的 CPU,必须先对这些模拟量进行模数(A/D)转换,模拟量输入模块就是用来将模拟信号转换成 PLC 所能接收的数字信号的。生产过程中涉及的模拟信号是多种多样的,类型和参数大小也不相同,因此,一般先用现场信号变送器把它们变换成统一的标准信号(如 4～20 mA 的直流电信号、0～5 V 的电压信号等),然后再送入模拟量输入模块将模拟量信号转换成数字量信号,以便 PLC 的 CPU 进行处理。模拟量输入模块一般由滤波器、模数(A/D)转换、光电耦合器等部分组成。光电耦合器可以有效防止电磁干扰。对于多通道的模拟量输入单元,通常可以设置多路转换开关进行通道的切换,且在输出端设置信号寄存器。

模拟量输入模块设有电压信号和电流信号输入端。输入信号经滤波、放大、模

数(A/D)转换得到数字量信号,再经光电耦合器进入 PLC 的内部电路。

S7-200 系列 PLC 的模拟量输入模块(EM231)具有 4 个模拟量输入通道。输入信号经 A/D 转换后的数字量是 12 位二进制数(即精度为 12 位)。单极性全量程输入范围对应的数字量输出为 0～32 000,双极性为 −32 000～+32 000。模拟量转换为数字量的 12 位读数是左对齐的,最高有效位是符号位,0 表示正值。在单极性格式中,最高 1 位始终为 0,最低 3 位是 3 个连续的 0,中间 12 位为数据值,16 位数字量的值相当于 A/D 转换值被乘以 8。在双极性格式中,最低位是 4 个连续的 0,相当于 A/D 转换值被乘以 16。每个通道占有存储器 A1 区域 2 字节(16 位),应从偶数字节地址开始存放。该模块模拟量的输入值为只读数据。电压输入范围:单极性 0～10 V 或 0～5 V,双极性 −5～+5 V 或 −2.5～+2.5 V;电流输出范围:0～20 mA。模拟量到数字量的最大转换时间为 250 μs。该模块需要直流 24 V 供电。可由 CPU 模块的传感器电源 DC24 V/400 mA 供电,也可由用户提供外部电源。

(二) 模拟量输出模块(D/A)

模拟量输出模块的作用是控制一些具有连续动作的执行机构,如电机转速的速度给定、各种位置运动的距离给定、电磁阀(阀门有各种大小开度)动作给定等。

模拟量输出模块的作用就是把 PLC 输出的数字量信号转换成相应的模拟量信号以适应模拟量控制的要求。模拟量输出模块一般由光电耦合器、数模(D/A)转换器和信号驱动等环节组成。

S7-200 系列 PLC 的模拟量输出模块(EM232)具有 2 个模拟量输出通道。每个输出通道占用存储器 AQ 区域 2 个字节。该模块输出的模拟量可以是电压信号,也可以是电流信号。输出信号的范围:电压输出为 −10～+10 V,电流输出为 0～20 mA。满量程时电压输出和电流输出的分辨率分别为 12 位和 11 位,对应的数字量分别为 −32 000～+32 000 和 0～32 000。电压输出的设置时间为 100 μs,电流输出的设置时间为 2 ms。用户程序无法读出模拟量输出值。该模块需要 DC24 V 供电,可以由 CPU 模块的传感器电源 DC24 V/400 mA 供电,也可以由用户提供外部电源。

(三) 模拟量输入/输出模块

S7-200 系列 PLC 还配有模拟量的输入/输出模块(EM235),EM235 具有 4 个模拟量输入通道、1 个模拟量输出通道。该模块的模拟量输入功能同 EM231 模拟量输入模块,技术参数基本相同,只是电压输入范围有所不同:单极性为 0～10 V、0～5 V、0～1 V、0～500 mV、0～100 mV、0～50 mV,双极性为 −10～+10 V、−5～+5 V、−2.5～+2.5 V、−1～+1 V、−500～+500 mV、−250～+250 mV、−100～+100 mV、−50～+50 mV、−25～+25 mV。

该模块的模拟量输出功能同 EM232 模拟量输出模块,技术参数也基本相同。该模块需要 DC24 V 供电。可以由 CPU 模块的传感器电源 DC24 V/400 mA 供电,也可以由用户提供外部电源。

二、FX$_{2N}$ 系列 PLC 的模拟量输入/输出模块

(一) 模拟量输入模块

1. FX$_{2N}$-2AD 模拟量输入模块

FX$_{2N}$-2AD 模拟量输入模块有两个模拟量输入通道 CH1 和 CH2,通过这两个通道可以将电压或电流转换成 12 位的数字量信号,并将数字信号输入到 PLC 中。CH1 和 CH2 可以输入 0~10 V 或 0~5 V 的直流电压或 4~20 mA 的直流电流。

FX$_{2N}$-2AD 模拟量输入模块的模拟量到数字量转换特性可以调节,占用 8 个 I/O 点,它们可以被分配为输入或输出。FX$_{2N}$-2AD 模拟量输入模块与 PLC 进行数据传输时,需要使用 FROM/TO 指令。

(1) 接线方式

FX$_{2N}$-2AD 模拟量输入模块的接线方式如图 7.1 所示:图中的 *1 表示当电压输入存在波动或有大量噪声时,在此位置连接一个耐压值为 25 V、容量为 0.1~0.47 μF 的电容;图中的 *2 表示 FX$_{2N}$-2AD 模拟量输入模块不能将一个通道作为模拟电压输入,而将另一个作为电流输入,因为两个通道采用相同的偏移值和增益值;对于电流输入,必须将电路中的 VIN 和 IIN 短接。

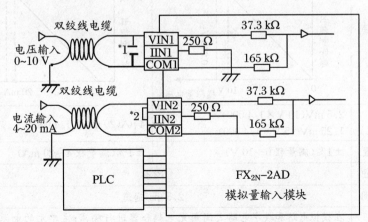

图 7.1　FX$_{2N}$-2AD 模拟量输入模块的接线方式

FX$_{2N}$ 系列 PLC 最多可以连接 8 个 FX$_{2N}$-2AD 模拟量输入模块。FX$_{2N}$-2AD

模拟量输入模块通过电缆与 PLC 基本单元的连接如图 7.2 所示。

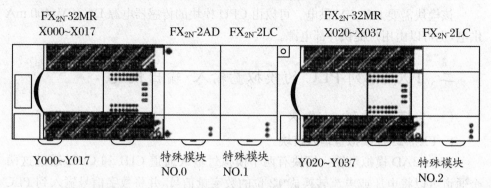

FX$_{2N}$-32MR
X000~X017　　　　　　　　FX$_{2N}$-2AD　FX$_{2N}$-2LC

FX$_{2N}$-32MR
X020~X037　　　　　FX$_{2N}$-2LC

Y000~Y017　　　　　　特殊模块　特殊模块　　　　Y020~Y037　　　　特殊模块
　　　　　　　　　　　　NO.0　　　NO.1　　　　　　　　　　　　　NO.2

图 7.2　FX$_{2N}$-2AD 模拟量输入模块与 PLC 基本单元的连接

（2）性能指标

FX$_{2N}$-2AD 模拟量输入模块的性能指标如表 7.1 所示。

表 7.1　FX$_{2N}$-2AD 模拟量输入模块的性能指标

项目	输入电压	输入电流
模拟量输入范围	0~10 V 或 0~5 V 的直流电压（输入阻抗为 200 kΩ）。若输入直流电压低于 -0.5 V 或超过 +15 V 时，此单元有可能损坏	4~20 mA（输入阻抗为 250 kΩ）。当输入直流电流低于 -2 mA 或超过 +60 mA 时，此单元有可能损坏
输入特性	4 095 · 4 000，数字量输出，10.238 V，0，10 V 模拟量电压	4 095 · 4 000，数字量输出，20.38 mA，4 mA，20 mA 模拟量电压
分辨率	2.5 mV(10 V×1/4 000)，1.25 mV (5 V×1/4 000)	4 μA(20 mA×1/4 000)
集成精度	±1%（满量程 0~10 V）	±1%（满量程 4~20 mA）
数字输出	12 位	
转换时间	2.5 ms/通道	
隔离方法	在模拟电路和数字电路之间用光电耦合器进行隔离；主单元的电源用 DC/AC 转换器进行隔离；模拟通道之间不进行隔离	
占用 I/O 点数	占用 8 个输入或输出点	

2. FX₂ₙ-4AD 模拟量输入模块

FX₂ₙ-4AD 模拟量输入模块有 4 个模拟量输入通道 CH1~CH4,通过这 4 个通道可以将电压或电流转换成 12 位的数字量信号,并将数字量信号输入到 PLC 中。CH1~CH4 可以输入 -10~10 V(分辨率为 5 mV)的直流电压或 4~20 mA(分辨率为 20 μA)的直流电流。FX₂ₙ-4AD 和 FX₂ₙ 主单元之间通过缓冲存储器交换数据,FX₂ₙ-4AD 共有 32 个缓冲器,每个缓冲器为 16 位。FX₂ₙ-4AD 占用 FX₂ₙ 扩展总路线的 8 个点,这 8 个点可以分配成输入或输出。

(1) 接线方式

FX₂ₙ-4AD 模拟量输入模块的接线方式如图 7.3 所示:图中 *1 表示外部模拟量输入通过双绞屏蔽线与 FX₂ₙ-4AD 的各个通道相连接; *2 表示当电压输入存在波动或有大量的噪声时,在此位置连接一个耐压值为 25 V、容量为 0.1~0.47 μF 的电容;图中的 *3 表示外部输入信号为电流信号时,需将 V+ 与 I+ 短接; *4 表示若存在过多的电气干扰时,需将机壳的 FG 端和 FX₂ₙ-4AD 的接地端相连; *5 表示应尽可能将 FX₂ₙ-4AD 与主单元 PLC 的地连接起来。

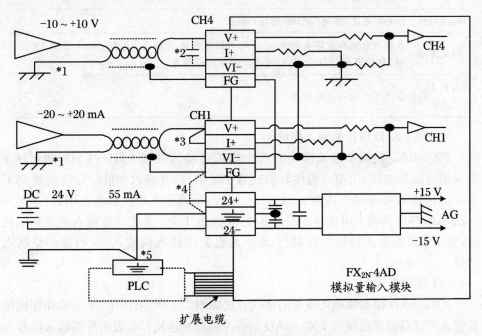

图 7.3 FX₂ₙ-4AD 模拟量输入模块的接线方式

(2) 性能指标

FX₂ₙ-4AD 模拟量输入模块的性能指标如表 7.2 所示。

表 7.2　FX$_{2N}$-4AD 模拟量输入模块的性能指标

项目	输入电压	输入电流
模拟量 输入 范围	−10～+10 V 直流电压，若输入直流 电压低于−15 V 或超过+15 V 时， 此单元有可能损坏	−20～+20 mA，当输入直流电流低 于−32 mA 或超过+32 mA 时，此单 元有可能损坏
输入 特性		
分辨率	5 mV(10 V×1/2 000)	20 μA(20 mA×1/1 000)
集成精度	±1%(满量程−10～+10 V)	±1%(满量程−20～+20 mA)
数字输出	12 位的转换结果以 16 位二进制补码方式存储，最大值：+2 047，最小值：−2 048	
转换时间	15 ms/通道(常速)，6 ms/通道(高速)	
隔离方法	在模拟电路和数字电路之间用光电耦合器进行隔离；主单元的电源用 DC/AC 转换器进行隔离；模拟通道之间不进行隔离	
占用 I/O 点数	占用 8 个输入或输出点	

3. FX$_{2N}$-8AD 模拟量输入模块

FX$_{2N}$-8AD 模拟量输入模块有 8 个模拟量输入通道 CH1～CH8，通过这 8 个通道可以将电压、电流或温度转换成数字量信号，并将数字量信号输入到 PLC 中。电压输入可选择范围为：−10～+10 V；电流输入可选择的范围为：−20～+20 mA；热电偶输入可选择范围是 K 类、J 类和 T 类。8 个通道输入电压和电流时，每个通道的输入特性可以调整；8 个通道使用热电偶输入时，不能调整输入特性。

(1) 接线方式

FX$_{2N}$-8AD 模拟量输入模块的接线方式如图 7.4 所示；图中*1 表示外部模拟量输入通过双绞屏蔽线与 FX$_{2N}$-8AD 的各个通道相连接；*2 表示外部输入信号为电流信号时，需将 V2+与 I2+短接；*3 表示当电压输入存在波动或有大量的噪声时，在此位置连接一个耐压值为 25 V、容量为 0.1～0.47 μF 的电容；*4 表示也可以使用 PLC 的 24 V 直流电源；*5 表示若存在过多的电气干扰时，需将机壳的 FG 端和 FX$_{2N}$-8AD 的接地端相连；*6 表示可使用隔离类型的热电偶，如 K 类、J 类和

T类。

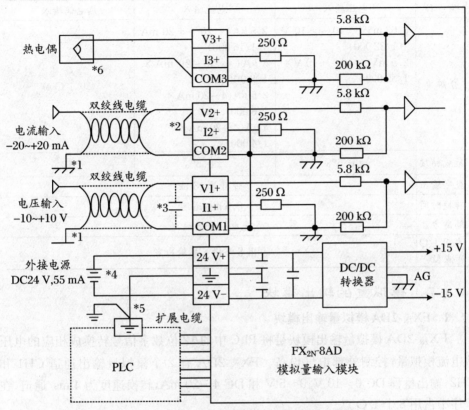

图 7.4 FX₂ₙ-8AD 模拟量输入模块的接线方式

（2）性能指标

FX₂ₙ-8AD 模拟量输入模块的性能指标如表 7.3 所示。

表 7.3 FX₂ₙ-8AD 模拟量输入模块的性能指标

项 目	电压输入	电流输入	热电偶输入
模拟量输入范围	$-10\sim+10$ V 直流电压（输入阻抗为 200 kΩ）	$4\sim20$ mA 或 $-20\sim+20$ mA（输入阻抗为 250 Ω）	$-100\sim+1200\,℃$（K 类） $-100\sim+600\,℃$（J 类） $-100\sim+350\,℃$（T 类）
输入特性	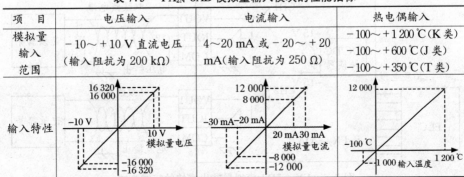		

项　目	电压输入	电流输入	热电偶输入
分辨率	0.63 mV（－10～＋10 V ×1/32 000） 2.5 mV（－10～＋10 V× 1/32 000）	2.5 μA（－20～＋20 mA ×1/16 000） 5 μA（－20～20 mA× 1/8 000） 2.5 μA（4～20 mA× 1/8 000） 4 μA（4～20 mA× 1/4 000）	0.1 ℃
集成精度	±0.5%	±0.5%	±1%
数字输出	带符号 16 位		
转换时间	0.5 ms/通道		
隔离方法	光电耦合器隔离		
占用 I/O 点数	占用 8 个输入或输出点		

（二）模拟量的输出模块

1. FX₂N-2DA 模拟量输出模块

FX₂N-2DA 模拟量输出模块是将 PLC 中的 12 位数字信号转换成相应的电压或电流模拟量，控制外部电气设备。FX₂N-2DA 有 2 个模拟量输出通道 CH1 和 CH2，输出量程 DC 0～10 V、0～5 V 和 DC 4～20 mA，转换速度为 4 ms/通道，在程序中占用 8 个 I/O 点。

（1）接线方式

FX₂N-2DA 模拟量输出模块的接线方式如图 7.5 所示：图中*1 表示当电压输入存在波动或有大量的噪声时，在此位置连接一个耐压值为 25 V、容量为 0.1～0.47 μF的电容；图中的*2 表示电压输出时，需将 IOUT 与 COM 进行短路。

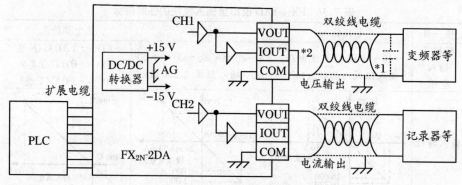

图 7.5　FX₂N-2DA 模拟量输出模块的接线方式

（2）性能指标

FX$_{2N}$-2DA 模拟量输出模块的性能指标如表 7.4 所示。

表 7.4　FX$_{2N}$-2DA 模拟量输出模块的性能指标

项目	输出电压	输出电流
模拟量输出范围	DC 0～10 V, DC 0～10 V（外部负载电阻 2 kΩ～1 MΩ）	4～20 mA（外部负载电阻不超过 500 Ω）
输出特性	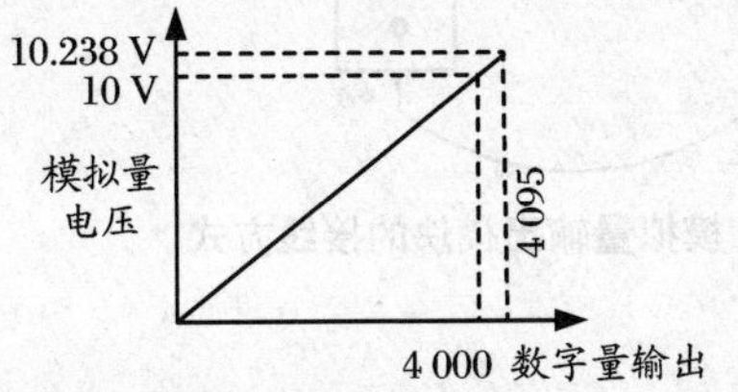 10.238 V／10 V，模拟量电压，4 095，4 000 数字量输出	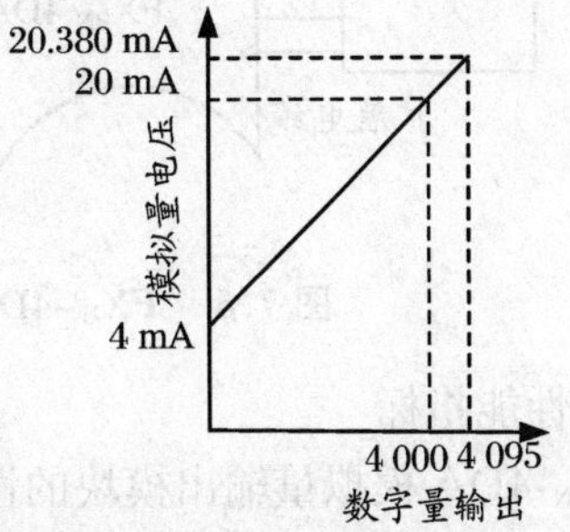 20.380 mA／20 mA，模拟量电压，4 mA，4 000 4 095 数字量输出
分辨率	2.5 mV（10 V／4 000），1.25 mV（5 V／4 000）	4 μA（20 mA／4 000）
集成精度	±1%（满量程 0～10 V）	±1%（满量程 4～20 mA）
数字输入	12 位	
转换时间	4 ms/通道	
隔离方法	在模拟电路和数字电路之间用光电耦合器进行隔离；主单元的电源用 DC/AC 转换器进行隔离；模拟通道之间不进行隔离	
占用 I/O 点数	模块占用 8 个输入或输出点	

2. FX$_{2N}$-4DA 模拟量输出模块

FX$_{2N}$-4DA 有 4 个模拟量输出通道 CH1～CH4，输出量程 DC 0～10 V、0～5 V 和 DC 4～20 mA，转换速度为 2.1 ms/通道，在程序中占用 8 个 I/O点。

（1）接线方式

FX$_{2N}$-4DA 模拟量输出模块的接线方式如图 7.6 所示。

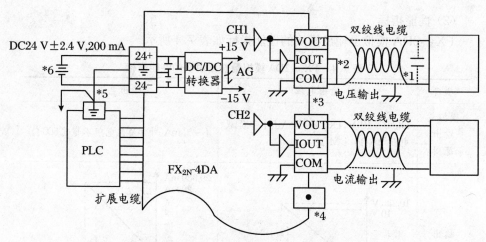

图 7.6　FX$_{2N}$-4DA 模拟量输出模块的接线方式

（2）性能指标

FX$_{2N}$-4DA 模拟量输出模块的性能指标如表 7.5 所示。

表 7.5　FX$_{2N}$-4DA 模拟量输出模块的性能指标

项　目	输出电压	输出电流
模拟量输出范围	DC $-10\sim+10$ V（外部负载电阻2 kΩ～1 MΩ）	$4\sim20$ mA（外部负载电阻不超过 500 Ω）
输出特性	10.235 V / 10 V　模拟量输出　−2 000 / −2 048 / 2 000 2 047　数字量输入 −10 V / −10.240 V　预设0（−10～+10 V）	20 mA / 4 mA　模拟量输出　数字量输入 1 000　预设1（4～20 mA）　　　20 mA / 0　模拟量输出　数字量输入 1 000　预设2（0～20 mA）
分辨率	5 mV（10V/2 000）	20 μA（20 mA/1 000）
集成精度	±1%（满量程 0～10 V）	±1%（满量程 4～20 mA）
数字输入	12 位	
转换时间	2.1 ms/通道	
隔离方法	在模拟电路和数字电路之间用光电耦合器进行隔离；主单元的电源用 DC/AC 转换器进行隔离；模拟通道之间不进行隔离	
占用 I/O 点数	模块占用 8 个输入或输出点	

第二节　模拟量信号的数值整定

　　实际控制系统中的过程量,如压力、温度、速度、位移等,通过传感器转换为控制系统可以接收的电压或电流信号,再通过模拟量输入模块的 A/D 转换,以数字量的形式传送给 PLC 的 CPU。该数字量与实际的过程量具有某种函数对应关系,但在数值上并不相等,也不能直接使用,必须按照特定的函数对应关系进行转换,使之与实际过程量相同。

　　程序设计中,在模拟量信号输入时,将输入的量按照确定的函数关系进行转化的过程称为模拟量输入信号的数值整定。

　　在控制系统中,控制运算使用的参数一般以实际量的大小进行计算,计算结果也是一个有单位、有符号的实际控制量。但是,输出给控制对象的常常是在一定的范围内变化的连续信号,如 - 10～ + 10 V,4～20 mA 等电信号。从程序计算出的数字量控制结果到输出的连续控制量之间的转换是由输出接口单元的模拟量输出模块转换完成的。在转换过程中,D/A 转换器需要的是控制量在标定范围内的位值,而不是控制量本身。再加上系统偏移量的存在,要输出的控制量就不能直接送给 D/A 转换器,必须先经过一定的数值转化。

　　在程序设计中,将以模拟量形式输出的控制量值在送给 D/A 转换器之前,按确定的函数关系把实际控制量转换成相应的位值的过程称为模拟量输出信号的数值整定。

　　在 PLC 的控制程序设计中,输入信号和输出信号的数值整定是经常遇到的一类问题。本节对该类问题进行讨论,分别说明 PLC 模拟量输入信号的数值整定和模拟量输出信号的数值整定。

一、模拟量输入信号的数值整定

(一) 模拟量输入信号数值整定应注意的问题

　　模拟量输入信号数值整定涉及被测信号的特点、PLC 的模拟量输入通道及 A/D 转换器的性能等诸多方面,具体实现过程中应注意以下问题。

1. 过程量的最大测量范围

　　由于控制的需要或条件限制,有些系统中某些过程量的测量并不是从 0 开始到最大值,而是取中间一段有效区域,如压力 100～1 000 Pa、温度 100～200 ℃等,那么这些量的测量范围就分别是 900 Pa 和 100 ℃。

2. 数字量表示的最大值

数字量可以容纳的最大值一般是由模拟量输入模块的转换精度决定的。一般从 0 开始到某一最大值,8 位输入模块的最大值为 256,12 位输入模块的最大值为 4 096。

3. 系统的最大偏移量

系统的偏移量是指数字量"0"所对应的过程量的实际值。系统偏移量的产生一般有两种原因:一种是由于测量范围不是从 0 开始而引起的偏移;另一种是模拟量输入模块的转换死区所引起的偏移量,二者之和就是系统的偏移量。

4. 线性化

在程序设计过程中,要注意输入的数字量与实际过程量之间是否为线性对应关系、检测仪表是否已经进行了线性化处理等。如果输入量与待检测的实际过程量之间不是线性关系,而是一种曲线关系,那么在整定时要考虑线性化,尽可能消除非线性带来的误差。

(二) 模拟量输入信号数值整定过程

模拟量输入信号数值整定过程可以按照图 7.7 所示的过程进行,经过相应的运算就可以得到需要的数值。

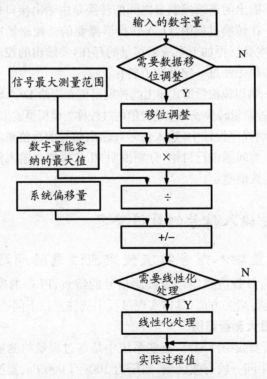

图 7.7　模拟量输入信号数值整定过程

二、模拟量输出信号的数值整定

(一) 模拟量输出信号数值整定应注意的问题

模拟量输出信号的数值整定也涉及诸多方面,在实际过程中应注意以下问题。

1. 模拟量信号的最大范围

模拟量信号的最大范围就是输出模块各通道的模拟量值最大变化幅度,如0~10 V、4~20 mA 的范围就是 10 V、16 mA,经过驱动机构后,控制对象的实际运行状态如何,是 100~1 000 r/min,还是 50~100 ℃ 等。

2. 输出模块 D/A 转换器所容纳的最大位值

输出模块 D/A 转换器所能容纳的最大位值一般由 D/A 转换器的位数和输出分布情况决定,如一个 12 位的 D/A 转换器,如果设定成单方向输出,那么位值范围是 0~4 095;如果设定成双向输出,则它的位值范围应该是 -2 048~+2 047。

3. 系统的偏移

系统的偏移即输出位值 0 所对应的控制对象的实际状态。包括由系统本身引起的和由实际输出控制范围引起的两部分,二者之和才是系统总的偏移量。

(二) 模拟量输出信号数值整定过程

模拟量的输出整定过程是一个线性处理过程,根据输出实际控制量的范围与最大数字量位值的关系,确定各输出量的位值。

当将系统的输出量位值的"0"定在过程控制量的最小值,输出量位值的最大值定义在过程控制量的最大值时,模拟量的输出整定可按图 7.8 所示的过程进行。

PLC 模拟量信号的数值整定包括模拟量输入信号数值整定和模拟量输出信号的数值整定。在 PLC 的用户程序设计中,对系统控制量的运算与处理通常是以实际参量的大小和单位来完成的。对模拟量输入信号的数值整定,就是使得 PLC 的 CPU 获得的数字量信号与实际的过程量相同,以保证程序计算过程的准确性。同样,为适应 D/A 转换的要求,程序计算所产生的控制信号,也需要经过数值整定后,再送到 PLC 的 D/A 转换模块进行输出。

【例 7.1】　以 S7-200 系列 PLC 和 4~20 mA 为例,经 A/D 转换后,我们得到的数值是 6 400~32 000,即 $C_0 = 6\ 400$,$C_m = 32\ 000$。于是,$X = (A_m - A_0) \times (Z - 6\ 400)/(32\ 000 - 6\ 400) + A_0$。例如某温度传感器和变送器检测的是 $-10 \sim +60\ ℃$,用上述的方程表达为:$X = 70 \times (Z - 6\ 400)/25\ 600 - 10$。经过 PLC 的数学运算指令计算后,HMI 可以从结果寄存器中读取并直接显示为工程量。

用同样的原理,我们可以在 HMI 上输入工程量,然后由软件转换成控制系统使用的标准化数值。在 S7-200 中,$(Z - 6\ 400)/25\ 600$ 的计算结果是非常重要的数值。这是一个 0～1.0(100%)的实数,可以直接送到 PID 指令(不是指令向导)的检测值输入端。PID 指令输出的也是 0～1.0 的实数,通过前面的计算式的反计算,可以转换成 6 400～32 000,送到 D/A 端口变成 4～20 mA 输出。

因为 A/D(模/数)、D/A(数/模)转换之间的对应关系,S7-200 CPU 内部用数值表示外部的模拟量信号,两者之间有一定的数学关系。这个关系就是模拟量/数值量的换算关系。

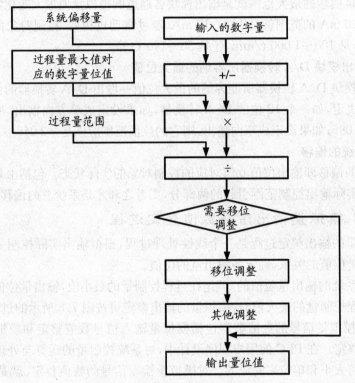

图 7.8   模拟量输出信号的数值整定

三、模拟量控制编程方法

(一)模拟量信号的转换

模拟量输入信号通过 A/D 转换变成 PLC 可以识别的数字信号,模拟量输出信号通过 D/A 转换将 PLC 的数字信号转换成模拟量输出。在 PLC 的程序设计中为了实现控制要求,将有关的模拟量转换到数字量。

模拟量到数字量的转换公式:

$$D = (A - A_0) \frac{(D_{\mathrm{m}} - D_0)}{(A_{\mathrm{m}} - A_0)} + D_0 \qquad (7.1)$$

数字量到模拟量的转换公式：

$$A = (D - D_0) \frac{(A_{\mathrm{m}} - A_0)}{(D_{\mathrm{m}} - D_0)} + A_0 \qquad (7.2)$$

式中：A_{m} 为模拟量输入信号的最大值；A_0 为模拟量输出信号的最小值；D_{m} 为 A_{m} 经 A/D 转换得到的数值；D_0 为 A_0 经 A/D 转换得到的数值；A 为模拟量信号值；D 为 A 经 A/D 转换得到的数值。

【例 7.2】　模拟量信号转换举例。

已知 S7-200 PLC 的模拟量输入模块加入本站电信号 4～20 mA（A_0～A_{m}），经 A/D 转换后数值为 6 400～32 000（D_0～D_{m}）。试分别计算：当输入信号为 8 mA 时，经 A/D 转换后存入模拟量输入寄存器 AIW 中的数值；当已知存入模拟量输入寄存器 AIW 中的数值是 16 000 时，对应的输入端信号值。

（1）由式（7.1）得 AIW 中的数值为：

$$D = (A - A_0) \frac{D_{\mathrm{m}} - D_0}{A_{\mathrm{m}} - A_0} + D_0 = (8 - 4) \frac{32\,000 - 6\,400}{20 - 4} + 6\,400 = 12\,800$$

（2）由式（7.2）得输入端信号的值 A 为：

$$A = (D - D_0) \frac{A_{\mathrm{m}} - A_0}{D_{\mathrm{m}} - D_0} + A_0$$

$$= (16\,000 - 6\,400) \frac{20 - 4}{32\,000 - 6\,400} + 4 = 10\,(\mathrm{mA})$$

（二）输入模拟量的读取

输入模拟量模块的分辨率通常以 A/D 转换后的二进制数字量的位数来表示，模拟量输入模块 EM231 的输入信号经 A/D 转换后的数字量数据值是 12 位二进制。该数据值的 12 位在 CPU 中的存放格式如图 7.9 所示。最高有效位是符号位，0 表示正值数据，1 表示负值数据。

MSB					LSB
15	14		2	1	0
0	数据值的 12 位		0	0	0

单极性数据

MSB					LSB
15		3	2	1	0
数据值的 12 位		0	0	0	0

双极性数据

图 7.9　EM231 的输入数据存放格式

1. 单极性数据格式

对于单极性数据,其存储单元(2 个字节)的低 3 位均为 0,数据值的 12 位存储在第 3～14 位区域。这 12 位数据的最大值应为 $2^{15} - 8 = 32\,760$。模拟量输入模块 EM231 输入信号经 A/D 转换后单极性数据格式的全量程范围设置为:0～32 000。

差值 $32\,760 - 32\,000 = 760$ 则用于偏置/增益,由系统完成。由于第 15 位为 0,表示是正值数据。

2. 双极性数据格式

对于双极性数据,其存储单元(2 个字节)的低 4 位均为 0,数据值的 12 位存储在第 4～15 位区域。最高有效位是符号位,双极性数据格式的全量程范围设置为 $-32\,000 \sim +32\,000$。

在读取输入模拟量时,利用数据传送指令 MOV_W,可以从指定的模拟量输入通道将其读取到内存中,然后根据极性,利用移位指令或整数除法指令将其规格化,以便于处理数据值部分。

【例 7.3】　自动配料控制

(1) 控制要求

自动配料装置可对多种原料按质量进行准确配料和混合,在工业生产中有着广泛应用。图 7.10 所示为自动配料控制装置的示意图,混料罐自重 200 kg,每次混料的最大重量为 600 kg。混料过程如下:
① 按下启动按钮,打开进料阀 YV_1,向罐内加入原料 A,达到 250 kg 后关闭 YV_1,停止进 A 料;② YV_1 关闭的同时打开进料阀 YV_2,向罐内加入原料 B,达到 450 kg 后关闭 YV_2,停止进 B 料;③ YV_2 关闭的同时启动搅拌机,并打开进料阀 YV_3,向罐内加入原料 C,达到 500 kg 后关闭 YV_3,停止进 C 料;④ 搅拌机继续工作 5 min 后,打开放料电磁阀 YV_4,开始放料,当混合料全部放完后,关闭放料阀 YV_4 并停止搅拌电动机。

(2) 程序设计思路

自动配料控制的梯形图以自锁电路为基础。阀门的开启和关闭控制可通过比较指令实现,混料罐称重可以通过质量传感器与质量变送器相连,通过质量变送器将质量信号转换成标准电流信号(4～20 mA)送入

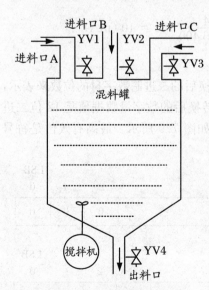

图 7.10　自动配料控制装置

模拟量模块 EM231 的一个输入回路,实现对混料罐质量的检测。

该混料罐一次混料的总重量为 500 kg,考虑到罐自重 200 kg 以及使用中罐内的残留原料,将空罐质量预设为 215 kg。为了能够通过比较指令实现对各种原料的准确控制,首先,要得到对应 215 kg、450 kg、650 kg 和 700 kg 时,模拟量输入寄存器 AIW0 的数值 D215、D450、D650 和 D700,根据控制要求,可知:$D_m = 32\,000$,$D_0 = 6\,400$,$A_m = 800\,kg$,$A_0 = 200\,kg$,由公式(7.2)得:

$$D_{215} = (A - A_0)\frac{(D_m - D_0)}{(A_m - A_0)} + D_0$$

$$= (215 - 200)\frac{32\,000 - 64\,00}{800 - 200} + 6\,400 = 7\,000$$

$$D_{450} = (A - A_0)\frac{D_m - D_0}{A_m - A_0} + D_0$$

$$= (450 - 200)\frac{32\,000 - 6\,400}{800 - 200} + 6\,400 = 17\,066$$

$$D_{650} = (A - A_0)\frac{D_m - D_0}{A_m - A_0} + D_0$$

$$= (650 - 200)\frac{32\,000 - 6\,400}{800 - 200} + 6\,400 = 25\,600$$

$$D_{70} = (A - A_0)\frac{D_m - D_0}{A_m - A_0}$$

$$= (700 - 200)\frac{32\,000 - 6\,400}{800 - 200} + 6\,400 = 27\,733$$

(3) PLC 的 I/O 配置表

PLC 的 I/O 配置如表 7.6 所示。

表 7.6　输入/输出地址分配

输入设备			输出设备		
符号	功能	PLC 输入端	符号	功能	PLC 输出端
SB1	启动按钮	I0.0	KM	搅拌电机接触器	Q0.0
SB2	急停按钮	I0.1	YV1	进料口 A 电磁阀	Q0.1
	质量变送器	AIW0	YV2	进料口 B 电磁阀	Q0.2
			YV3	进料口 C 电磁阀	Q0.3
			YV4	出料口电磁阀	Q0.4

(4) 控制系统梯形图

如图 7.11 所示。

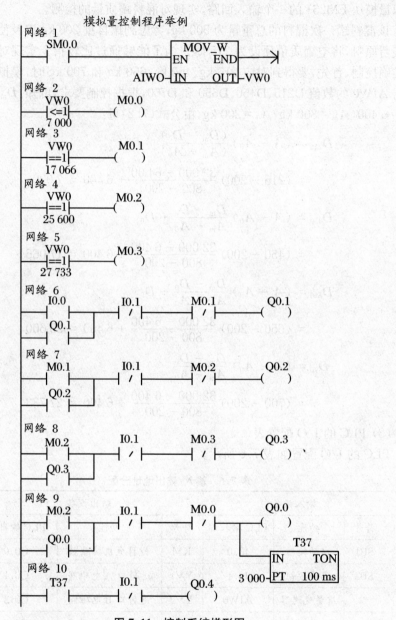

图 7.11 控制系统梯形图

第三节 PID 回路指令

在工业生产中,用闭环控制方式来控制温度、压力、流量等连续变化的模拟量,无论是使用模拟控制器的模拟控制系统还是使用计算机(包括 PLC)的数字控制系统,PID 控制(即比例—积分—微分控制)都得到了广泛的应用,这是因为 PID 控制具有以下的优点:

① PID 不需要求出控制系统的数学模型。至今为止,由于工业生产中不可避免地存在非线性和时变性,因此许多工业控制对象很难建立准确的数学模型,导致无法使用自动控制理论中的设计方法。对于这一类系统,使用 PID 控制可以得到比较满意的效果。

② PID 控制器的结构典型,程序设计简单,易于实现,参数调整方便。

③ PID 控制器有较强的灵活性和适应性,根据被控对象的具体情况不同,可以采用各种 PID 控制的变种和改进的控制方式,如 PI、PD、带死区的 PID、积分分离 PID、变速积分 PID 等。随着智能控制技术的发展,PID 控制与模糊控制、神经网络控制等现代控制方法相结合,可以实现 PID 控制器的参数自定,使 PID 控制器具有经久不衰的生命力。

用 PLC 对模拟量进行 PID 控制时,可以采用以下几种方法:

(1) 使用 PID 过程控制模块

这种模块的 PID 控制程序是可编程控制器生产厂家设计的,程序事先存放在模块中,用户在使用时只需设置一些参数,使用起来非常方便,一块模块可以控制几路甚至几十路闭环回路。但是这种模块的价格昂贵,一般只有在大型控制系统中才使用。

(2) 使用 PID 指令

现在很多可编程控制器都有供 PID 控制用的功能指令,如 S7-200 的 PID 指令。他们实际上是用于 PID 控制的子程序,与模拟量输入/输出模块一起使用,可以得到类似于使用 PID 过程控制模块的效果,但价格便宜的多。

可以用 STEP7-Micro/WIN32 编程软件中的“指令向导”简单快速地设置 PID 程序中的各种参数,设置完成后,指令向导将自动生成 PID 程序。

(3) 用自编的程序实现 PID 闭环控制

有的可编控制器没有 PID 过程控制模块和 PID 控制用的功能指令,有时虽然可以使用 PID 控制指令,但是希望采用某种改进的 PID 算法。在上述情况下,都需要用户自己编制 PID 控制程序。

一、PID 控制器的数字化

典型的 PID 模拟控制系统如图 7.12 所示,图中的 $S_P(t)$ 是给定值,$P_V(t)$ 是反馈量,$c(t)$ 是系统的输出量,PID 控制器的输入输出关系式为:

$$M(t) = K_C\left(e + \frac{1}{T_I}\int_0^t e\,dt + T_D\frac{de}{dt}\right) + M_{initial} \tag{7.3}$$

即输出 = 比例项 + 积分项 + 微分项 + 输出的初始值,式中,$M(t)$ 是控制器的输出,误差信号 $e(t) = S_P(t) - P_V(t)$,$M_{initial}$ 是回路输出的初始值,K_C 是 PID 回路的增益,T_I 和 T_D 分别是积分时间常数和微分时间常数。

式(7.3)中等号右边前 3 项分别是比例、积分、微分部分,它们分别与误差、误差的积分和微分成正比。如果取其中的一项或两项,可以组成 P、PD 或 PI 控制器。需要较好的动态品质和较高的稳态精度时,可以选用 PI 控制方式;控制对象的惯性滞后较大时,应选择 PID 控制方式。

计算机模拟量闭环控制系统如图 7.13 所示。图中的 S_{Pn}、P_{Vn}、e_n 和 M_n 均是第 n 次采样时的数字量,$S_P(t)$、$m(t)$ 和 $C(t)$ 是模拟量。

假设采样周期为 T_S,系统开始运行的时刻是 $t = 0$,用矩形积分来近似精确积分,用差分近似精确微分,将式(7.3)离散化,第 n 次采样时控制器的输出为:

$$M_n = K_C e_n + \left(K_I \sum_{j=1}^n e_j + M_{initial}\right) + K_D(e_n - e_{n-1}) \tag{7.4}$$

式中,e_n 是第 n 次采样时的误差值,e_{n-1} 是第 $n-1$ 次采样时的误差值,K_C、K_I 和 K_D 分别是 PID 回路的增益、积分项的系数和微分项的系数。

将式(7.4)化简为式(7.5)。每一次计算只需要保存上一次的误差 e_{n-1} 和上一次的积分项 M_X:

$$M_n = K_C e_n + (K_I e_n + M_X) + K_D(e_n - e_{n-1}) \tag{7.5}$$

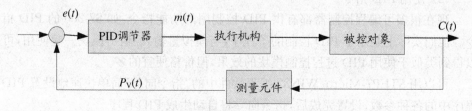

图 7.12　模拟量闭环控制系统框图

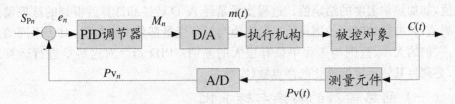

图 7.13　计算机闭环控制系统框图

CPU 实际使用的改进型的 PID 算法的算式为：$M_n = M_{Pn} + M_{In} + M_{Dn}$，式中右边 3 项依次是比例项、积分项和微分项。

① 比例项：$M_{Pn} = K_C(S_{Pn} - P_{Vn}) = K_C e_n$

② 积分项：积分项与误差的累加和成正比，其计算公式为：

$$M_{In} = K_C\left(\frac{T_S}{T_I}\right)(S_{Pn} - P_{Vn}) + M_X = K_I e_n + M_X$$

式中，T_S 是采样时间间隔，T_I 是积分时间常数，M_X 是前面所有积分项之和。每次计算后，需要用它去更新 M_X。在第一次计算时 M_X 的初始值为控制器的初值 $M_{initial}$。

③ 微分项：微分项 M_D 与误差的变化率成正比，其计算式为：

$$M_{Dn} = K_C\left(\frac{T_D}{T_S}\right)\big[(S_{Pn} - P_{Vn}) - (S_{P(n-1)} - P_{V(n-1)})\big] = K_D(e_n - e_{(n-1)})$$

为了避免给定值变化引起的微分部分的跳变，可令给定值不变（$S_{Pn} = S_{P(n-1)}$），微分项的算式变为：

$$M_{Dn} = K_C\left(\frac{T_D}{T_S}\right)(P_{V(n-1)} - P_{Vn}) = (K_D P_{V(n-1)} - P_{Vn})$$

为了下一次的计算，必须保存过程变量 $P_{V(n-1)}$ 而不是保存误差，初始化时 $P_{V(n-1)} = P_{Vn}$。

在许多的控制系统内，可能只需要 P、I、D 中的一种或两种控制类型。例如，可能只要求比例控制或比例与积分控制。通过设置参数可以对回路控制类型进行选择。

如果不需要积分作用，可以将积分时间设为无穷大。因为有积分的初值 M_X，即使没有积分运算，积分项的数值也可能不为零。如果不需要微分作用，可令微分时间为 0。如果不需要比例作用，但是需要积分或需要积分与微分控制，应将回路增益设为 0.0。因为回路增益是计算积分及微分项公式内的系数，系统在计算积分项与微分项时，令回路增益 K_C 为 1.0。

二、回路输入/输出变量的转换与标准化

PID 回路有两个输入量，即给定值（S_P）与过程变量（P_V）。给定值通常是固定

的值,如加热炉温度的给定值。过程变量是经 A/D 转换和计算后得到的被控量的实测值,如加热炉温度的测量值。给定值与过程变量都是实际的值,对于不同的系统,它们的大小、范围与工程单位有很大的差别。PID 指令对这些量进行运算之前,必须将其转换成标准化的浮点数(实数)。

(一) 回路输入的转换与标准化

转换的第一步是将给定值或 A/D 转换后得到的整数值由 16 位整数转换成浮点数。下面(图 7.14)的指令序列提供了实现这种转换的方法。

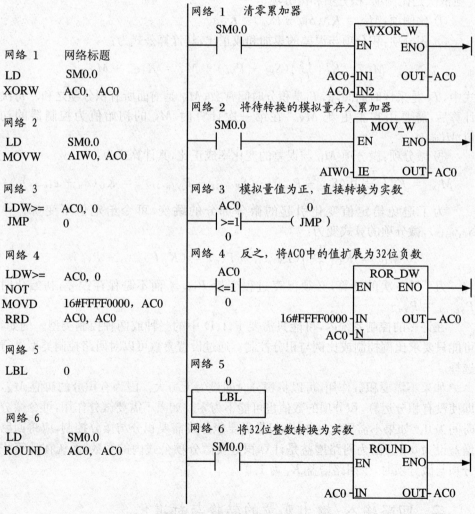

图 7.14　整数转换成浮点数

转换的下一步是将实数进一步转换成 0.0～1.0 的标准化实数。可以用下面的公式对给定值及过程变量进行标准化：

$$R_{\text{norm}} = \frac{R_{\text{raw}}}{S_{\text{pan}}} + O_{\text{ffset}}$$

式中，R_{norm}是标准化实数值；R_{raw}是标准化前的原始值或实数值；偏移量 O_{ffset} 对单极性变量为 0.0，对双极性变量为 0.5；取值范围 S_{pan} 等于变量的最大值减去最小值，单极性变量的典型值为 $32\,000$，双极性变量的典型值为 $64\,000$。

下面（图 7.15）的指令将上述转换后得到的 AC0 中的双极性实数转换成 $0.0 \sim 1.0$ 之间的实数。

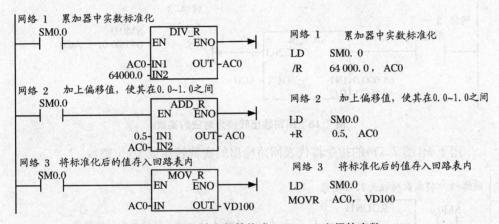

图 7.15　双极性实数转换成 0.0～1.0 之间的实数

（二）回路输出转换为成比例的整数

回路输出即 PID 控制器的输出，它是标准化的 $0.0 \sim 1.0$ 之间的实数。将回路输出送给 D/A 转换器之前，必须转换成 16 位二进制整数。这一过程是将 P_{v} 与 S_{P} 转换成标准化数值的逆过程。用下面的公式将回路输出转换成实数：

$$R_{\text{scal}} = (M_n - O_{\text{ffset}}) \times S_{\text{pan}}$$

式中，R_{scal} 是回路输出对应的实数值，M_n 是回路输出标准化的实数值；O_{ffset} 与 S_{pan} 与上述的定义相同。

下面（图 7.16）的控制程序用来将回路输出转换为对应的实数：

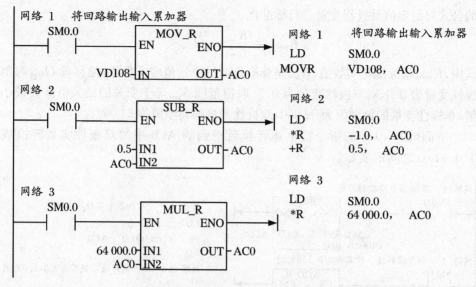

图 7.16　回路输出转换为对应的实数

用下面(图 7.17)的指令将代表回路输出的实数转换成 16 位整数:

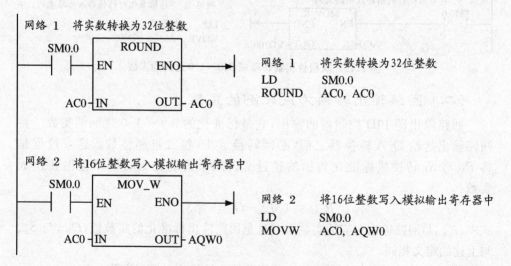

图 7.17　实数转换成 16 位整数

(三) 正作用与反作用回路

增益为正时为正作用回路,反之为反作用回路。对于增益为 0.0 的积分控制或微分控制,如果积分或微分时间为正,为正作用回路,反之为反作用回路。选择正作用或反作用的原则是保证系统是负反馈而不是正反馈。

三、变量的范围

过程变量与给定值是 PID 运算的输入值,在回路表中它们只能被 PID 指令读取而不能改写。每次完成 PID 运算后,都要更新回路表内的输出值 M_n,它被限制在 0.0～1.0 之间。从手动控制切换到 PID 自动控制方式时,回路表中的输出值可以用来初始化输出值。

如果使用积分控制,上一次的积分值 M_X 要根据 PID 运算的结果来更新,更新后的数值作为下一次运算的输入。当输出值超出范围(小于 0.0 或大于 1.0),根据下列公式进行调整:

$$M_X = 1.0 - (M_{Pn} + M_{Dn}) \qquad \text{(当控制器输出 } M_n > 1.0 \text{ 时)}$$

$$M_X = -(M_{Pn} + M_{Dn}) \qquad \text{(当控制器输出 } M_n < 0.0 \text{ 时)}$$

式中,M_X 是调整后的积分和;M_n 是第 n 次采样时控制器的输出值;M_{Pn} 和 M_{Dn} 分别是第 n 次采样时的 M_n 中的比例项和微分项。

通过调整积分和 M_X 使输出 M_n 回到 0.0～1.0 之间,可以提高系统的响应性能。M_X 也应限制在 0.0～1.0 之间,每次 PID 运算结束时,将 M_X 写入回路表,供下一次 PID 运算使用。

在执行 PID 指令之前,用户可以修改回路表内上一次的积分值 M_X 以解决某些情况下 M_X 引起的问题。手工调节 M_X 时必须格外小心,而且写入回路表的 M_X 必须是 0.0～1.0 之间的实数。回路表内过程变量的差值用于 PID 计算的微分部分,用户不应修改它。

四、控制方式与出错处理

S7-200 PLC 的 PID 指令没有设置控制方式,执行 PID 指令时为"自动"方式,不执行 PID 指令时为"手动"控制。

PID 指令的 LAD 格式如图 7.18 所示,STL 格式:PID TBL,LOOP。指令中的 TBL 是回路表的起始地址,LOOP 是回路表的编号,类似于计数器指令,PID指令有一个能流记忆位,用该位检测到 EN 输入端的能流从 0 到 1 的正跳变时,指令将执行一系列的操作,使PID 从手动方式切换到自动方式。为了实现手动方式到自动方式的无扰动切换,转换前必须把当前的手动

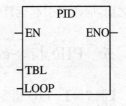

图 7.18　PID 指令格式

控制输出值写入回路表的 M_n 栏。PID 指令对回路表内的值进行下列操作,保证检测到能流从 0 到 1 的正跳变时,从手动方式无扰动的切换到自动方式:

① 令给定值(S_{Pn})= 过程量(P_{Vn})。

② 令上一次的过程变量(P_{Vn-1})= 过程变量的当前值(P_{Vn})。

③ 令积分和(M_X)= 输出值(M_n)。

PID 的能流记忆位的默认值为 1,在启动 CPU 或从 STOP 方式转换到 RUN 方式时它被置位。进入 RUN 方式后 PID 指令首次有效时,没有检测到使能位的正跳变,就不会执行无扰动的切换操作。

编译时如果指令指定的回路表起始地址或回路号超出范围,CPU 将生成编译错误(范围错误),引起编译失败。PID 指令对回路表中的某些输入值不进行范围检查,应保证过程变量、给定值、积分和与上一次的过程变量不超限,回路表如表7.7 所示。

表 7.7 回路表的格式

参数(代表意义)	地址偏移量	数据格式	I/O 类型	描　述
过程变量当前值 P_{Vn}	0	双字,实数	I	过程变量,0.0～1.0
给定值 S_{Pn}	4	双字,实数	I	给定值,0.0～1.0
输出值 M_n	8	双字,实数	I/O	输出值,0.0～1.0
增益 K_C	12	双字,实数	I	比例常数,正、负
采样时间 T_S	16	双字,实数	I	单位为 s,正数
积分时间 T_I	20	双字,实数	I	单位为分钟,正数
微分时间 T_D	24	双字,实数	I	单位为分钟,正数
积分项当前值 M_X	28	双字,实数	I/O	积分项当前值,0.0～1.0
过程变量当前值 P_{Vn-1}	32	双字,实数	I/O	最近一次 PID 变量值

如果 PID 指令中的算术运算方式错误,特殊存储器位 SM1.1(溢出或非法数值)被置 1,并将终止 PID 指令的执行。要想消除这种错误,在下一次执行 PID 运算之前,应改变引起运算错误的输入值,而不是更新输出值。

五、PID 指令的使用

【例 7.4】 PID 指令的编程举例。

对一台电动机转速进行控制,要求电动机的转速不超过额度转速的 80%,系统采用 PID 控制,若 $K_C = 0.5$、$T_S = 0.1$ s、$T_I = 10$ min、$T_D = 5$ min,且在此控制系统中,考虑到电动机可能需要正、反转,所以设定输出为双极性模拟量。

PID 指令的控制实例如下。该程序包括一个初始化程序和 PID 回路表加载程序以及中断处理子程序和 PID 启动子程序,此程序包括了 PID 控制的主要内容,但是只是一个模拟控制程序,没有考虑现场的许多影响因素,所以在实际应用时,还应该考虑各种保护及抗干扰问题。

其程序的 LAD 指令格式如图 7.19 所示。

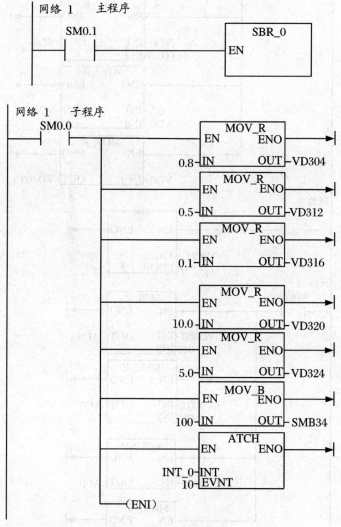

图 7.19　LAD 指令格式

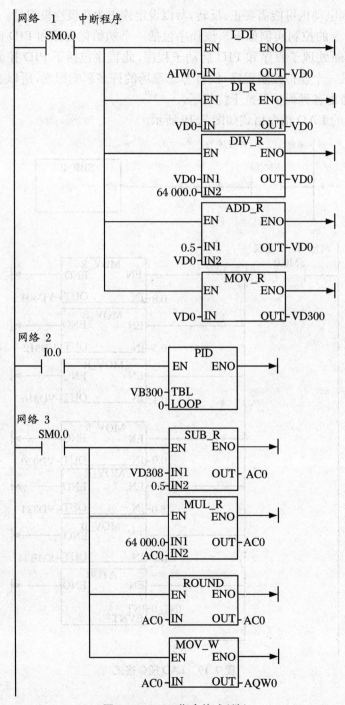

图 7.19　LAD 指令格式(续)

```
网络 1    主程序
LD      SM0.1              //初始化脉冲
CALL    SBR_0              //调用PID子程序


网络 1    子程序

LD      SM0.0              //PLC上电运行
MOVR    0.8,   VD304       //装入设定值80%
MOVR    0.5,   VD312       //载入回路增益0.5
MOVR    0.1,   VD316       //载入采样时间100 ms
MOVR    10.0,  VD320       //载入积分时间10 min
MOVR    5.0,   VD324       //载入微分时间5 min
MOVR    100,   SMB34       //每0.1 s中断
ATCH    INT_0,  10         //设定时基中断中的定时中断0
ENI                        //开中断

网络 1    中断程序

LD      SM0.0              //
ITD     AIW0, VD0          //采样通道AI0输入模拟信号，并将整数转化为双整数
DTR     VD0, VD0           //将双整数转化为实数
/R      64000.0, VDC       //
+R      0.5, VD0           //将实数归一化处理
MOVR    VD0, VD300         //归一化后的值放在回路表地址中


网络 2
LD      I0.0               //
PID     VB300.0            //启动PID调节


网络 3
LD      SM0.0              //
MOVR    VB308,AC0          //将输出值存于累加器AC0中
-R      0.5, AC0           //
*R      64000.0, AC0       //将这个值转化成实数
ROUND   AC0, AC0           //把实数值转化成双整数
DTI     AC0, AC0           //双整数转化成实数
MOVW    AC0, AQW0          //整数输出到AQ0口
```

图 7.19 LAD 指令格式(续)

【例 7.5】 PID 指令编程举例。

某一水箱里的水以变化的速度流出,一台变频器驱动的水泵给水箱打水,以保证水箱的水位维持在满水位的 75%。过程变量由浮在水面上的水位测量仪提供,PID 控制器的输出值作为变频器的速度给定值。过程变量与回路输出均为单极性模拟量,取值范围为 0.0～1.0。本例采用 PI 控制器,给定值为 0.75,选取控制器参数的初值为：$K_C = 0.25$、$T_s = 0.1$ s、$T_I = 30$min,指令格式如下(图 7.20)。

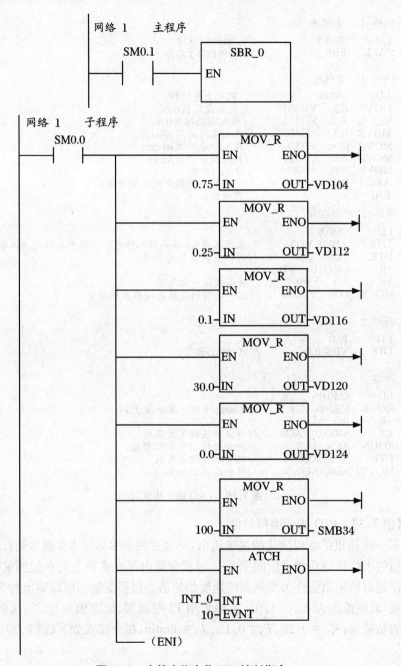

图 7.20　水箱水位变化 PID 控制指令

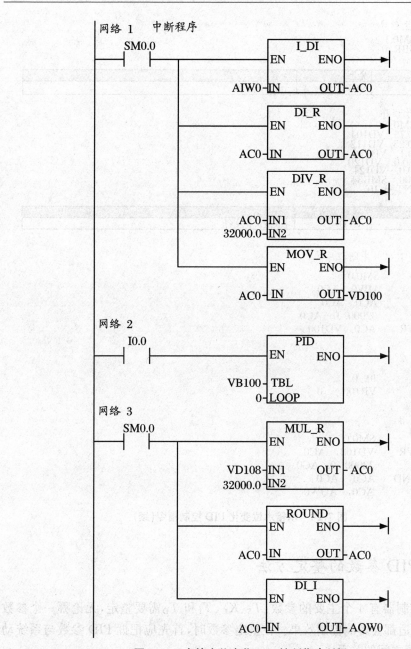

图 7.20 水箱水位变化 PID 控制指令(续)

PID 控制回路 ～，

PID 控制回路 输出与反馈 至此 PID 控制回路 的输出

(一) PID 参数的 系统

（2）P，I，D 之间的相互 ...

网络 1　主程序
LD　　SM0.1
CALL　SBR_0

符号	地址	注释
SBR_0	SBR0	子程序注释

网络 1　子程序
LD　　　SM0. 0.
MOVR　0.75, VD104
MOVR　0.25, VD112
MOVR　0.1, VD116
MOVR　30.0, VD120
MOVR　0.0, VD124
MOVR　100, SMB34
ATCH　INT_0, 10
ENI

符号	地址	注释
INT_0	INT0	中断程序注释

网络 1　　　中断程序

LD　　　　SM0.0
ITD　　　AIW0, AC0
DTR　　　AC0, AC0
/R　　　　32000. 0, AC0
MOVR　　AC0, VD100

网络 2

LD　　　　I0. 0
PID　　　VB100,　0

网络 3

LD　　　　SM0.0
MOVR　　VD108, AC0
*R　　　　32000. 0, AC0
ROUND　AC0，AC0
DTI　　　AC0，AQW0

图 7.20　水箱水位变化 PID 控制指令(续)

六、PID 参数的整定方法

PID 控制器有 4 个主要的参数：T_S、K_C、T_I 和 T_D 需要整定，无论哪一个参数选择的不合适都会影响控制效果。在整定参数时，首先应把握 PID 参数与系统动态、静态性能之间的关系。

(一) PID 参数与系统动静态性能的关系

在 P、I、D 这三种控制作用中，比例部分与误差信号在时间上是一致的，只要误差一出现，比例部分就能及时地产生与误差成正比的调节作用，具有调节及时的特点。比例系数 K_C 越大,比例调节作用越强、系统的稳态精度越高。但是对于大多数系统,K_C 过大会使系统的输出量振荡加剧,稳定性降低。

控制器中的积分作用与当前误差的大小和误差的历史情况有关系,只要误差不为零,控制器的输出就会因积分作用而不断变化,一直要到误差消失,系统处于稳定状态时,积分部分才不再变化,因此积分部分可以消除稳态误差,提高控制精度。但是积分作用的动作缓慢,可能给系统的动态稳定性带来不良的影响,因此很少单独使用。

积分时间常数 T_1 增大时,积分作用减弱,系统的动态性能(稳定性)可能有所改善,但是消除稳态误差的速度减慢。

根据误差变化的速度(即误差的微分),微分部分提前给出较大的调节作用。微分部分反映了系统变化的趋势,它较比例调节更为及时,所以微分部分具有超前和预测的特点。微分时间常数 T_D 增大时,超调量减小,动态性能得到改善,但是抑制高频干扰的能力下降。如 T_D 过大,系统输出量在接近稳态值时可能上升缓慢。

选取采样周期 T_S 时,应使它远远小于阶跃响应的纯滞后时间或上升时间。为使采样值能及时反映模拟量的变化,T_S 越小越好。但是 T_S 太小会增加 CPU 的运算工作量,相邻两次采样的差值几乎没有什么变化,所以也不宜将 T_S 取得过小。表 7.8 给出了采样周期的经验数据。

表 7.8　采样周期的经验数据

被控制量	流量	压力	温度	液位	成分
采样周期	1～5	3～10	15～20	6～8	15～20

(二) 扩充响应曲线法

在调节 PID 的参数时,首先需要确定参数的初始值,如果预定的参数初始值与理想的参数值相差甚远(如相差几个数量级),将给以后的调试带来很大的困难,因此如何选择一组较好的 PID 参数初始值是 PID 参数整定中的关键问题。

下面介绍一种工程中广泛应用的扩充响应曲线法,用这种方法可以初步确定上述的 4 个参数。具体方法如下:

① 断开系统的反馈,令 PID 控制器为 $K_C = 1$ 的比例控制器,在系统输入量增加一个阶跃给定信号,测量并画出广义被控对象(包括执行机构)的开环阶跃响应曲线。绝大多数被控对象的响应曲线如图 7.21 所示,图中的 $c(\infty)$ 是系统输出量的稳态值。

② 在曲线上最大斜率处作切线,求得被控对象的纯滞后时间 t 和上升时间常数 T_1。

③ 求出系统的控制度。所谓的控制度,是指计算机直接数字控制(简称

DDC)与模拟控制器的控制效果之比。控制度一般用误差平方的积分值函数来表示,即:

$$控制度 = \frac{\left[\int_0^\infty e^2(t)\mathrm{d}(t)\right]\mathrm{DDC}}{\left[\int_0^\infty e^2(t)\mathrm{d}t\right]模拟}$$

当控制度为 1.05 时,认为二者控制效果相当。

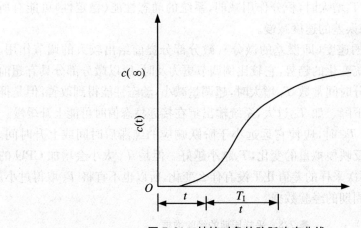

图 7.21　被控对象的阶跃响应曲线

(三) 确定参数

根据求出的 t、T_I 和控制度的值,查表 7.9 即可以求得 PID 控制器的 K_C、T_I、T_D 和 T_S,采样周期 T_s 也可以用经验公式或参考表 7.9 选取。

表 7.9　扩充响应曲线法参考整定表

控制度	控制方式	K_C	T_I	T_D	T_S
1.05	PI	$0.84 T_I/t$	$3.4t$	—	$0.1t$
	PID	$1.15 T_I/t$	$2.0t$	$0.45t$	$0.05t$
1.2	PI	$0.78\ T_I/t$	$3.6t$	—	$0.2t$
	PID	$1.0 T_I/t$	$1.9t$	$0.55t$	$0.16t$
1.5	PI	$0.68 T_I/t$	$3.9t$	—	$0.5t$
	PID	$0.85 T_I/t$	$1.62t$	$0.65t$	$0.34t$
2.0	PI	$0.57 T_I/t$	$4.2t$	—	$0.8t$
	PID	$0.6 T_I/t$	$1.5t$	$0.82t$	$0.6t$

用以上方法确定的 4 个参数只能作为参考值,为了获得良好的控制效果,还需

要作闭环调试,根据闭环阶跃响应的特征,反复修改控制参数,使系统达到相对最佳的控制效果。

如果求控制度有困难,例如没有模拟控制系统,可在表 7.9 中选取不同控制度的几组参数,分别检验控制的效果。

如果系统块的模拟输入滤波器窗口中的"样本数目"设置得过大,使 A/D 转换器的反应迟缓,将会影响到闭环系统的动态稳定性,给闭环控制带来困难。所以在闭环控制时不宜将样本数目设得太大。

第四节　FX$_{2N}$系列 PLC 的 PID 指令

PID 控制算法在 PLC 编程中有专用的编程指令。该指令的功能编号是FNC88,源操作数[S1]、[S2]、[S3]和目标操作数均为 D,16 位运算占 9 个程序步,[S1]和[S2]分别用来存放给定值 S_V 和当前测量到的反馈值 P_V,([S1]～[S3])+6用来存放控制参数的值,运算结果(控制器的输出)M_V 存放在[D]中,源操作数[S3]占用从[S3]开始的 25 个数据寄存器,格式如图 7.22 所示。

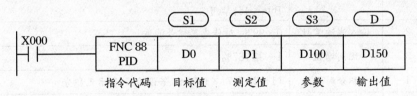

图 7.22　PID 指令格式

PID 指令用于闭环模拟量控制,在 PID 控制开始之前,应使用 MOV 指令将参数设定值预先写入数据寄存器中,如果使用有断电保持功能的数据寄存器,不需要重复写入。如果目标操作数[D]有断电保持功能,应使用初始化脉冲 M8002 的常开触点将它复位。

PID 指令可以在定时中断、子程序、步进梯形指令区和转移指令中使用,但是在执行 PID 指令之前应使用脉冲执行的 MOV 指令将 PID 内部处理器[S3]+7 清零。

FX$_{1S}$、FX$_{1N}$、FX$_{2NC}$与 2.0 以上版本的 FX$_{2N}$系列 CPU 的 PID 指令有预调整和输出值上下限设置功能,预调整功能可以快速地确定 PID 控制器参数的初始值。

通过设置上下限参数,可以保证 PID 控制设备的安全。在设置 PID 的设定值[S1]之前,为了保证系统的安全,建议暂时关闭 PID 指令,设置好以后再运行 PID

指令。

建议在 PID 指令执行前读取 P_V 的输入值。否则,在第一次 PID 运算时将出现一个从 0 到第一个输入值之间的很大的变化量,并产生一个很大的误差。

PID 指令不是用中断方式来处理的,它依赖于扫描工作方式,所以采样周期 T_S 不能小于 PLC 的扫描周期。可以将它设置为扫描周期的整数倍。为了减小定时误差,可以使用固定扫描方式。为了提高采样速率,可以把 PID 指令放在定时中断程序中。

PID 功能指令参数如表 7.10 所示。

表 7.10 PID 功能指令参数表

偏移地址	参数功能	参数说明
0	采样时间	1～32 767 ms,小于计算周期则无意义
1	动作方向	Bit0:0:正动作,1:逆动作 Bit1:0:禁止输入变化量过大报警,1:使能该报警 Bit2:0:禁止输出变化量过大报警,1:使能该报警 Bit3:禁用 Bit4:0:禁止参数自调整功能,1:使能该功能 Bit5:0:禁止输出量限幅功能,1:使能该功能 Bit6～15:禁用
2	输入滤波常数	0～99%,对传感器信号滤波
3	比例增益	1～32 767%
4	积分时间	(1～32 767)×100 ms,若设为 0,表示无积分
5	微分增益	0～100%
6	微分时间	(1～32 767)×100 ms,若设为 0,表示无微分
7～19	禁用	该单元给 PID 功能指令存放中间数据
20	输入变化上限	1～32 767 报警功能使用
21	输入变化下限	1～32 767 报警功能使用
22	输出变化上限	1～32 767 报警功能使用
23	输出变化下限	1～32 767 报警功能使用
24	报警值	Bit0:输入变化上限报警;Bit1:输入变化下限报警。 Bit2:输出变化上限报警;Bit3:输出变化下限报警

习题与思考题

1. 一个系统使用 FX_{2N}N-4AD 模块检测 3 个通道传感器输入,这 3 个通道传感器的输出信号分别为:通道 1 电压输入为 $-10\sim+10$ V;通道 2 电流输入为 $0\sim20$ mA;通道 3 没有输入;通道 4 电流输入为 $4\sim20$ mA。那么 PLC 应向模块的 BFM♯0 写入什么值?

2. 简述模拟量输入信号的增益和偏移量调整过程。

3. 写出 PID 功能指令的操作数格式,说明各操作数的意义。

4. 如果 PID 功能指令的参数首地址为 D600,那么比例参数、积分时间和微分时间的地址是多少?

5. 将 PID 运算输出的标准化实数 0.75 先进行刻度化,然后再转换成一个有符号整数(INT),结果存入 AQW2 中。

6. 水箱水位控制系统的设计,有一个水箱需要维持一定的水位(例如,75%水位高度),该水箱的水以变化的速度流出,需要一个用变频器控制的电动机拖动水泵供水。当水量增大时,变频器输出频率提高,使电动机速度增加,增加供水量;反之,电动机降低速度,减少供水量,始终维持水位不变化。该系统也称为恒压供水系统,如图 7.23 所示。

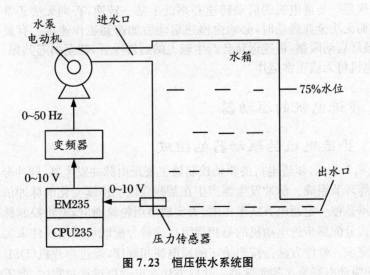

图 7.23　恒压供水系统图

第八章 可编程控制器运动控制

第一节 模块的介绍

一、步进电机

步进电机为无反馈装置的脉冲控制电机系统,依据脉冲的数量和频率运作。因步进电机无反馈信号,因而就减少了一项电气干扰信号,所以在正常使用状况下,步进电机的运转定位不会因反馈信号干扰而产生误差,只要不进行重新归原点动作,就无误差发生,步进电机经常用于长时间开机或者根本不关机的设备,这些设备对原点误差要求不高,但是不容许因长时间使用后逐渐产生偏移现象。

步进电机一般为低速运转,因为电机转矩在高速运转时将随转速升高而降低,因此步进电机运转速度不能高于某一限定值,否则会因高速运转而导致扭矩降低造成失步现象。步进电机的启动转速必须低于某一转速,否则无法正常启动。因惯性作用而无法全速启动时,必须由慢速启动后加速到工作速度。有最高启动限制,也有最低启动限制,慢速运转会产生较大的运转噪音,甚至引起共振,产生共振后,步进电机将无法正常运作。

二、步进电机的驱动器

(一)步进电机的驱动器的组成

如图 8.1 所示,步进电机的驱动控制器主要是由脉冲发生器、脉冲分配器和功率放大器等环节组成。脉冲发生器产生在某些频段上连续变化的脉冲信号。步进电动机绕组是按一定通电方式工作的,为实现绕组轮流通电,需将控制脉冲按规定的通电方式分配到步进电动机的每相绕组。这种分配既可以用硬件来实现也可以用软件来完成。软件方法是按照给定的通电换相顺序,通过单片机(DSP 及其他控制芯片)向驱动电路发出控制脉冲。软件方法在电动机运行过程中,要不停地产生控制脉冲,占用了大量的时间,可能使单片机无法同时进行其他工作,所以,硬件方法更常用。所谓硬件方法实际上是用脉冲分配器芯片来进行通电换相和转向控制。经脉冲分配器输出的脉冲能保证步进电动机绕组按规定顺序通电，但输出的脉冲电流太小，其驱动功率很小，而步进电动机绕组通常需要相当大的功率，包含一定的电流和电压才能驱动。所以分配器出来的脉冲还需进行功率放大才能驱动步进电动机。步进电动机常用的驱动电路主要有：

① 单电压限流型驱动电路。

② 双电压驱动电路。

③ 斩波驱动电路。

随着大规模集成电路技术的发展，现在有很多厂家生产出专门用于步进电机控制的脉冲分配芯片，配合用于功率放大的驱动电路就可以实现步进电机的驱动。市场上也有很多将硬件脉冲分配与驱动电路集成在一起的芯片，这为系统设计带来了很大的方便。驱动器拥有接收外部 3 个信号：方向信号、脉冲信号、脱机信号以及 8 个开关，还有 4 个控制电机的 2 相信号。

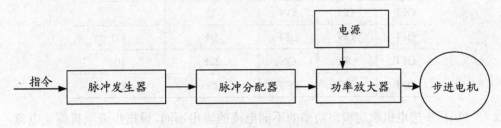

图 8.1　步进电机驱动控制系统构成

步进驱动器有 8 个开关，用途分别如表 8.1 所示。

表 8.1　步进驱动器功能分配表

开关序号	ON 功能	OFF 功能
DIP1～DIP4	细分设置用	细分设置用
DIP5	静态电流半流	静态电流全流
DIP6～DIP8	输出电流设置用	输出电流设置用

（二）步进电机细分驱动控制

步进电机的细分驱动：步进电机各相绕组的电流是按照工作方式的节拍轮流通电的。绕组通电的过程非常简单，即通电—断电反复进行。电磁力的大小与绕组通电电流的大小有关，当通电相电流不马上升到位，而断电相电流并不立即降为 0 时，他们所产生的磁场合力，会使转子有一个新的平衡位置，这个新的平衡位置是在原来的步距角范围内。也就是说，如果绕组中电流的波形不再是一个近似方波,而是一个分成 N 个阶段的近似阶梯波,则电流每升或降一个台阶时,转子转动一个小步。当转子按照这样的规律转过 N 个小步时,实际上相当于转过一个步距角。这种将一个步距角细分成若干小步的驱动方法,使实际的步距角更小了,可以大大提高对执行机构的控制精度。同时,可以减少震荡、噪声和转矩波动。根据表 8.2 所示来设置细分。

表 8.2　DIP 开关的功能细分设置表

DIP4	DIP3	DIP2	DIP1 为 ON 细　分	DIP1 为 OFF 细　分
ON	ON	ON	N/A	2
ON	ON	OFF	4	4
ON	OFF	ON	8	5
ON	OFF	OFF	16	10
OFF	ON	ON	32	25
OFF	ON	OFF	64	50
OFF	OFF	OFF	128	100
OFF	OFF	OFF	256	200

根据步进电机额定输出功率的不同电流的输出不同,根据步进电机额定电流通过驱动器输出电流设置表(表 8.3)来设置驱动器电流。

表 8.3　驱动器输出电流设置表

DIP6	DIP7	DIP8	输出电流
ON	ON	ON	1.2 A
ON	ON	OFF	1.5 A
ON	OFF	ON	1.8 A
ON	OFF	OFF	2.0 A
OFF	ON	ON	2.5 A
OFF	ON	OFF	2.8 A
OFF	OFF	ON	3.0 A
OFF	OFF	OFF	3.5 A

三、变频器

(一) 变频器的介绍

图 8.2 所示为西门子变频器外形。

1. 变频器的工作原理

变频器是由主电路,控制电路组成。主电路图如图 8.3 所示,通过交—直—交的原理实现控制电机速度。主电路主要由整流电路、直流中间电路和逆变电路组成,逆变电路将直流电源变为频率电压可调的交流电源。二极管的目的为减速或停车时,电动机的再生能源提供直流通路,通过制动电阻 R_B 消耗功率,RC 是缓冲电路,以减小开关通断瞬间电压和电流的

图 8.2　西门子变频器外形图

变化率对逆变管的冲击。中间直流电路的作用主要是滤波和限流以及短路保护,制动电阻 R_B,变频器的制动单元和制动电阻,当制动过程中交流电机的转子的转速超过了旋转磁场的转速时,此时电动机将变成发电,所产生的电磁转矩将变成制动转矩。电动机将自身所存储的能量转换成电能向变频器输出。随着变频器不断获得电能,其直流母线电压电荷的积累不断升高。当电压升高到一定水平时为了保证直流滤波母线电容不被击穿必须将累计电荷释放掉。释放掉累计电荷的方式有两种:其一是通过制动电阻把电能转换成热能散失掉;其二是通过自耦变压器把电能反馈电网。制动单元实质上就是一个功率开关,主要功能是在电压高于某一电压时接通,将能量通过制动电阻消耗掉;当电压低于某一电压时断开。每个变频器都有制动单元,小功率的制动单元是靠内置的制动电阻将制动能量消耗掉,大功率的制动单元必须是靠外置的制动电阻将制动能量消耗掉。

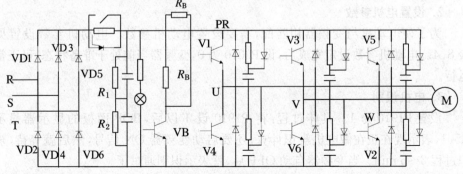

图 8.3　变频器原理图

控制电路包括主控电路、信号检测电路、驱动电路、外部接口电路以及保护电路等部分。主控电路的中心是一个高性能的微处理器,检测电路主要给微处理器提供反馈信息,保护电路的主要作用是由微处理器将变频器对检测电路得到的各种信号进行算法处理,判断变频器本身或系统是否出现异常,以便进行必要的保护。外部接口电路包括顺序控制指令的输入电路、频率指令的输入电路、检测信号输出电路及通信接口电路等。

2. 变频器的控制方式

变频器有 V/F 控制方式、转差率控制方式、矢量控制方式、直接转矩控制方式。V/F 控制方式主要是维持恒磁通控制实现,即恒转矩控制;矢量控制主要是通过坐标变换,解耦相互独立的励磁电流和转矩电流,实现转矩和速度独立控制。由于在进行矢量控制时,需要准确掌握交流电动机的有关参数,即在使用矢量控制时一定要设置电机的铭牌参数。过去在使用时需要专用电动机,现在的技术已可以实现自整定功能,可以自动的对电动机的参数进行辨识,并根据辨识的结果调整有关参数。

(二) 变频器参数设置

变频器的参数很多,如果没有特殊要求,绝大多数的参数可以默认使用为出厂时的设置值。需要设定的参数主要有方式参数和电动机参数等。变频器的控制方式主要有操作面板控制和外部信号控制两种。操作面板控制就是用变频器本身的操作面板进行启、停、正反转和改变转速等操作;外部信号控制指变频器按外部的输入信号来改变电动机的运行状态。变频器的外部信号主要有数字信号、模拟信号(4~20 mA 或 0~10 V)和网络输入数据。用户应根据实际需要选择控制方式,然后按照说明书设定参数。

1. 复位为出厂缺省设置值

设定 P0010 为 30 和 P0970 为 1,按下 P 键,开始复位,复位过程大约要 3 min,这样保证变频器的参数就可回复到出厂时的默认值。

2. 设置电机参数

为了使电动机与变频器相匹配,需要设置电动机参数。电动机参数设置见表 8.4。电动机参数设定完成后,设 P0010 为 0,变频器当前处于准备状态,可正常运行。

3. 电机识别

设置 P1910 为 1。具体过程:将 P1910 设 1 以后,BOP 面板的显示器显示 A501,表示现在正在做电机辨识计算,还要启动变频器 ON 信号,然后就等待,辨识过程 3~5 min。当变频器自动 OFF 后,就表示识别通过了。

注意:使用 MM440 一定要建模,要对电机做识别。也就是说设 P1910 为 1

必须要做,这是起码的。否则运行的参数与实际的电机模型不符,就无法正常工作。交流控制有别于直流控制的特点之一就是需要在控制器里面对受控电机建模。

表 8.4　电动机参数设置

参数号	出厂值	设置值	说　明
P0003	1	1	设定用户访问级为标准级
P0010	0	1	快速调试
P0100	0	0	功率以 kW 表示,频率为 50 Hz
P0304	230	380	电动机额定电压(V)
P0305	3.25	1.05	电动机额定电流(A)
P0307	0.75	0.37	电动机额定功率(kW)
P0310	50	50	电动机额定频率(Hz)
P0311	0	1 400	电动机额定转速(r/min)

4. 其他参数设置

其他参数设置有面板操作设置、外部数字信号设置、模拟信号设置等。

(1) 设置面板操作控制参数

详见表 8.5。

表 8.5　面板基本操作控制参数

参数号	出厂值	设置值	说　明
P0003	1	1	设用户访问级为标准级
P0010	0	0	正确地进行运行命令的初始化
P0004	0	7	命令和数字 I/O
P0700	2	1	由键盘输入设定值(选择命令源)
P0003	1	1	设用户访问级为标准级
P0004	0	10	设定值通道和斜坡函数发生器
P1000	2	1	由键盘(电动电位计)输入设定值
P1080	0	0	电动机运行的最低频率(Hz)
P1082	50	50	电动机运行的最高频率(Hz)
P0003	1	2	设用户访问级为扩展级
P0004	0	10	设定值通道和斜坡函数发生器
P1040	5	20	设定键盘控制的频率值(Hz)

参数号	出厂值	设置值	说　　明
P1058	5	10	正向点动频率(Hz)
P1059	5	10	反向点动频率(Hz)
P1060	10	5	点动斜坡上升时间(s)
P1061	10	5	点动斜坡下降时间(s)

(2) 参数设置

接通断路器 QS,在变频器通电的情况下,完成相关参数设置,具体设置见表 8.6。

表 8.6　变频器参数设置

参数号	出厂值	设置值	说　　明
P0003	1	1	设用户访问级为标准级
P0004	0	7	命令和数字 I/O
P0701	1	1	ON 接通正转,OFF 停止
P0700	2	2	命令源选择"由端子排输入"
P0003	1	2	设用户访问级为扩展级
P0004	0	7	命令和数字 I/O
P0702	1	2	ON 接通反转,OFF 停止
P0703	9	10	正向点动
P0704	15	11	反转点动
P0003	1	1	设用户访问级为标准级
P0004	0	10	设定值通道和斜坡函数发生器
P1000	2	1	由键盘(电动电位计)输入设定值
P1080	0	0	电动机运行的最低频率(Hz)
P1082	50	50	电动机运行的最高频率(Hz)
P1120	10	5	斜坡上升时间(s)
P1121	10	5	斜坡下降时间(s)
P0003	1	2	设用户访问级为扩展级
P0004	0	10	设定值通道和斜坡函数发生器
P1040	5	20	设定键盘控制的频率值
P1058	5	10	正向点动频率(Hz)
P1059	5	10	反向点动频率(Hz)

续表 8.6

参数号	出厂值	设置值	说　明
P1060	10	5	点动斜坡上升时间(s)
P1061	10	5	点动斜坡下降时间(s)

（3）设置模拟信号操作控制参数

模拟信号操作控制参数设置见表 8.7。

表 8.7　模拟信号操作控制参数

参数号	出厂值	设置值	说　明
P0003	1	1	设用户访问级为标准级
P0004	0	7	命令和数字 I/O
P0700	2	2	命令源选择由端子排输入
P0003	1	2	设用户访问级为扩展级
P0004	0	7	命令和数字 I/O
P0701	1	1	ON 接通正转,OFF 停止
P0702	1	2	ON 接通反转,OFF 停止
P0003	1	1	设用户访问级为标准级
P0004	0	10	设定值通道和斜坡函数发生器
P1000	2	2	频率设定值选择为模拟输入
P1080	0	0	电动机运行的最低频率(Hz)
P1082	50	50	电动机运行的最高频率(Hz)

四、伺服控制系统

（一）运动控制器

运动控制器与伺服驱动器连接可以在运动控制器里收集伺服数据,修改伺服参数,试运行和监控伺服放大器,单个运动控制器可以控制伺服放大器最多 32 个轴。运动控制器采用独特 SFC 语言编程,更具可视性,实际的运动顺序可在程序中反映出来,易于组织程序结构并通过监控运动控制程序。控制器根据这些参数和客户编制的运动控制程序,对机械部件发出指令,控制其运动。在下一节中我们将详细介绍运动控制器。

（二）伺服电机和伺服驱动器

伺服驱动器受控于运动控制器，接收到运动控制指令后，按指令要求，控制电机等执行机构完成动作。如图 8.4 所示为伺服驱动器和伺服电机。一般伺服电机都带有编码器。

伺服驱动器就是将低能量位置、速度和扭距命令信号转换为高能量控制信号来驱动执行器，主要负责电流/力矩环的控制。伺服驱动器是由主电路和控制电路组成，主电路和变频器的主电路一样，是交—直—交电路，伺服驱动器的控制电路如图 8.5 所示，是由位置环、速度环、电流环组成的控制器，可进行对位置、速度、转矩的控制。当位置控制时，位置控制环将指令脉冲数与编码器反馈的脉冲数比较，比较的偏差量转化为修正位置的速度指令，速度指令由速度控制环处理后驱动电机运转。脉冲的个数决定电机旋转的角度，脉冲的频率决定电机旋转的速度。电机输出的力矩由负载决定，负载越大，电机输出的力矩越大，当然不能超出电机的额定负载。急剧加减速或者过载而造成主电路过流会影响功率器件，所以伺服放大器的嵌位电路限制输出转矩，转矩的限制可以通过模拟量或者参数设置来调整。

图 8.4　伺服放大器和伺服电机

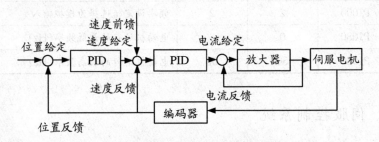

图 8.5　伺服驱动器控制电路的组成

当进行速度控制时，速度控制环将指令脉冲数与编码器反馈的脉冲数比较，比较的偏差量经速度环处理后驱动电机运转。速度控制模式是维持电机的转速不变，当负载增大时，电机输出的力矩增大，负载减小时，电机输出的力矩减小。

转矩控制模式是通过调整电机输出的转矩进行控制，如恒张力控制、收卷系统控制，都需要采用转矩控制。当进行转矩控制时，速度环和电流环都起作用。由于电机输出转矩一定，所以当负载变化时，电机的转速也变化。转矩控制模式中的转矩调整可以通过模拟梁或者参数设置内部转矩指令控制伺服输出的转矩。

（三）电子齿轮比

电子齿轮比的设定,假设伺服电机规格为:3 000 rpm、8 192 pulse/rev;控制器输出规格为:脉冲输出最高频率为 100 kHz,减速器为 3∶1、滚珠螺杆导程 10 mm。则伺服电机经减速机驱动工作台之解析度为:

$$\frac{10\ \text{mm/rev}}{8\ 192\ \text{pulse/rev}} \times \frac{1}{3} = 0.406\ 9\ \mu\text{m/pulse}$$

螺杆每转一圈的脉冲数为:

$$\frac{10\ \text{mm/rev}}{0.406\ 9\ \mu\text{m/pulse}} \approx 24\ 576\ \text{pulse/rev}$$

希望控制器输出解析度为 1 μm/pulse,则螺杆每转一圈的脉冲数变为:

$$\frac{10\ \text{mm/rev}}{1\ \mu\text{m/pulse}} = 10\ 000\ \text{pulse/rev}$$

$$10\ 000\ \text{pulse/rev} \times 齿轮比 = 24\ 576\ \text{pulse/rev}$$

齿轮比:

$$\frac{[\text{CMX}]}{[\text{CDV}]} = \frac{2\ 457}{1\ 000}$$

以此推算伺服电机最高转速为:

$$\frac{100\ \text{kHz} \times 2\ 457 \times 60\ \text{sec}}{8\ 192\ \text{pulse/rev} \times 1\ 000} \approx 1\ 800\ \text{rpm}$$

第二节　运动控制器

对于三菱系列,运动 CPU 就是运动控制器,这一节将介绍运动控制器是怎样工作的。运动控制器即运动 CPU 进行复杂的伺服控制,根据所需轴的数量来选择运动 CPU 模块;运动 CPU 的软元件数据存取与运动 SFC 程序启动可通过运动专用 PLC 指令由 PLC CPU 执行。

一、运动控制器与 PLC CPU 之间的通信

（一）共享内存自动刷新

在 PLC CPU 的 END 处理时或运动的主循环处理时,自动进行 CPU 共享内存的刷新,如图 8.6 所示为 CPU NO.1(PLC CPU)的 32 点(B0 到 B1F)和 CPU

NO.2(运动 CPU)的 32 点(B20 到 B3F)进行自动刷新。

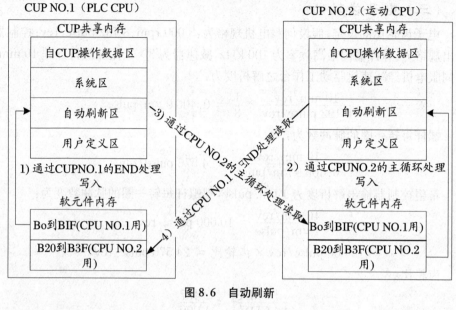

图 8.6　自动刷新

（二）运动专用 PLC 指令

这些指令的目的是从 PLC CPU 到运动 CPU 的专用指令。

1. 从 PLC CPU 到运动 CPU 的运动 SFC 启动请求

PLC 指令：S(P).SFCS，如图 8.7、表 8.8 所示。

本程序启动运动 CPU NO.4 的 SFC 程序 NO.1(图 8.8)。

2. 从 PLC CPU 到运动 CPU 的伺服程序启动请求

PLC 指令 S(P).SVST，如图 8.9、表 8.9 所示。

表 8.8

设置数据	说　明	数据类型
n1	目标 CPU 的起始 I/O 号，实际指定值 CPU NO.2：H3E1；CPU NO.3：H3E2；CPU NO.4：H3E3	16 位二进制
n2	运动 SFC 程序号的启动	16 位二进制
D1	完成软元件 D1+0：在指令启动接受结束时，启动进行扫描的软元件 D1+1：在指令启动接受异常结束时，启动进行扫描的软元件	位
D2	储存结束状态的软元件	16 位二进制

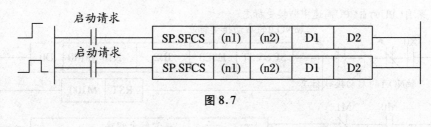

图 8.7

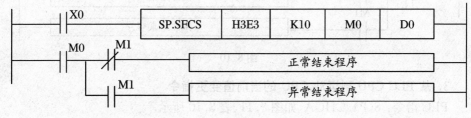

图 8.8

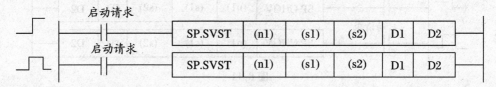

图 8.9

表 8.9

设置数据	说 明	数据类型
n1	目标 CPU 的起始 I/O 号,实际指定值 CPU NO.2: H3E1; CPU NO.3:H3E2; CPU NO.4:H3E3	16 位二进制
s1	启动的轴号"J_n"	字顺序
s2	启动的伺服程序号	16 位二进制
D1	完成软元件 D1+0:在指令启动接受结束时,启动进行扫描的软元件 D1+1:在指令启动接受异常结束时,启动进行扫描的软元件	位
D2	储存结束状态的软元件	16 位二进制

对于 PLC CPU NO.1 的运动 CPU NO.4 的轴 NO.1 和 NO.2,用于要求启动伺服程序 NO.10 的程序(图 8.10)。

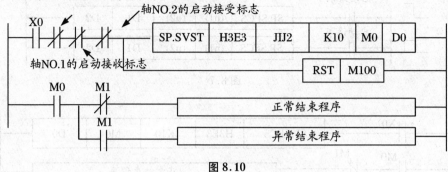

图 8.10

3. 从 PLC CPU 到运动 CPU 的当前值变更指令

PLC 指令：S(P).CHGA，如图 8.11、表 8.10 所示。

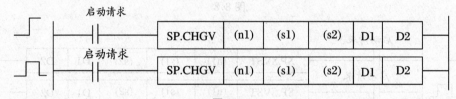

图 8.11

表 8.10

设置数据	说　明	数据类型
n1	目标 CPU 的起始 I/O 号，实际指定值 CPU NO.2：H3E1；CPU NO.3：H3E2；CPU NO.4：H3E3	16 位二进制
s1	轴号"J_n"执行当前值变更 同步编码器轴号"E_n"执行当前值变更 凸轮轴号"C_n"执行一转中的当前值变更	字顺序
s2	当前值变更的设置	16 位二进制
D1	完成软元件 D1+0：在指令启动接受结束时，启动进行扫描的软元件 D1+1：在指令启动接受异常结束时，启动进行扫描的软元件	位
D2	储存结束状态的软元件	16 位二进制

对于 PLC CPU 的运动 CPU 的轴 NO.1 的当前值变更程序（图 8.12）。

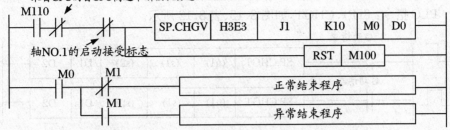

图 8.12

4. 从 PLC CPU 到运动 CPU 的速度变更指令

PLC 指令：S(P). CHGV，如图 8.13、表 8.11 所示。

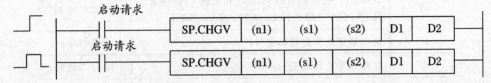

图 8.13

表 8.11

设置数据	说　明	数据类型
n1	目标 CPU 的起始 I/O 号，实际指定值 CPU NO. 2：H3E1；CPU NO. 3：H3E2；CPU NO. 4：H3E3	16 位二进制
s1	轴号"J$_n$"控制速度变更	字顺序
s2	当前值变更的设置	16 位二进制
D1	完成软元件 D1+0：在指令启动接收结束时，启动进行扫描的软元件 D1+1：在指令启动接收异常结束时，启动进行扫描的软元件	位
D2	储存结束状态的软元件	16 位二进制

变更运动 CPU 轴 1 转速值的程序（图 8.14）。

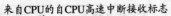
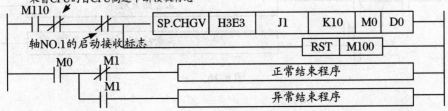

图 8.14

5. 从 PLC CPU 到运动 CPU 的转矩值变更请求指令

PLC 指令: S(P).CHGT,如图 8.15、表 8.12 所示。

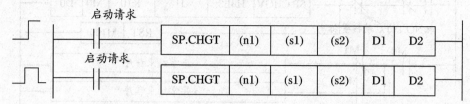

图 8.15

表 8.12

设置数据	说　明	数据类型
n1	目标 CPU 的起始 I/O 号,实际指定值 CPU NO.2: H3E1; CPU NO.3: H3E2; CPU NO.3: H3E3	16 位二进制
s1	执行转矩值变更的轴号"J_n"	字顺序
s2	转矩值变更的设置	16 位二进制
D1	结束软元件 D1 + 0:在指令启动接受结束时,启动进行扫描的软元件 D1 + 1:在指令启动接受异常结束时,启动进行扫描的软元件	位
D2	储存结束状态的软元件	16 位二进制

变更运动 CPU 轴 1 转矩值的程序(图 8.16)。

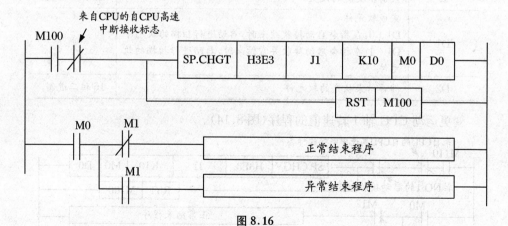

图 8.16

6. 从 PLC CPU 向运动 CPU 写入

PLC 指令：S(P).DDWR，如图 8.17、表 8.13 所示。

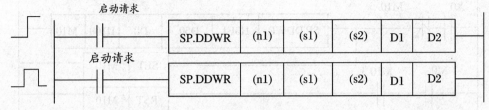

图 8.17

表 8.13

设置数据	说　明	数据类型
n1	目标 CPU 的起始 I/O 号，实际指定值 CPU NO.2：H3E1；CPU NO.3：H3E2；CPU NO.4：H3E3	16 位二进制
s1	储存自 CPU 的起始软元件的控制数据	16 位二进制
s2	储存自 CPU 的起始软元件的写入数据	16 位二进制
D1	储存目标运动 CPU 的起始软元件的写入数据	16 位二进制
D2	指令结束时进行扫描的位软元件	位

当 X0 闭合时，从 CPU NO.2 的 D100 开始，自 CPU 的 D0 中存储 10 点数据的程序（图 8.18）。

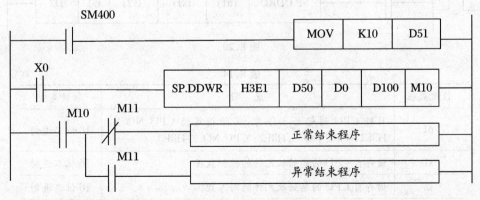

图 8.18

当 X0 闭合时，从 CPU NO.2 的 D100 开始，自 CPU 的 D0 中存储 10 点数据的程序（图 8.19）。

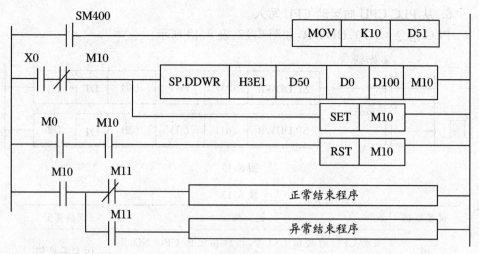

图 8.19

7. 读取运动 CPU 的软元件

PLC 指令：S(P).DDRD，如图 8.20、图 8.21、表 8.14、表 8.15 所示。

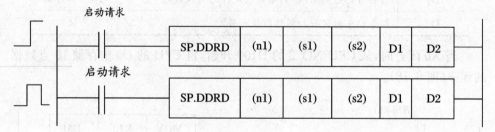

图 8.20

表 8.14

设置数据	说　明	数据类型
n1	目标 CPU 的起始 I/O 号，实际指定值 CPU NO.2：H3E1；CPU NO.3：H3E2；CPU NO.3：H3E3	16 位二进制
s1	储存自 CPU 的起始软元件的控制数据	16 位二进制
s2	储存自 CPU 的起始软元件的写入数据	16 位二进制
D1	储存目标运动 CPU 的起始软元件的写入数据	16 位二进制
D2	指令结束时进行扫描的位软元件	位

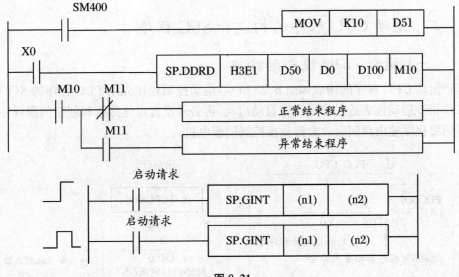

图 8.21

表 8.15

设置数据	说 明	数据类型
n1	目标 CPU 的第 1 个 I/O 号,实际指定值 CPU NO.2:H3E1; CPU NO.3:H3E2; CPU NO.3:H3E3	16 位二进制
n2	中断指令号(0 到 15)	16 位二进制

运动 CPU 的中断程序,如图 8.22 所示。

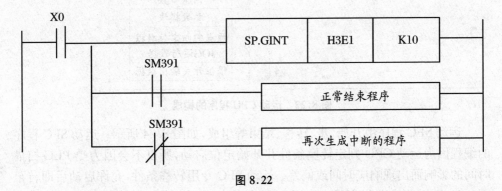

图 8.22

二、运动 CPU 程序的构成和 SFC 程序

（一）运动 CPU 程序的构成

运动 CPU 程序的构成如图 8.23 所示，运动控制程序先用 PLC 程序的 S(P).SFC 指令启动或者通过参数设置自动启动，再必须设置定位参数和创建伺服程序，用伺服程序输出到伺服放大器直接控制伺服电机。

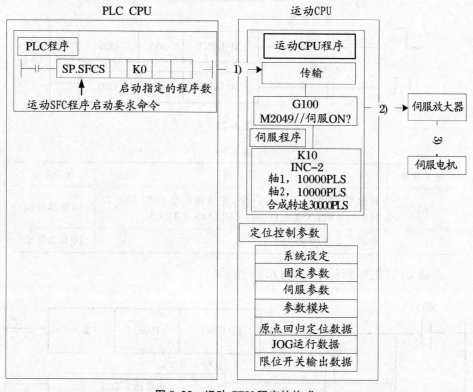

图 8.23 运动 CPU 程序的构成

运动 SFC 程序由开始、步、转移、结束等组成，如图 8.24 所示。运动 SFC 程序的编程因为运动 CPU 判定转换条件并开始定位启动，所以不会因为受 PLC 扫描时间的影响而出现响应时间或偏差。运动 SFC 专用转移条件，允许启动后即转至下一步，不需等待定位完成。运动 SFC 仅执行激活步保证了高速度及高响应处理。运动 CPU 不仅能执行定位控制，也能进行数值运算及软元件 SET/RST 等，减少了运行时间。通过运动 SFC 专用转移条件，启动条件一成立指令即可传送到伺服放大器。

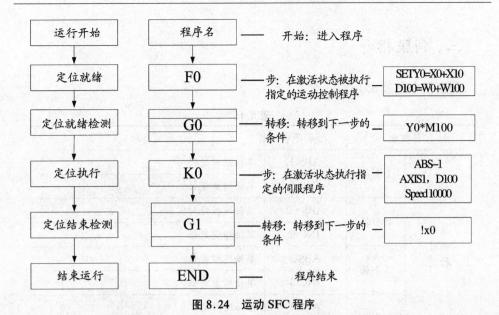

图 8.24　运动 SFC 程序

（二）伺服程序组成

一个伺服程序由程序号、伺服命令和定位数据组成,如图 8.25 所示。定位数据可以用固定数据也可以用软元件,图 8.25(a)所示为固定数据;图 8.25(b)中,如果轴 1 用软元件(D,W,♯)可以使一个伺服程序执行多个定位控制,为了使间接设定用的软元件的数据直到指定轴接受了启动为止都不变,可利用启动接受标志(M2001～M2032)进行互锁。

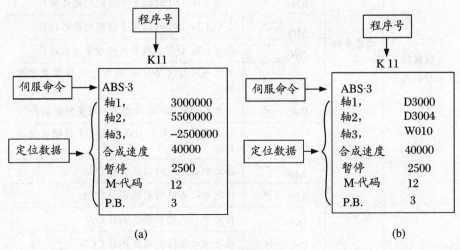

图 8.25　伺服程序组成

三、伺服指令

伺服指令见表 8.16。

表 8.16

定位控制		指令符号	处　理
线性插补控制	1 个轴	ABS-1	单轴绝对定位
		INC-1	单轴增量定位
	2 个轴	ABS－2	双轴线性绝对定位
		INC-2	双轴增量定位
	3 个轴	ABS-3	单轴绝对定位
		INC-3	单轴增量定位
	4 个轴	ABS-4	单轴绝对定位
		INC-4	单轴增量定位
圆弧插补控制	指定辅助点	ABS ⌒	指定辅助点绝对圆弧插补
		INC ⌒	指定辅助点增量圆弧插补
	指定半径	ABS ↗	小于 CW 180°的指定半径绝对圆弧插补
		ABS ⌒	大于或等于 CW 180°的指定半径绝对圆弧插补
		ABS ↖	小于 CW 180°的指定半径绝对圆弧插补
		ABS ⌒	小于 CW 180°的指定半径绝对圆弧插补
		INC ↗	小于 CW 180°的指定半径增量圆弧插补
		INC ⌒	大于或等于 CW 180°的指定半径增量圆弧插补
		INC ↖	小于 CCW 180°的指定半径增量圆弧插补
		INC ⌒	大于或等于 CCW 180°的指定半径增量圆弧插补
	指定中心点	ABS ⌒	指定中心点绝对圆弧插补 CW
		ABS ⌣	指定中心点绝对圆弧插补 CCW
		INC ⌒	指定中心点增量圆弧插补 CW
		INC ⌣	指定中心点增量圆弧插补 CCW

定位控制		指令符号		处 理
螺旋插补控制	指定辅助点	ABH	⤴	指定辅助点绝对螺旋插补
		INH	⤴	指定辅助点增量螺旋插补
	指定半径	ABH	⤴	小于 CW 180°的指定半径绝对螺旋插补
		ABH	⤴	大于或等于 CW 180°的指定半径绝对螺旋插补
		ABH	⤴	小于 CCW 180°的指定半径绝对螺旋插补
		ABH	⤴	大于或等于 CCW 180°的指定半径绝对螺旋插补
		INH	⤴	小于 CW 180°的指定半径增量螺旋插补
		INH	⤴	大于或等于 CW 180°的指定半径增量螺旋插补
		INH	⤴	小于 CCW 180°的指定半径增量螺旋插补
		INH	⤴	大于或等于 CCW 180°的指定半径增量螺旋插补
	指定中心点	ABH	⤴	指定中心点绝对螺旋插补 CW
		ABH	⤴	指定中心点绝对螺旋插补 CCW
		INH	⤴	指定中心点增量螺旋插补 CW
		INH	⤴	指定中心点增量螺旋插补 CCW
定长馈送进给	轴 1	FEED-1		1 轴定长馈送启动
	轴 2	FEED-2		2 轴线性插补定长馈送启动
	轴 3	FEED-3		3 轴线性插补定长馈送启动
速度控制	正转	VF		速度控制正转启动
	反转	VR		速度控制反转启动
速度控制	正转	VVF		速度控制正转启动
	反转	VVR		速度控制反转启动
速度位置控制	正转	VPF		速度位置控制启动正转
	反转	VPR		速度位置控制启动反转
	再启动	VPSTART		速度位置控制再启动

续表 8.16

定位控制	指令符号	处　理
速度切换控制	VSTART	速度切换控制启动
	VEND	速度切换控制结束
	ABS-1	速度切换控制结束点地址
	ABS-2	
	ABS-3	
	INC-1	移动量到速度切换控制终点
	INC-2	
	INC-3	
	VABS	速度切换点绝对指定
	VINC	速度切换点增量指定
位置跟踪控制	PFSTART	位置跟踪控制启动
恒定速度控制	CPSTART1	1 轴恒速控制启动
	CPSTART2	2 轴恒速控制启动
	CPSTART3	3 轴恒速控制启动
	CPSTART4	4 轴恒速控制启动
	ABS-1	恒速控制通过点绝对指定
	ABS-2	
	ABS-3	
	ABS-4	
	ABS ╱	
	ABS ⌒	
	ABS ⌒	
	ABS ⌒	
	ABS ⌒	
	ABS ⋰	
	ABS ⋱	
	ABH ╱	恒速控制通过点的螺旋绝对指定
	ABH ⌒	

定位控制	指令符号	处 理
	ABH ⤵	
	ABH ⤴	
	ABH ⤿	恒速控制通过点的螺旋绝对指定
	ABH ⤹	
	ABH ⤸	
	INC-1	
	INC-2	
	INC-3	
	INC-4	
	INC ⤢	
恒定速度控制	INC ⤴	恒速控制通过点增量指定
	INC ⤿	
	INC ⤵	
	INC ⤹	
	INC ⤷	
	INC ⤸	
	INH ⤢	
	INH ⤴	
	INH ⤿	
	INH ⤹	恒速控制通过点的螺旋增量指定
	INH ⤵	
	INH ⤷	
	INH ⤸	
	CPEND	恒速控制结束

续表 8.16

定位控制	指令符号	处　理
相同控制的重复	FOR-TIMES	重复区域起始设置
	FOR-ON	
	FOR-OFF	
	NEXT	重复区域结束设置
同时启动	START	同时启动
起始位置返回	ZERO	原点回归启动
高速振荡	OSC	高速振荡

四、定位软元件继电器寄存器

在运动 CPU 系统中,通过运动 SFC 程序指定的伺服程序执行定位控制,运动 CPU 的内部信号和外部信号作为定位信号使用。

(1) 内部信号

以下 5 种运动 CPU 的软元件可作为运动 CPU 的内部信号:

① 内部继电器:M2000～M3839。

② 特殊继电器:M9073～M9079。

③ 数据寄存器:D0～D799。

④ 运动寄存器:♯8000～♯8191。

⑤ 特殊寄存器:D9180～D9201。

(2) 外部信号

运动 CPU 的外部信号有以下几种:

① 上下限位开关输入:控制定位范围的上下限信号。

② 停止信号:速度控制用停止信号。

③ 近点 DOG 信号:来自近点 DOG 的 ON/OFF 信号。

④ 速度位置切换信号:速度到位置的切换信号。

⑤ 手动脉冲发生器输入:来自手动脉冲发生器信。

(一) 内部继电器列表

内部继电器见表 8.17。

表 8.17　内部继电器

SV13		SV22	
软元件号	用　途	软元件号	用　途
M0	用户软元件(2 000 点)	M0	用户软元件(2 000 点)
M2000	通用软元件(320 点)	M2000	通用软元件(320 点)
M2320	特殊继电器分配软元件(状态)(80 点)	M2320	特殊继电器分配软元件(状态)(80 点)
M2400	轴状态(20 点×32 轴)	M2400	轴状态(20 点×32 轴)
M3040	不能使用	M3040	不能使用
M3072	通用软元件(指令信号)(64 点)	M3072	通用软元件(指令信号)(64 点)
M3136	特殊继电器分配软元件(指令信号)(80 点)	M3136	特殊继电器分配软元件(指令信号)(80 点)
M3200	各轴指令信号(20 点×32 轴)	M3200	各轴指令信号(20 点×32 轴)
M3840～ M8191	用户软元件(4 352 点)	M3840	不能使用
		M4000	用户软元件(640 点)
		M4640	同步编码器轴状态(4 点×32 轴)
		M4688	不能使用
		M4800	用户软元件(640 点)
		M5440	同步编码器轴状态(4 点×32 轴)
		M5488	不能使用
		M5600～ M8191	用户软元件(2 592 点)

1. 通用软元件

用户不能使用分配为定为控制内部继电器范围的软元件,即使用途未被设定;定位控制用内部继电器即使在锁存范围内也不被锁存,通用软元件见表 8.18。

表 8.18　通用软元件

软元件号	信号名称	软元件号	信号名称
M2000	PLC 就绪标志	M2001～ M2032	轴 1 到轴 32 启动接受标志
M2033	不能使用	M2034	个人计算机连接通信错误标志
M2035	运动 SFC 错误履历清除请求	M2036～ M2038	不能使用
M2039	运动 SFC 错误检测标志	M2040	速度切换点指定标志
M2041	系统设定错误标志	M2042	所有轴伺服 ON 指令
M2043	实虚模式切换请求（仅限虚模式）	M2044	实虚模式切换状态（仅限虚模式）
M2045	实虚模式切换错误检测信号（仅限虚模式）	M2046	同步偏差报警
M2047	运动槽故障检测标志	M2048	JOG 操作同步启动指令
M2049	所有轴伺服 ON 接收标志	M2050	启动缓冲满
M2051	手动脉冲发生器 1 使能标志	M2052	手动脉冲发生器 2 使能标志
M2053	手动脉冲发生器 3 使能标志	M2054	运算周期溢出标志
M2055～ M2060	不能使用	M2061～ M2092	轴 1 到轴 32 速度改变中标志
M2093～ M2100	不能使用	M2101～ M2112	轴 1 到轴 12 同步编码器当前值改变中标志
M2113～ M2127	不能使用	M2128～ M2159	轴 1 到轴 32 自动减速中标志
M2160～ M2161	输出轴 1 主轴侧和辅助输入侧	M2162～ M2163	输出轴 2 主轴侧和辅助输入侧
M2164～ M2165	输出轴 3 主轴侧和辅助输入侧	M2166～ M2167	输出轴 4 主轴侧和辅助输入侧
M2168～ M2169	输出轴 5 主轴侧和辅助输入侧	M2170～ M2171	输出轴 6 主轴侧和辅助输入侧
M2172～ M2173	输出轴 7 主轴侧和辅助输入侧	M2174～ M2175	输出轴 8 主轴侧和辅助输入侧

软元件号	信号名称	软元件号	信号名称
M2176～ M2177	输出轴 9 主轴侧和辅助输 入侧	M2178～ M2179	输出轴 10 主轴侧和辅助输 入侧
M2180～ M2181	输出轴 11 主轴侧和辅助输 入侧	M2182～ M2183	输出轴 12 主轴侧和辅助输 入侧
M2184～ M2185	输出轴 13 主轴侧和辅助输 入侧	M2186～ M2187	输出轴 14 主轴侧和辅助输 入侧
M2188～ M2189	输出轴 15 主轴侧和辅助输 入侧	M2190～ M2191	输出轴 16 主轴侧和辅助输 入侧
M2192～ M2193	输出轴 17 主轴侧和辅助输 入侧	M2194～ M2195	输出轴 18 主轴侧和辅助输 入侧
M2196～ M2197	输出轴 19 主轴侧和辅助输 入侧	M2198～ M2199	输出轴 20 主轴侧和辅助输 入侧
M2200～ M2201	输出轴 21 主轴侧和辅助输 入侧	M2202～ M2203	输出轴 22 主轴侧和辅助输 入侧
M2204～ M2205	输出轴 23 主轴侧和辅助输 入侧	M2206～ M2207	输出轴 24 主轴侧和辅助输 入侧
M2208～ M2209	输出轴 25 主轴侧和辅助输 入侧	M2210～ M2211	输出轴 26 主轴侧和辅助输 入侧
M2212～ M2213	输出轴 27 主轴侧和辅助输 入侧	M2214～ M2215	输出轴 28 主轴侧和辅助输 入侧
M2216～ M2217	输出轴 29 主轴侧和辅助输 入侧	M2218～ M2219	输出轴 30 主轴侧和辅助输 入侧
M2220～ M2221	输出轴 31 主轴侧和辅助输 入侧	M2222～ M2223	输出轴 32 主轴侧和辅助输 入侧
M2224～ M2239	不能使用	M2240～ M2271	轴 1 到轴 32 速度改变"0"接 收中标志
M2272～ M2391	不能使用		

2. 特殊继电器分配软元件列表

特殊继电器分配软元件详见表 8.19。

表 8.19　特殊继电器分配软元件

软元件号	信号名称	信号类型	注　释
M2320	保险丝熔断检测		M9000
M2321	AD/DC DOWN 检测		M9005
M2322	电源不足标志		M9006
M2323	电源不足锁存标志		M9007
M2324	自诊断错误标志		M9008
M2325	诊断错误标志		M9010
M2326	常 ON		M9036
M2327	常 OFF		M9037
M2328	时钟数据错误标志		M9026
M2329	PCPU WDT 错误标志		M9073
M2330	PCPU 就绪标志		M9074
M2331	测试模式标志	状态信号	M9075
M2332	外部紧急停止输入标志		M9076
M2333	手动脉冲发生器轴设定错误标志		M9077
M2334	测试模式请求错误标志		M9078
M2335	伺服程序设定错误标志		M9079
M2336	CPU NO.1 复位标志		M9240
M2337	CPU NO.2 复位标志		M9241
M2338	CPU NO.3 复位标志		M9242
M2339	CPU NO.4 复位标志		M9243
M2340	CPU NO.1 错误标志		M9244
M2341	CPU NO.2 错误标志		M9245
M2342	CPU NO.3 错误标志		M9246
M2343	CPU NO.4 错误标志		M9247

续表 8.19

软元件号	信号名称	信号类型	注 释
M2344	伺服参数读取中标志		M9105
M2345	CPU NO.1MULTR 完成标志		M9216
M2346	CPU NO.2MULTR 完成标志	状态信号	M9217
M2347	CPU NO.3MULTR 完成标志		M9218
M2348	CPU NO.4MULTR 完成标志		M9219
M2349~M2399	不能使用		

3. 各轴状态表

各轴状态详见表 8.20。

表 8.20 各轴状态表

轴号	软元件号	编号	信号名称	
1	M2400~M2419	0	定位启动完成	
2	M2420~M2439	1	定位完成	
3	M2440~M2459	2	到位	
4	M2460~M2479	3	指令到位	
5	M2480~M2499	4	速度控制	
6	M2500~M2519	5	速度/位置切换锁存	
7	M2520~M2539	6	通过零点	
8	M2540~M2559	7	故障检测	
9	M2560~M2579	8	伺服故障检测	
10	M2580~M2599	9	原点回归请求	
11	M2600~M2619	10	原点回归完成	
12	M2620~M2639	11		FLS
13	M2640~M2659	12		RLS
14	M2660~M2679	13	外部信号	STOP
15	M2680~M2699	14		DOG/CHANGE
16	M2700~M2719	15	伺服就绪	
17	M2720~M2739	16	转矩限制中	

轴号	软元件号	编号	信号名称
18	M2740~M2759	17	不使用
19	M2760~M2779	18	虚模式下虚模式不能连续运行警告
20	M2780~M2799	19	M 代码输出信号
21	M2800~M2819		
22	M2820~M2839		
23	M2840~M2859		
24	M2860~M2879		
25	M2880~M2899		
26	M2900~M2919		
27	M2920~M2939		
28	M2940~M2959		
29	M2960~M2979		
30	M2980~M2999		
31	M3000~M3019		
32	M3020~M3039		

4. 通用软元件列表

通用软元件详见表 8.21。

表 8.21　通用软元件

软元件号	信号名称	信号类型	注释 1、2
M3072	PLC 就绪标志		M2000
M3073	速度切换点指定标志		M2040
M3074	所有轴伺服 ON 指令		M2042
M3075	实虚模式切换请求		M2043
M3076	JOG 操作同步启动指令	指令信号	M2048
M3077	手动脉冲发生器 1 使能标志		M2051
M3078	手动脉冲发生器 2 使能标志		M2052
M3079	手动脉冲发生器 3 使能标志		M2053

续表 8.21

软元件号	信号名称	信号类型	注释 1、2
M3080	运动 SFC 错误履历清楚请求标志	指令信号	M2035
M3081～ M3135	不能使用		—

注释 1:上述软元件从"OFF"到"ON",注释栏的软元件变为"ON";上述软元件从"ON"到"OFF",注释栏的软元件变为"OFF"。

注释 2:也可以直接发指令给注释栏的软元件。

5.特殊继电器分配软元件列表

特殊继电器分配软元件详见表 8.22。

表 8.22　特殊继电器分配软元件

软元件号	信号名称	信号类型	注释 1、2
M3136	时钟数据设定请求		M9025
M3137	时钟数据读取请求		M9028
M3138	错误复位		M9060
M3139	伺服参数读取请求标志		M9104
M3140～M3199	不能使用		—

注释 1:上述软元件从"OFF"到"ON",注释栏的软元件变为"ON";上述软元件从"ON"到"OFF",注释栏的软元件变为"OFF"。

注释 2:也可以直接发指令给注释栏的软元件。

6. 各轴指令信号列表

各轴指令信号详见表 8.23。

表 8.23　各轴指令信号

轴号	软元件号	编号	信号名称
1	M3200～M3219	0	停止指令
2	M3220～M3239	1	快速停止指令
3	M3240～M3259	2	正转 JOG 启动指令
4	M3260～M3279	3	反转 JOG 启动指令
5	M3280～M3299	4	完成信号 OFF 指令
6	M3300～M3319	5	速度/位置切换使能指令
7	M3320～M3339	6	不使用
8	M3340～M3359	7	错误复位指令

轴号	软元件号	编号	信号名称
9	M3360~M3379	8	伺服错误复位指令
10	M3380~M3399	9	启动时外部停止输入无效指令
11	M3400~M3419	10	不使用
12	M3420~M3439	11	
13	M3440~M3459	12	给进当前值更新请求指令
14	M3460~M3479	13	地址离合器基准设定指令(只是用于 SV22)
15	M3480~M3499	14	凸轮离合器基准设定指令（只是用于 SV22)
16	M3500~M3519	15	伺服 OFF 指令
17	M3520~M3539	16	不使用
18	M3540~M3559	17	
19	M3560~M3579	18	
20	M3580~M3599	19	FIN 信号
21	M3600~M3619		
22	M3620~M3639		
23	M3640~M3659		
24	M3660~M3679		
25	M3680~M3699		
26	M3700~M3719		
27	M3720~M3739		
28	M3740~M3759		
29	M3760~M3779		
30	M3780~M3799		
31	M3800~M3819		
32	M3820~M3839		

（二）数据寄存器列表

数据寄存器详见表 8.24。

表 8.24　数据寄存器

SV13		SV22	
软元件号	用　途	软元件号	用　途
D0	各轴监视软元件 （20 点×32 轴）	D0	各轴监视软元件 （20 点×32 轴）
D640	控制改变寄存器 （2 点×32 轴）	D640	控制改变寄存器 （2 点×32 轴）
D704	通用软元件（指令信号）（54 点）	D704	通用软元件（指令信号）（54 点）
D758	通用软元件（监视）（42 点）	D758	通用软元件（监视）（42 点）
D800～ D8191	用户软元件 （7 392 点）	D800	虚拟伺服电机轴监视软元件 （10 点×32 轴）
		D1120	同步编码器轴监视软元件（10 点×32 轴）
		D1240	凸轮轴监视软元件（10 点× 32 轴）
		D1560 ～ D8191	用户软元件（6 632 点）

1. 各轴监视软元件列表

各轴监视软元件详见表 8.25。

表 8.25　各轴监视软件

轴号	软元件号	编号	信号名称
1	D0～D19	0	进给当前值
2	D20～D39	1	
3	D40～D59	2	实际当前值
4	D60～D79	3	
5	D80～D99	4	偏差计数器值
6	D100～D119	5	
7	D120～D139	6	轻微错误代码
8	D140～D159	7	严重错误代码
9	D160～D179	8	伺服错误代码
10	D180～D199	9	原点回归在移动量

续表 8.25

轴号	软元件号	编号	信号名称
11	D200~D219	10	近点 DOG ON 后的移动量
12	D220~D239	11	
13	D240~D259	12	执行程序号
14	D260~D279	13	M 代码
15	D280~D299	14	转矩限制值
16	D300~D319	15	等速控制用数据设定指针
17	D320~D339	16	移动量改变寄存器
18	D340~D359	17	
19	D360~D379	18	停止输入时的实际当前值
20	D380~D399	19	
21	D400~D419		
22	D420~D439		
23	D440~D459		
24	D460~D479		
25	D480~D499		
26	D500~D519		
27	D520~D539		
28	D540~D559		
29	D560~D579		
30	D580~D599		
31	D600~D619		
32	D620~D639		

2. 控制改变寄存器列表

控制改变寄存器详见表 8.26。

表 8.26　控制改变寄存器

轴号	软元件号	编号	信号名称
1	D640,D641	0	JOG 速度设定
2	D642,D643	1	

轴号	软元件号	编号	信号名称
3	D644,D645		
4	D646,D647		
5	D648,D649		
6	D650,D651		
7	D652,D653		
8	D654,D655		
9	D656,D657		
10	D658,D659		
11	D660,D661		
12	D662,D663		
13	D664,D665		
14	D666,D667		
15	D668,D669		
16	D670,D671		
17	D672,D673		
18	D674,D675		
19	D676,D677		
20	D678,D679		
21	D680,D681		
22	D682,D683		
23	D684,D685		
24	D686,D687		
25	D688,D689		
26	D690,D691		
27	D692,D693		
28	D694,D695		
29	D696,D697		
30	D698,D699		
31	D700,D701		
32	D702,D703		

（三）运动寄存器

在运动 CPU 中有运动寄存器（0 到 8191）♯8064 到♯8191 用作伺服监视软元件（表 8.27）。

表 8.27　运动寄存器

轴号	软元件号	编号	信号名称	信号内容	信号类型
1	♯8064～♯8067			1 MR-H-BN	
2	♯8068～♯8071			2 MR-J-B	
3	♯8072～♯8075			3 MR-J2-B	
4	♯8076～♯8079	0	伺服放大器类型	4 MR-J2S-B	
5	♯8080～♯8083			5 MR-J2-M	
6	♯8084～♯8087			6 MR-J2-03B5	监视软元件
7	♯8088～♯8091			65 FR-V500	
8	♯8092～♯8095	1	电机电流	−5 000～+5 000 mA	
9	♯8096～♯8099	2	电机电流	−50 000～+50 000 mA	
10	♯8100～♯8103	3			
11	♯8104～♯8107				
12	♯8108～♯8111				
13	♯8112～♯8115				
14	♯8116～♯8119				
15	♯8120～♯8123				
16	♯8124～♯8127				
17	♯8128～♯8131				
18	♯8132～♯8135				
19	♯8136～♯8139				
20	♯8140～♯8143				
21	♯8144～♯8147				
22	♯8148～♯8151				
23	♯8152～♯8155				
24	♯8156～♯8159				
25	♯8160～♯8163				

轴号	软元件号	编号	信号名称	信号内容	信号类型
26	♯8164～♯8167				
27	♯8168～♯8171				
28	♯8172～♯8175				
29	♯8176～♯8179				
30	♯8180～♯8183				
31	♯8184～♯8187				
32	♯8188～♯8191				

习题与思考题

1. 步进电机细分的作用是什么？步进电机步距角为 1.8°，如采用 256 细分，多少个脉冲电机转一圈？如采用 200 细分，电机转一圈需要多少脉冲？

2. 变频调速由哪些基本环节组成？

3. 在使用变频器时，如何用脉冲信号控制方式实现多挡转速控制？

4. 简述伺服驱动器的组成。

5. 简述运动控制器和 PLC CPU 是如何通信的。

第九章 可编程控制器网络及通信

PLC 的通信是指 PLC 与计算机、PLC 与 PLC、PLC 与现场设备或远程 I/O 之间的信息交换。PLC 的网络包括 PLC 控制网络和 PLC 通信网络。PLC 的网络通信一般通过各种专用的网络通信模块及相应的通信软件实现。利用 PLC 的网络系统对现场系统的控制,极大地提高了 PLC 的应用范围与规模,实现了多个设备之间的数据共享及协调控制,从而提高了控制系统的可靠性和灵活性。

第一节 网络通信的基本概念

一、通信系统的基本组成

通信系统的基本组成包括传送设备、传送控制设备、通信介质和通信协议等。

(一)传送设备

传送设备包括发送器和接收器。多台设备之间的传送有主或从之分。主设备(简称主站)起控制、发送和处理信息的作用,从设备(简称从站)主要用于被动接收主站的信号、监视和执行主站控制信息的作用。主或从在实际应用中由数据传送的结构来确定。

(二)传送控制设备

主要用于控制发送与接收之间的同步协调,以保证信息发送与接收的一致性。

(三)通信介质

通信介质是连接传送设备的数据线,是 PLC 与计算机及外部设备之间相互联系的桥梁。PLC 使用的通信介质通常有双绞线、同轴电缆、光纤等。不同的通信介质,传送数据的速率、支持的网络及抗干扰能力不尽相同。

（四）通信协议

通信协议是数据通信所必须遵守的各种规则和协议，一般由国际上公认的标准化组织或其他专业团体集体制定。目前，PLC与上位机计算机之间的通信可以按照标准协议（TCP/IP）进行，但不同厂家、不同型号的PLC的通信协议不同，如三菱PLC有MELSEC通信协议（简称MC）；S7-200 PLC有PROFIBUS-DP通信协议等。

二、数据通信方式

数据通信的方式分为并行通信方式和串行通信方式。

（一）并行通信

并行通信是指传送数据的每一位同时发送或接收的通信方式。并行通信的速度快，有多少位传送的数据就有多少根传输线。如果传输的位数较多，距离又较远，会导致线路复杂、成本高，因此，并行通信不适合远距离传送。

（二）串行通信

串行通信是指将要传送的数据逐位发送或接收的通信方式。不管所传送的数据有多少位，只需1~2根传输线分时传送即可。串行通信虽然传输速度慢一些，但适合于多位数位、长距离通信。目前串行通信技术发展迅速，传送速率达到每秒兆字节的数量级。计算机与PLC的通信、PLC与现场设备、远程I/O的通信、开放式现场总线的通信都采用串行通信方式。

1. 数据传输方向

在串行数据通信中，按信息在设备间的传输方向将通信分为单工、半双工和全双工三种方式（图9.1）。

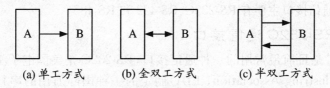

(a) 单工方式　　(b) 全双工方式　　(c) 半双工方式

图9.1　数据传输方向

单工是指信息的传递始终保持一个方向，如图9.1(a)所示，即从A到B，不能进行反方向传送。半双工是在两个通信设备中同一时刻只能由一个设备发送数据，而另一个设备接收数据，至于哪个设备处于接收或发送状态则没有限制，但两个设备不能同时发送或接收信息。全双工是指两个通信设备可以相互同时发送和接收信息。

2．串行通信的类型

在串行通信方式中，通信的速率与时钟频率有关，接收方和发送方的传送速率应相同，但实际发送速率与接收速率间总有一些微小的差别，为了保证发送数据和接收数据的一致性，按同步的方式不同，将串行通信分为异步通信和同步通信。

异步通信是将需要传送的数据编码成一串脉冲，按照字节进行分组，在每组数据的开始位加标记，在末尾处加校验位和停止位标志，将这样编码的数据一组一组地发送，接收设备也一组一组地接收（图 9.2）。因为有开始位和停止位的控制，所以数据传送不会出错。但由于每传送一个字节都要加入开始位、校验位和停止位，所以传送效率低，主要用于中低速数据通信系统中。

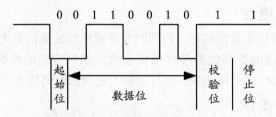

图 9.2　串行异步通信方式示意图

同步通信方式与异步通信方式的不同之处在于它是以数据块为单位进行传送的，在每个数据块的开始加入一个同步字符进行控制同步，不同的是在数据块的每个字节前后不需要加开始位、校验位和停止位标记，因而传送效率比异步传送要快。

三、PLC 的通信接口

PLC 的通信接口主要有 RS-232C、RS-422 和 RS-485。

（一）RS-232C 通信接口

RS-232C 是目前最常用的一种通信接口，RS-232C 是美国电子工业协会(Electronics Industring Association，EIA)制定的一种国际通用的串行接口标准。RS-232C 最初是为远程通信连接数据终端设备(Data Terminal Equipment，DTE)和数据通信设备(Data Communication Equipment，DCE)制定的标准，目前已广泛用做计算机与终端或外部设备的串行通信接口标准。RS-232C 采用串行通信的方式传送数据，在电气性能上采用负逻辑系统传输数据，具有较强的抗干扰能力；在机械特性上，是标准的 25 针的 D 型连接器，后来简化成 9 针的连接器（表9.1、图 9.3）。串行口常用的 3 根线为(TXD、RXD、GND)，有这 3 根线就可以读写数据了。

表 9.1

9 芯	缩 写	描 述
1	CD	载波检测
2	RXD	接收数据
3	TXD	发送数据
4	DTR	数据终端准备好
5	GND	信号地
6	DSR	通信设备准备好
7	RTS	请求发送
8	CTS	允许发送
9	RI	响铃指示器

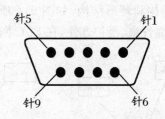

图 9.3　RS-232C 的 9 针接口

（二）RS-422 通信接口

RS-422 标准的全称是"平衡电压数字接口电路的电气特性"，它定义了接口电路的特性。RS-422 由于接收器采用高输入阻抗和发送驱动器，比 RS-232C 具有更强的驱动能力，所以允许在相同传输线上连接多个接收节点，最多可接 10 个节点。其中一个为主设备，其余为从设备，从设备之间不能通信，所以 RS-422 支持一点对多点的双向通信。RS-422 的最大传输距离约为 1 219 m，最大传输速率为 10 Mbps。其平衡双绞线的长度与传输速率成反比，只有在 100 kbps 速率以下时，才可能达到最大传输距离。只有在很短的距离下才能获得最高速率传输。一般 100 m 长的双绞线上所能获得的最大传输速率仅为 1 Mbps。

（三）RS-485 通信接口

RS-485 接口标准采用两线制。由于 RS-485 是从 RS-422 基础上发展而来的，所以 RS-485 许多电气规定与 RS-422 相似，都采用平衡传输方式，都需要在传输线上接终结电阻等。RS-485 与 RS-422 的不同之处是其共模输出电压不同，RS-485 是在 -7 V 至 +12 V 之间，而 RS-422 在 -7 V 至 +7 V 之间；RS-485 接收器最小输入阻抗为 12 kW，而 RS-422 是 4 kW。它们的接口基本没有区别，仅仅是 RS-485 在发送端增加了使能控制。因为 RS-485 满足所有 RS-422 的规范，所以 RS-485 驱动器可以在 RS-422 网络中应用。RS-485 可以采用半双工和全双工通信方式。

四、PLC 的网络基础

各生产厂家生产的 PLC 都具有网络功能的软件和硬件,加上各种功能的通信模块,能组成各种形式的网络。

(一) PLC 的网络拓扑结构

根据 PLC 网络系统的连接方式,网络结构有三种基本形式,分别是总线结构、星形结构和环形结构,如图 9.4 所示。总线结构和环形结构由于构造简单、易扩展、可靠性高、维护方便,在 PLC 网络中应用较多。

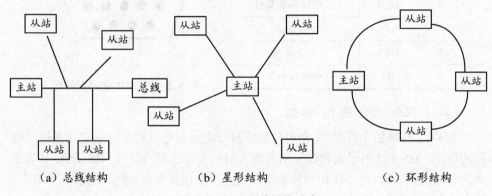

(a) 总线结构　　　　　(b) 星形结构　　　　　(c) 环形结构

图 9.4　PLC 网络结构形式

(1) 总线结构

这种结构依靠总线实现各站点的连接,是集散控制系统中经常用到的网络形式。所有的站点都通过接口与总线相连,任何站点都可以对总线发送数据,也可以从总线上接收数据。

(2) 星形结构

该结构有中心站点,网络上各站点都与中心站点连接。通信由中心站点管理,并且都通过中心站点。

(3) 环形结构

网络上所有站点都通过点对点的链路连接构成封闭环。信息按点对点的方式传送,信息从一个站点传到下一个站点,下一个站点再向下传送,直到被目的站接收。

(二) 网络协议

1. 开放系统互联模型

为了使不同计算机厂家生产的计算机能够相互通信,以便在更大的范围内建立计算机网络,国际标准化组织(ISO)在 1978 年提出了"开放系统互联参考模型",即著名的 OSI/RM 模型(Open System Interconnection/Reference Model)。它将计算机网络体系结构的通信协议划分为七层,自下而上依次为:物理层(Physics Layer)、数据链路层(Data Link Layer)、网络层(Network Layer)、传输层(Transport Layer)、会话层(Session Layer)、表示层(Presentation Layer)、应用层(Application Layer),如图 9.5 所示。各层的主要功能及其相应的数据单位如下:

(1) 物理层

物理层是 OSI 参考模型的最低层,它利用传输介质为数据链路层提供物理连接。该层定义了物理链路的建立及有关的机械、电气、功能和规程特性,包括信号线的功能、数据传输速率、物理连接器规格及其相关的属性等。物理层的作用是通过传输介质发送和接收二进制数据流。

(2) 数据链路层

这一层提供物理链路上的可靠的数据传输。数据链路层具有物理寻址、网络拓扑结构、线路规程、错误通告、帧的顺序传递和流量控制等功能。

(3) 网络层

在计算机网络中进行通信的两个计算机之间可能会经过很多个数据链路,也可能还要经过很多通信子网。网络层的任务是选择合适的网间路由和交换结点,确保数据及时传送。网络层将数据链路层提供的帧组成数据包,包中封装有网络层包头,其中含有逻辑地址信息-源站点和目的站点地址的网络地址。

(4) 传输层

该层的任务是根据通信子网的特性,以最高的效率利用网络资源,并以可靠和经济的方式,在两个端系统(也就是源站和目的站)的会话层之间建立、维护和取消传输连接,负责可靠地传输数据。在这一层,信息的传送单位是报文。

(5) 会话层

这一层也可以称为会晤层或对话层,在会话层及以上的高层次中,数据传送的单位不再另外命名,统称为报文。会话层不参与具体的传输,它提供包括访问验证和会话管理在内的建立和维护应用通信所需的机制,如服务器验证用户登录便是由会话层完成的。

(6) 表示层

这一层主要解决用户信息的语法表示问题。它将欲交换的数据从适合于某一用户的抽象语法,转换为适合于 OSI 系统内部使用的传送语法。即提供格式化的表示和转换数据服务。数据的压缩和解压缩、加密和解密等工作都由表示层负责。

(7) 应用层

应用层是 OSI 参考模型的最高层,是用户与网络的接口。该层通过应用程序来完成网络用户的应用需求,如文件传输、收发电子邮件等。

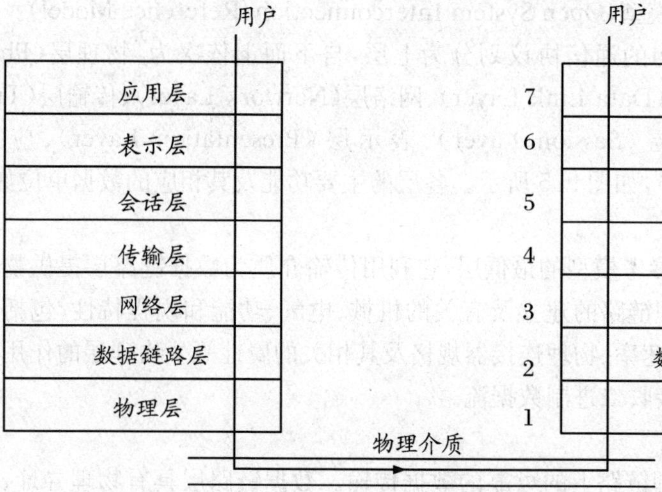

用户　　　　　　　　　　　　　　用户

应用层	7	应用层
表示层	6	表示层
会话层	5	会话层
传输层	4	传输层
网络层	3	网络层
数据链路层	2	数据链路层
物理层	1	物理层

物理介质

图 9.5　OSI 七层结构示意图

　　根据七层协议,不同厂家的计算机就可以实现联网。PLC 所用的网络多为局域网,结构简单,网络节点少,有专门的通信线,可靠性高,所以不受这七层协议的限制。目前,PLC 组成的网络往往是各厂家自成体系,不同厂家的 PLC 很难进入同一网络系统。

　　2. Ethernet 网络

　　Ethernet 网络又称以太网,Ethernet 实际上是一组协议,它提供了物理层和数据链路层的网络结构的规约。Ethernet 为总线拓扑结构,用户设备、接口级和收发器统称为节点,站间通信采用异步串行通信。Ethernet 网络一般采用同轴电缆、特种双绞线和光纤。

　　(三) MAP 制造自动化协议

　　MAP 制造自动化协议是美国通用汽车公司于 1982 年推出的制造自动化协议,建立了在工业环境下的局域网标准,可以实现不同厂家生产的计算机、PLC 和机器人等设备之间的文件传输和控制指令等。

　　MAP 协议分为三类:全 MAP 结构、最小 MAP 结构和增强型 MAP 结构。全MAP 结构有 OSI 的七个层次,是 MAP 协议的全面实现。最小 MAP 结构仅含OSI 的(第一、第二和第七层)的三个层次,是 MAP 协议的简化实现。增强型 MAP结构同时包含了全 MAP 和最小 MAP 两种结构。MAP 采用宽带同轴电缆,频带范围为 59.75~95.75 MHz。

　　(四) 局域网访问控制技术

　　局域网常用的访问控制方式有 3 种,分别是载波多路访问/冲突检测(CSMA/

CD)、令牌总线访问控制法(Toking Bus)和令牌环访问控制法(Token Ring)。

1. CSMA/CD 访问法

CSMA/CD 是一种分布式介质访问控制协议,主要用于总线形拓扑结构,网中的每个站(节点)都能独立地决定数据帧的发送与接收。每个站(节点)在发送数据帧之前,首先要进行载波监听,只有介质空闲时,才允许发送帧。如果两个以上的站同时监听到介质空闲并发送帧,就会产生冲突,使发送的帧都成为无效帧,即发送失败。每个站必须有能力随时检测是否发生冲突,一旦发生冲突,则应停止发送,以免介质带宽因传送无效帧而被白白浪费,然后随机延时一段时间后,再重新争用介质,重新发送帧。CSMA/CD 协议简单、可靠,允许各站平等竞争,实时性好,其网络系统(如 Ethernet)被广泛使用。

2. 令牌总线访问控制法

在 PLC 的网络中,许多网络都采用了令牌总线存储控制方式。令牌也叫通行证,它具有特殊的格式和要求,由一位或几位二进制码组成。

令牌总线控制的特点是站点间有公平的访问权。因为如果取得令牌的站点有报文要发送则可发送,并将令牌传递给下一个站点;如果取得令牌的站点没有报文要发送,则立刻把令牌传递到下一站点。由于站点接收到令牌的过程是依次进行的,因此所有的站点都有公平的访问权。令牌总线控制的优越之处在于每个站点传输之前必须等待的时间总量总是"确定"的,这是因为每个站点发送的帧的最大长度会加以限制。在所有站点都有报文要发送这一最极端的情况下,等待取得令牌和发送报文的时间,等于全部令牌和报文传送时间的总和;如果只有一个站点有报文要发送,则最坏情况下等待时间是全部令牌传递时间的总和。对于应用于控制过程的局域网,这个等待访问时间是一个很关键的参数。可以根据需求,选定网中的站点数及最大的报文长度,从而保证在限定的时间内,任一站点都可以取得令牌。令牌总线访问控制还提供了不同的服务级别,即不同的优先级。

3. 令牌环访问控制法

令牌环访问控制方法是通过在环状网上传输令牌的方式来实现对介质的控制。

令牌环的基本工作原理有些类似令牌总线的,但是在令牌环上,最多只能有一个令牌沿环运行,不允许两个站同时发送数据。

(五) 现场总线(Fieldbus)

国际电工委员会(IEC)对现场总线的定义为:安装在制造和过程区域的现场装置与控制室内的自动控制装置之间的数字式、串行、多点通信的数据总线称为现场总线。

现场总线打破了传统控制采用的按控制回路要求,设备一对一分别进行连线的结构形式。把原先 DCS 系统中处于控制室的控制模块、各输入输出模块放入现场设备,加上现场设备具有通信能力,因而控制系统功能能够不依赖控制室中的计算机或控制仪表,直接在现场完成,实现了彻底的分散控制。现场总线控制系统既是一个开放的通信网络,又是一种全分布控制系统。它把作为网络节点的智能设备连接成自动化网络系统,实现基础控制、补偿计算、参数修改、报警、显示、监控、优化的综合自动化功能。是一项以智能传感器、控制、计算机、数字通信、网络为主要内容的综合技术。

第二节　三菱 PLC 的网络通信

一、网络的基本结构

三菱公司的 PLC 网络主结构采用三级复合型拓扑结构。最高层选用以太网(Ethernet)或 MAP 网,中间层选用 MELSECNET/10 网或 MELSECNET/H 网,最底层为 CC-Link(或远程 I/O 链路、FX 系列网络),如图 9.6 所示。

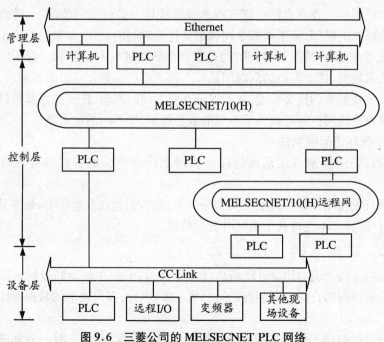

图 9.6　三菱公司的 MELSECNET PLC 网络

（一）信息层以太网（Ethernet）

信息层是网络系统中的最高层，主要是在 PLC、设备控制器以及 PC 机之间传输信息的数据。

（二）控制层 MELSECNET/10 网（或 MELSECNET/H 网）

这是整个网络系统的中间层，是 PLC 等控制设备之间进行方便且高速的数据互传的控制网络。作为 MELSECNET 控制网络的 MELSECNET/10，它以良好的实时性、简单的网络设定\无程序的网络数据共享概念及冗余回路、自诊断功能等特点而获得好评。MELSECNET/H 在 MELSECNET/10 的基础上，使网络的实时性更好，数据容量更大。

（三）CC-Link 现场总线网

CC-Link（Control & Communication Link）现场总线采用屏蔽双绞线组成总线网，RS-485 串行接口。它将 PLC 等控制设备和传感器以及驱动设备连接起来的现场网络，是整个网络系统最底层的网络。CC-Link 现场总线不仅可以构建以 Q/QnA、A 系列大中型 PLC 为主站的 CC-Link 系统，还可以构建以 FX 系列小型 PLC 为主站的 CC-Link 系统。

二、FX 系列 PLC 的网络通信

FX 系列 PLC 数据传输格式采用异步格式，字符为 ASCII 码。根据使用的通信模块与协议不同，分为四种模式：PLC 的 $N:N$ 通信网络；PLC 双机并联通信网络；PLC 与计算机链接的通信网络和 CC-Link 通信网络。

（一）PLC 的 $N:N$ 通信网络

这种通信模式是指 PLC 之间连成一个网络系统，通过 RS-485 通信设备，最多可以连接 8 台 FX 系列 PLC，PLC 之间自动执行数据交换。在这种网络中，通过对各 PLC 的相应特殊辅助继电器写入网络参数，进行站点编号等配置，通过有刷新范围决定的软元件在各 PLC 之间执行数据通信，并且可以在所有的 PLC 中监控这些软元件。此网络可以小规模的数据连接以及设备之间的信息交换，如图9.7 所示。

（二）PLC 双机并联的通信网络

PLC 双机并联通信网络是通过 RS-485 通信设备连接，在两台 PLC 之间实现 1:1 的通信。两台 PLC 之间通过 100 个辅助继电器和 10 个数据寄存器在 1:1 的基础上完成的。

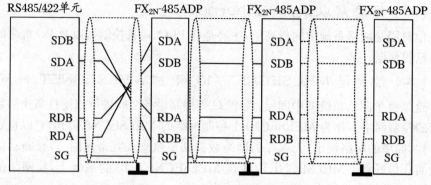

图 9.7 *N*:*N* 通信方式的构成

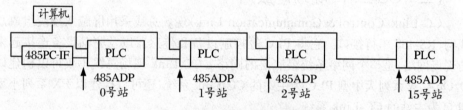

图 9.8 RS-485 的通信网络构成

(三) PLC 与计算机链接的通信网络

这种通信方式在 PLC 中应用较广。分有协议通信方式和无协议通信方式。PLC 链接成 RS-485 标准的小规模的网络通信系统,最大站点为 16 个。如图 9.8 所示,如果使用 RS-232C 通信适配器,一台计算机只能连接一台 PLC。计算机无协议通信方式是通过对 PLC 中特殊数据寄存器 D8120~D8129 的参数写入进行通信格式设置的。PLC 采用 RS 专用指令,可以与 PC 机、打印机等进行数据通信。

(四) CC-Link 通信网络

此系统是以 FX 系列 PLC 为主站,通过总线电缆将分散的 I/O 模块、特殊功能模块等连接起来,通过 PLC 的 CPU 来控制这些相应模块的系统。

三、FX 系列 PLC 与计算机的链接通信协议

将计算机连入 PLC 系统是为了向用户提供如工艺流程图显示及动态数据画面显示等功能,为 PLC 应用系统提供良好的人机界面。为了实现计算机与 PLC 的通信,用户应当做如下的工作:

① 判断 PC 机上配置的通信口是否与要连入的 PLC 匹配,若不匹配,应增加

通信模板。

② 要清楚 PLC 的通信协议,按照协议的规定及帧格式编写 PC 机的通信程序。PLC 中配有通信机制,一般不需要用户编程,只要进行一些初始设置。如果 PLC 厂家有 PLC 与 PC 机的专用通信软件出售,则此项任务较容易完成。

③ 选择适当的操作系统提供的软件平台,编制用户要求的界面。

④ 若要远程传送,可以通过 Modem 接入电话网。

(一) 串行通信格式

通信格式决定计算机链接和无协议通信(RS 指令)间的通信设置(数据长度、奇偶校验和波特率等)。通信格式可用可编程控制器中的特殊数据寄存器 D8120 来进行设置(表 9.2)。根据所使用的外部设备来设置 D8120。当修改了 D8120 的设置后,确保关掉可编程控制器的电源,然后再打开,否则无效(表9.3、表9.4)。

表 9.2　D8120 的设置格式

位号	名　称	描　述	
		0(位 = OFF)	1(位 = ON)
b0	数据长度	7 位	8 位
b1 b2	奇偶	(b2,b1) (0,0):无 (0,1):奇 (1,1):偶	
b3	停止位	1 位	2 位
b4 b5 b6 b7	波特率 (BPS)	(b7,b6,b5,b4) (0,0,1,1):300 (0,1,0,0):600 (0,1,0,1):1,200 (0,1,1,0):2,400	(b7,b6,b5,b4) (0,1,1,1):4,800 (1,0,0,0):9,600 (1,0,0,1):19,200
b8	标题	无	有效(D8124)默认:STX(02H)
b9	终结符	无	有效(D8125)默认:ETX(03H)
b10 b11 b12	控制线	无协议	(b12,b11,b10) (0,0,0):无作用〈RS232C 接口〉 (0,0,1):端子模式〈RS232C 接口〉 (0,1,0):互连模式〈RS232C 接口〉(FX2N V2.00 版或更晚) (0,1,1):普通模式 1〈RS232C 接口〉〈RS485(422)接口〉 (1,0,1):普通模式 2〈RS232C 接口〉(仅 FX,FX2C)

续表 9.2

位号	名　称	描　述		
			0(位 = OFF)	1(位 = ON)
b10 b11 b12	控制线	计算机链接	(b12,b11,b10) (0,0,0):RS485(422)接口 (0,1,0):RS232C 接口	
b13	和校验	没有添加和校验码		自动添加和校验码
b14	协　议	无协议		专用协议
b15	传输控制协议	协议格式 1		协议格式 4

【例 9.1】　LD M8002　　　　　　　//在 PLC 运行的第一个扫描周期

　　　　MOV H0C8E D8120　　//将 H0C8E 传送给数据寄存器 D8120

表示数据长度为 7 位,偶校验,2 个停止位,传输速率为 9 600 bit/s,无协议通信方式。

表 9.3　特殊辅助继电器

特殊辅助继电器	描　述
M8121	数据传输延时(RS 指令)
M8122	数据传输标志(RS 指令)
M8123	接收结束标志(RS 指令)
M8124	载波检测标志(RS 指令)
M8126	全局标志(计算机链接)
M8127	接通要求握手标志(计算机链接)
M8128	接通要求错误标志(计算机链接)
M8129	接通要求字/字节变换(计算机链接)
	超时评估标志(RS 指令)
M8161	8 位/16 位变换标志(RS 指令)

表 9.4　特殊数据寄存器

特殊数据寄存器	描　述
D8120	通信格式（RS 指令，计算机链接）
D8121	站点号设定（计算机链接）
D8122	剩余待传输数据数（RS 指令）
D8123	接收数据数（RS 指令）
D8124	数据标题〈初始值:STX〉（RS 指令）
D8125	数据结束符〈初始值:ETX〉（RS 指令）
D8127	接通要求首元件寄存器（计算机链接）
D8128	接通要求数据长度寄存器（计算机链接）
D8129	数据网络超时计时器值（RS 指令，计算机链接）

（二）计算机链接的控制代码

计算机链接的控制代码详见表 9.5。

表 9.5　控制代码

信　号	代　码	功能描述	信　号	代　码	功能描述
STX	02H	文本开始	LF	0AH	换行
ETX	03H	文本结束	CL	0CH	清除
EOT	04H	发送结束	CR	0DH	回车
ENQ	05H	请求	NAK	15H	不能确认
ACK	06H	结束			

计算机使用 RS-485 接口时，在发出命令报文后如果没有信号从 PLC 传输到计算机接口，就会在计算机上产生帧错误信号，直到接收到来自 PLC 的文本开始（STX）、确认（ACK）和不能确认（NAK）信号之中的任何一个为止。检测到通信错误时，PLC 向计算机发送不能确认（NAK）信号。

（三）计算机与 PLC 之间的链接数据流

1. 计算机从可编程控制器读取数据

计算机从 PLC 读取数据时，首先向 PLC 发送读数据命令；然后，PLC 接收到命令后，执行相应的动作，向计算机发送其要读取的数据；最后，计算机接收到相应数据后，向 PLC 发送确认响应，表示数据已经接收到（图 9.9）。

2. 计算机向 PLC 发送数据

计算机向 PLC 发送数据的过程是计算机首先向 PLC 发送写数据命令，之后 PLC 接收到写命令后，执行相应的操作，执行完成后向计算机发送确认信号，表示写数据已经完成(图 9.10)。

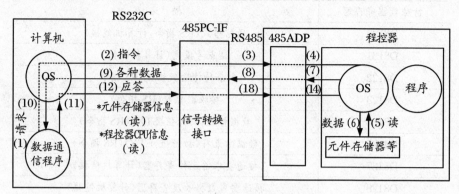

图 9.9　计算机从 PLC 读取数据图

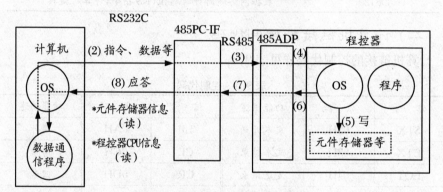

图 9.10　计算机向 PLC 写数据图

3. PLC 向计算机发送数据

PLC 可以直接向上位机计算机发送数据,计算机收到后进行相应的处理,不会向 PLC 发送确认信号(图 9.11)。

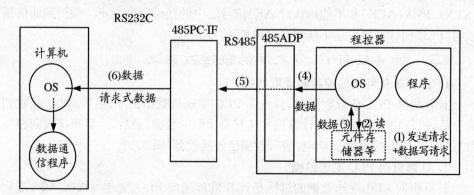

图 9.11　PLC 向计算机发送数据图

（四）计算机链接专用协议格式

1. 数据传输的基本格式

数据传输的格式如图 9.12 所示。通过特殊数据寄存器 D8120 的 b15 位，可以选择计算机链接协议的格式 1 和格式 4，当选择控制协议格式 4 时，PLC 会在报文末尾加上控制代码 CR/LF（回车、换行符）。只有当 D8120 的 b13 位为 1 时，PLC 才会在报文中加上校验和代码。

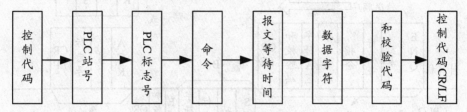

图 9.12　传送数据的基本格式

2. 控制顺序图

控制顺序图说明数据格式、传送顺序和传送方向，如图 9.13 所示。

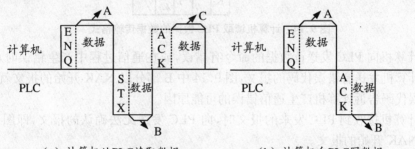

（a）计算机从 PLC 读取数据　　　（b）计算机向 PLC 写数据

图 9.13　控制顺序图

当计算机从 PLC 读取数据时，A、C 部分表示从计算机向 PLC 的传送，B 部分表示从 PLC 向计算机的传送。当从计算机向 PLC 写入数据时，A 部分表示从计算机向 PLC 的传送，B 部分表示从 PLC 向计算机的传送。

3. 控制协议

下面以控制协议格式 4 为例，来介绍计算机读取 PLC 数据的传输格式。如果选择控制协议格式 1，不加最后的 CR（回车）和 LF（换行）代码。

① 计算机读取向 PLC 数据的数据传输格式如图 9.14 所示，图中的数据传输分为 A、B、C 三部分。A、C 两部分表示计算机发送数据到 PLC；B 部分是 PLC 发送数据到计算机。A 区是计算机向 PLC 发送的读数命令报文，以控制代码 ENQ（请求）开始，后面是计算机要发送的数据，数据按从左到右的顺序进行发送。

　　PLC 接收到计算机的命令后,向计算机发送计算机要求读取的数据,该报文以控制代码 STX 开始(图 9.14 中的 B 部分);计算机接收到从 PLC 中读取的数据后,向 PLC 发送确认报文,该报文以 ACK 开始(图 9.14 中的 C 部分),表示数据已经收到。

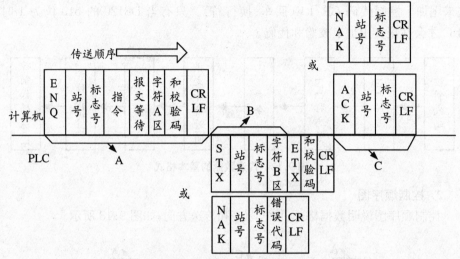

图 9.14　计算机读取 PLC 数据的数据传输格式

　　计算机向 PLC 发送读数据的命令有错误,或在通信过程中产生错误时,PLC将向计算机发送有错误代码的报文,图 9.14 中 B 部分以 NAK 开始的报文就是通过错误代码告诉计算机产生通信错误的可能原因。

　　计算机接收到 PLC 发来的报文时,向 PLC 发送无法确认的报文,即图 9.14中以 NAK 开始的报文。

　　② 计算机向 PLC 写数据的传输格式如图 9.15 所示。首先计算机向 PLC 发送写数据命令报文(A 部分表示),PLC 收到计算机的命令后,执行相应的操作,然后向计算机发送报文(B 部分),表示写操作已经执行。与读命令相同,如果计算机发送的写命令有错误或在通信过程中出现了错误,PLC 向计算机发送以 NAK 开头的报文,通过错误代码告诉计算机产生通信错误的可能原因。

　　4. 控制协议各组成部分内容

　　下面按照从左到右的顺序,逐一说明图 9.12 所示的数据传输的基本格式中各部分的详细内容。

　　① 控制代码。控制代码见表 9.5。当 PLC 接收到 ENQ、ACK 其中的一个时,将会对传输序列进行初始化,然后开始接收。当 PLC 接收到单独的 EOT、CL代码时,PLC 会对传送序列进行初始化,此时 PLC 不会做出响应。

　　② PLC 站号。站号就是决定计算机访问哪一台 PLC,同一网络中 PLC 的站

号不能重复,否则会出错。在 FX 系列中用特殊辅助继电器 D8121 来设定站号,设定范围为 00H～0FH。下面的例题将 PLC 设定为 3 号站。

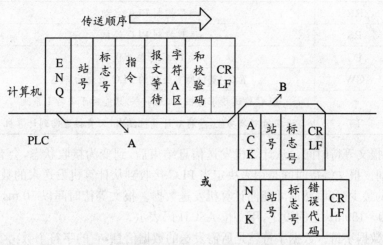

图 9.15　计算机向 PLC 写数据的传输格式

【例 9.2】　　LD　　　M8002

　　　　　　　MOV　H3　　　D8121

③ PLC 标志号。PLC 的标志号用于识别三菱 A 系列 MELSECNET(Ⅱ)或 MELSECNET/B 网络中的 CPU,决定与哪一台 PLC 进行通信,用两个 ASCII 字符表示。

④ 命令。命令是指定计算机对相应的 PLC 进行要求的操作。指令需要转换成两位 ASCII 符号进行使用(表 9.6)。

表 9.6　计算机链接中的指令

命　令	说　　　明
BR	以点为单位读位软元件(X、Y、M、S、T、C)组
WR	以 16 点为单位读位元件组或读字元件组
BW	以点为单位写位软元件(X、Y、M、S、T、C)组
BT	对多个位元件分别置位/复位
WW	以 16 点为单位写位元件组
	写字元件组(D、T、C)
WT	以 16 点为单位对位元件置位/复位
	以字元件为单位,向 D、T、C 写入数据

续表 9.6

命　令	说　明
RR	远程控制 PLC 启动
RS	远程控制 PLC 停机
PC	读 PLC 得型号代码
GW	置位/复位所有连接的 PLC 地全局标志
–	PLC 发送请求时报文,无命令,只能对于 1 对 1 系统
TT	返回时测试功能,字符从计算机发出,又直接返回到计算机

⑤ 报文等待时间。从计算机发送信息结束后,到变为接收状态,会有一定的延时时间。报文等待时间是用来决定当 PLC 接收到从计算机发送来的数据后,需要等待的最少时间,然后才能向计算机发送数据。报文等待时间以 10 ms 为单位,可以在 0~150 ms 之间设定,用一位 ASCII 码表示。

⑥ 数据字符。数据字符就是所需发送的数据信息,它的字符个数由实际情况确定。

⑦ 和校验代码。用来校验接收到的信息中数据是否正确。它是将需要和校验的区域中的 ASCII 码作为 16 进制数进行加法运算,并将其结果的低位一个字节转换成两位数的 ASCII 码。

⑧ 控制代码 CR/CF。特殊数据寄存器中的 b15 位是 1 时,选择控制协议格式 4,PLC 会在它发出报文的后面自动加上回车和换行符,即控制代码 CR/CF。

四、两台 PLC 之间的无协议通信方式与 RS 通信指令

(一) RS 串行通信指令

串行数据指令 RS 主要是使用 RS-232C(或 RS-485)PLC 特殊功能扩展板或适配器进行数据通信的指令。图 9.16 中[S]指定传输缓冲区的首地址在传输信息区域的第一个数据寄存器;m 指定传输信息的长度;[D]指定接收缓冲区的首地址,是接收信息区域的第一个数据寄存器;n 指定接收数据长度。

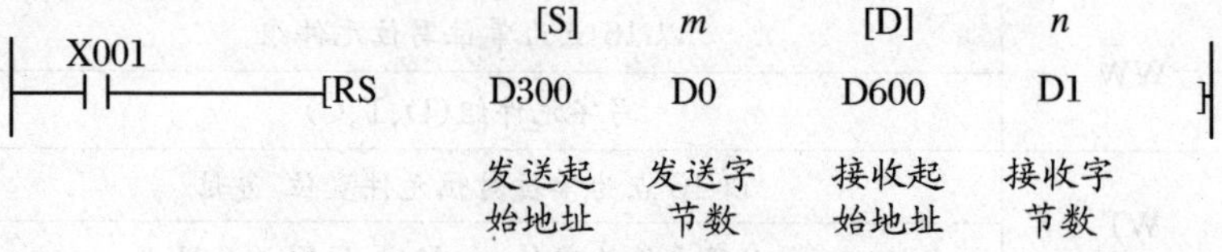

```
          [S]      m      [D]      n
  X001
───┤├─────┤RS   D300    D0     D600    D1  ├
         发送起  发送字   接收起  接收字
         始地址  节数    始地址  节数
```

图 9.16　RS 指令

无协议通信方式有两种数据处理格式,当 M8161 设置为"ON"时,为 8 位数据处理模式;反之为 16 位数据处理模式。

用 RS 指令发送数据和接收数据的过程如下:

① 通过向特殊数据寄存器 D8120 写数据来设置数据的传输格式。如果发送的数据长度是一个变量,需要设置新的数据长度。

② 驱动 RS 指令,一旦 RS 指令被驱动,PLC 被置为等待接收状态。RS 指令规定了 PLC 发送数据的存储区的首地址和字节数以及接收数据的存储区的首地址和可以接收数据的最大字节数。RS 指令应总是处于被驱动的状态。

③ 在发送请求脉冲驱动下,向指定的发送数据区写入指定数据,并置位发送请求标志 M8122。发送完成后,M8122 会被自动复位。

④ 当接收完成后,接收完成标志位 M8123 被置位。用户程序利用 M8123,将接收到的数据存入指定的存储区。若还需要接收数据,需要用户程序将 M8123 复位。

在程序中可以使用多条 RS 指令,但是同一时刻只能有 1 条 RS 指令被驱动。在不同 RS 指令之间切换时,应保证 OFF 时间间隔不小于 1 个扫描周期。

(二) 与 RS 指令有关的特殊辅助继电器

1. M8122(发送请求)

在等待接收状态下或接收完成状态下,M8122 被脉冲指令置位时,发送数据。发送结束时,M8122 自动复位。当 RS 指令被驱动时,PLC 总是处于接收等待状态。

FX_{2C}、FX_{0N}、FX_{1S}、FX_{1N} 以及 V2.00 版本之间的 FX_{2NC} 和 FX_{2N} 系列 PLC,只能在接收完成之后发送数据,此时发送等待标志 M8121 为"ON"。在接收过程中,接收完成标志 M8123 为"ON",表示 PLC 正在接收数据。如果在此时发出发送请求,可能导致数据混乱。

2. M8123(接收完成标志)

当接收完成标志 M8123 为"ON"时,将接收到的数据从数据接收缓存区中传送到其他存储区,然后用户程序将 M8123 复位,PLC 再次处于接收等待状态,等待接收后面的数据。

若在 RS 指令中设置接收数据字数为"0"时,M8123 不会被驱动,PLC 也不会置为接收等待状态。若要将 PLC 从当前状态置为接收等待状态,需给接收数据字节数设定一个大于或等于 1 的值,然后复位 M8123。

3. M8124(载波检测)

Modem(调制解调器)和 PLC 的连接已经建立时,如果接收到 Modem 发给 PLC 的 CD(DCD)信号(通道接收载波检测),则载波检测标志 M8124 变"ON",可以接收或发送数据。而当 M8124 为"OFF"时,可以发送拨号号码。

4. M8129(超时判定标志)

对于 FX_{2N} 和 FX_{2NC} 系列 PLC,超时判定标志 M8129 和 D8129 仅适用于低于

V2.00 的版本。接收数据中途中断时，如果在 D8129 设定的时间（以 10 ms 为单位）内没有重新启动接收，则认为超时，超时判定标志 M8129 置位，接收结束。M8129 不能自动复位，需要用户和程序将其复位。使用 M8129 可以在没有结束符的情况下判断字数不定的数据的接收是否结束。

5. D8129（超时判定时间）

设置的超时判定时间等于 D8129 的值乘上 10 ms。当 D8129 设定为 0 时，超时判定时间为 100 ms。例如可以用下面的程序来设置超时判定时间为 50 ms：

【例 9.3】　　　　LD　　　　M8002
　　　　　　　　　MOV　　　K5　　　　D8129

（三）无协议通信方式举例

【例 9.4】　两台 PLC 通过 485 通信，相互控制对方的继电器动作（图 9.17）。

现只给出了其中 1 号站的程序，1 号站 X 有输入时，2 号站对应的 Y 有输出；同理，2 号站的 X 有输入时，1 号站对应的 Y 有输出。有关 2 号站的程序请同学自行设计。

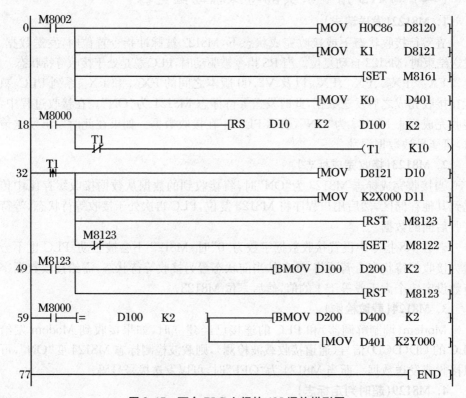

图 9.17　两台 PLC 之间的 485 通信梯形图

【例 9.5】　模拟自动配料系统。

用两个三相异步电动机分别模拟料仓运行和装料过程,分别通过两个 PLC 控制变频器来控制电机,两 PLC 通过 485 相连接,根据要装的料的种类不同,装料电机的转速不同,从而模拟自动配料系统。

2 号站程序如图 9.18 所示。

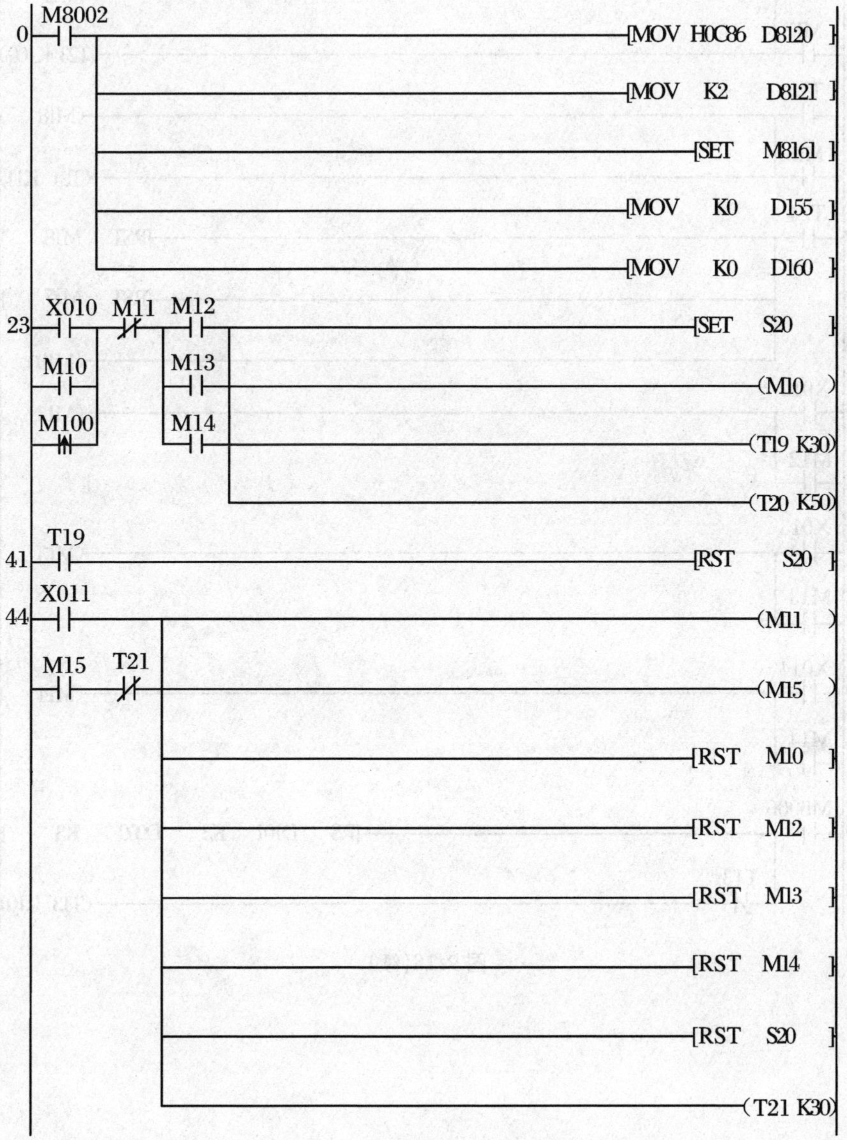

图 9.18

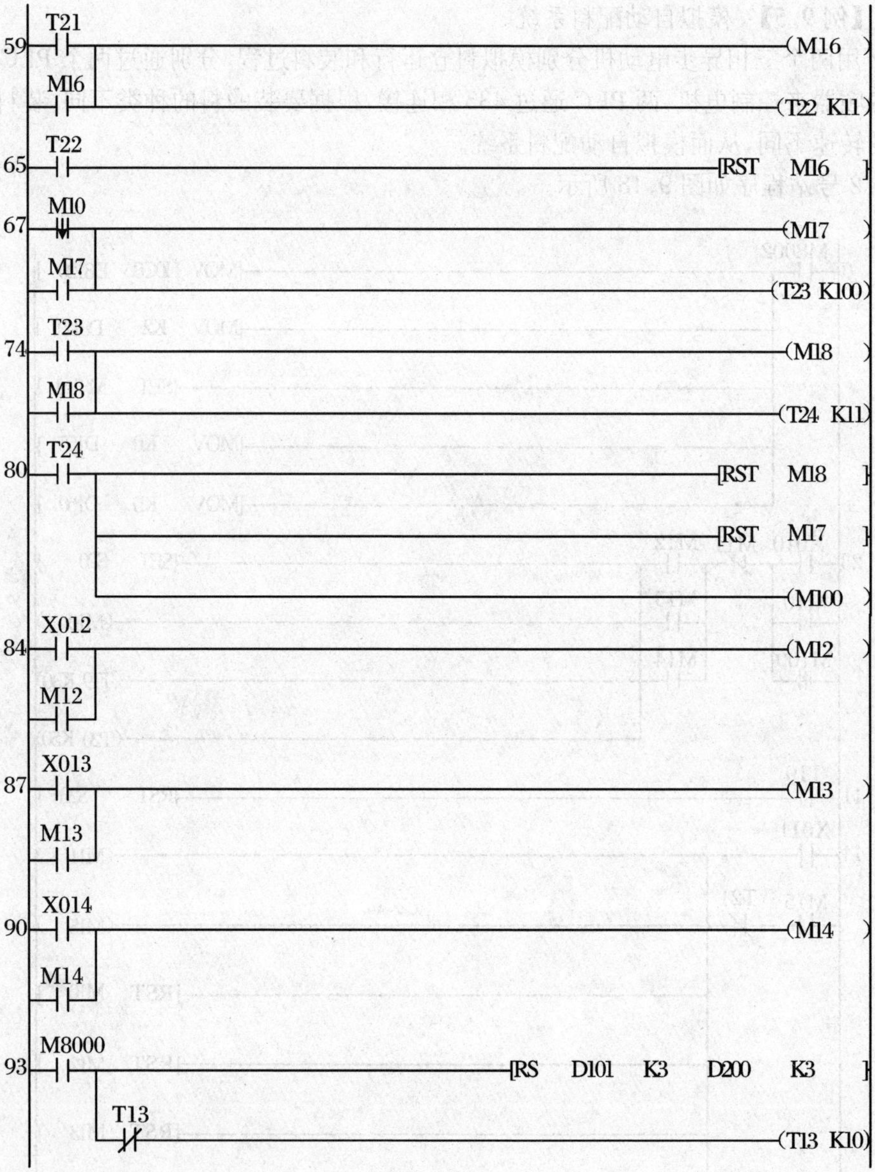

```
      T21
59    ┤├──┬──────────────────────────────────────────(M16 )
      M16 │
      ┤├──┴──────────────────────────────────────────(T22 K11)

      T22
65    ┤├──────────────────────────────────────[RST   M16 ]

      M10
67    ┤╫├─────────────────────────────────────────────(M17 )
      M17
      ┤├───────────────────────────────────────────(T23 K100)

      T23
74    ┤├──┬──────────────────────────────────────────(M18 )
      M18 │
      ┤├──┴──────────────────────────────────────────(T24 K11)

      T24
80    ┤├──┬─────────────────────────────────────[RST   M18 ]
          ├─────────────────────────────────────[RST   M17 ]
          └───────────────────────────────────────────(M100 )

      X012
84    ┤├──┬──────────────────────────────────────────(M12 )
      M12 │
      ┤├──┘

      X013
87    ┤├──┬──────────────────────────────────────────(M13 )
      M13 │
      ┤├──┘

      X014
90    ┤├──┬──────────────────────────────────────────(M14 )
      M14 │
      ┤├──┘

      M8000
93    ┤├──┬───────────────[RS   D101   K3   D200   K3   ]
      T13 │
      ┤╱├──┴──────────────────────────────────────(T13 K10)
```

图 9.18(续)

```
107  T13                                                    ┤MOV  K3   D101 ├
     ┤↑├─┬──────────────────────────────────────────────
        │  T20  M10  M12                                    ┤MOV  K16  D102 ├
        ├──┤├──┤├──┤├─┬──────────────────────────────────
        │                │                                 ┤RST  M10       ├
        │  T20  M10  M13                                    ┤MOV  K32  D102 ├
        ├──┤├──┤├──┤├─┬──────────────────────────────────
        │                │                                 ┤RST  M10       ├
        │  T20  M10  M14                                    ┤MOV  K64  D102 ├
        ├──┤├──┤├──┤├─┬──────────────────────────────────
        │                │                                 ┤RST  M10       ├
        │  M16                                             ┤MOV  K0   D102 ├
        ├──┤├─┬─────────────────────────────────────────
        │  M18 │
        ├──┤├──┘
        │                                                  ┤RST  M8123     ├
        │  M8123                                           ┤SET  M8122     ├
        └──┤/├─────────────────────────────────────────
159  M8123                                            ┤BMOV D200 D150 K3 ├
     ┤├─┬────────────────────────────────────────────
        │                                                  ┤RST  M8123     ├
169  M8000                                                 ┤MOV  D151 D155 ├
     ┤├─┤= D150  K2  ├─┬───────────────────────────────
                         │                                 ┤MOV  D152 D160 ├
185  M8000                                            ┤MOV  D155 K2Y000├
     ┤├─┬────────────────────────────────────────────
        │                                             ┤MOV  D160 K2Y010├
196  S20                                                   ───────────(Y010 )
     ┤├─┬────────────────────────────────────────────
        │                                                  ───────────(Y011 )
199                                                        ┤END            ├
```

图 9.18(续)

3 号站程序如图 9.19 所示。

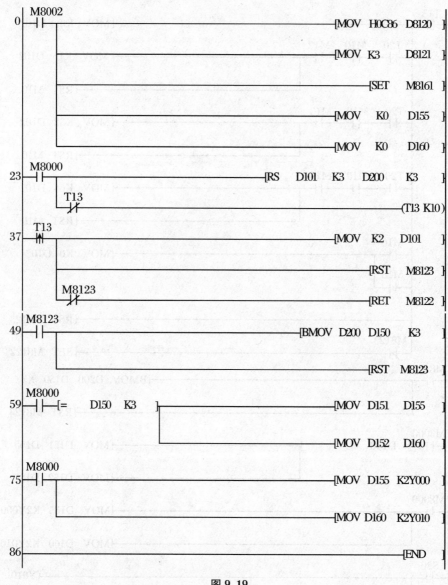

图 9.19

关于上述程序的说明：

① X12 接通一次，配料箱中是大颗粒物体，此种颗粒在 3 号站时应是低速旋转。

② X13 接通一次，配料箱中是中等颗粒物体，此种颗粒在 3 号站时应是中速旋转。

③ X14 接通一次，配料箱中是小颗粒物体，此种颗粒在 3 号站时应是高速

旋转。

④ X10 接通一次,系统开始运行。

⑤ X11 接通一次,系统停止运行。

第三节　西门子 PLC 的网络

一、网络的基本结构

西门子 PLC 可以根据不同的需要制定不同的网络,各个网络层次之间有自己的连接模块或装置,可以设计出满足各种需求的控制管理网络。西门子 S7 系列 PLC 的典型网络如图 9.20 所示。

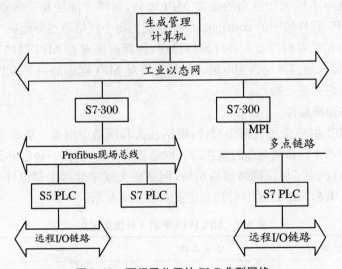

图 9.20　西门子公司的 PLC 典型网络

图 9.20 所示网络采用三级总线复合型结构,类似前一节的三菱 PLC 网络。最上一层是工业以太网;中间级是 Profibus 现场总线或主从式多点链接;最底层为远程 I/O 链路,主要负责与现场设备通信。下面主要就中间层进行讲解。

二、S7-300 PLC 的多点接口网络 MPI

MPI(Multi Point Interface)网络可以用于单元层,S7-300 与 S7-400 系列

PLC 的 CPU 模板内置有 MPI 接口,MPI 网在内置的 S7(S7Protocol)支持下工作。MPI 接口可以实现全局数据服务,周期性地相互进行数据交换。通过 MPI 的使用可以同时连接运行 STEP7 的编程器、计算机、人机界面及其他的 SIMATIC S7。MPI 网络只能连接少量的 CPU。可以看出,MPI 既是数据通信接口,又是编程接口,MPI 符合 RS-485 标准。

(一) MPI 地址

MPI 网络上的所有设备都称作节点,不分段的 MPI(无 RS-485 中继器的 MPI 网)可以有最多 32 个网络节点。仅仅用 MPI 接口构成的网络称 MPI 分支网(简称 MPI 网)。两个或多个 MPI 分支网,用网间连接器或路由器连接起来,就能够形成较复杂的网络结构,实现更大范围的设备互连。MPI 分支网能够连接不同区段的中继器。

每个 MPI 分支网有一个分支网络号以区分不同的 MPI 分支网。分支网上每一个节点都有一个不同的"MPI 网络地址",这些地址是在硬件组态中设置的。节点 MPI 地址号不能大于给出的最高 MPI 地址,这样才能使每个节点正常通信。可以用 STEP7 软件包中的 configuration 功能为每个网络节点分配一个 MPI 地址和最高地址,然后对所有节点进行地址排序,连接时需要在 MPI 网的第一个及最后一个节点接入通信终端匹配电阻。如果想要对 MPI 网添加一个新节点,应该切断 MPI 网的电源进行操作。

1. 网络连接部件

连接 MPI 网络常用到两个部件,网络插头和网络中继器。插头是 MPI 网上连接节点的 MPI 口和网电缆的连接器。网络插头分为两种:一种带 PG 接口,一种不带 PG 接口。为了保证网络通信质量,网络插头或中继器上都设计了终端匹配电阻。PG/OP 的 Sub D 的 9 针插头定义如表 9.7 所示。

表 9.7 MPI PG/OP 的 9 针插头定义

针脚号	信号名称	备注
1	—	—
2	—	—
3	RXT/TXT-P	发送/接收数据线 B(正)
4	RTS	发送请求
5	M5 V2	数据参考电位(从站来)
6	P5 V2	电源正(5 V,从站来)
7	—	15

针 脚 号	信 号 名 称	备　注
8	RXT/TXT-N	发送/接收数据线 A(负)
9	—	15

MPI 网络对于节点间的连接距离是有限制的,第一个节点到最后一个节点的最长距离仅为 50 m。如果是一个用于较大区域的信号传输或分散控制的系统,要采用两个中继器将两个节点的距离增大到 1 000 m,但两个节点之间不应再有其他节点。

中继器可以放大信号,扩展节点的连接距离,也可以用作抗干扰隔离,如用于连接不接地的节点和接地的 MPI 编程装置的隔离器。

2. 全局数据(GD)通信

通过全局数据通信,联网的 CPU 可以相互之间周期性地交换数据。例如:一个 CPU 可以访问另一个 CPU 的数据、存储位和过程映像。全局数据通信只可以通过 MPI 进行。

GD 通信方式以 MPI 分支网为基础,是为循环的传送少量数据而设计的。GD 通信方式仅限于同一分支网的 S7 系列的 PLC 的 CPU 之间,构成的通信网络简单。S7 程序中的功能块 FB、功能块 FC、组织块 OB 都能用绝对地址或符号地址来访问全局数据。

在 MPI 分支网上实现全局数据共享的两个或多个 CPU 中,至少有一个是数据的发送方,有一个或多个是数据的接收方,发送或接收的数据称为全局数据,或称为全局数据块。

全局数据块(GD 块)分别定义在发送方和接收方 CPU 的存储器中,依靠 GD 块,为发送方和接收方的存储器建立了映射关系。在 PLC 操作系统的作用下,发送 CPU 在它的扫描循环的末尾发送 GD,接收 CPU 在它的扫描循环的开头接收 GD。这样,发送 GD 块中的数据,对于接收方来说是"透明的"。也就是说,发送 GD 块的信号状态会自动映像接收 GD 块,接收方对接收 GD 块的访问,相当于对发送 GD 块的访问。

GD 可以由位、字节、字、双字或相关数组组成,它们被称为全局数据的元素。全局数据的元素可以定义在 PLC 的位存储器、输入、输出、定时器、计算器、数据块中。例如 I5.2、QB8、MW20、DB5、DBD8、MB30∶20 都是一些合法的 GD 元素。MB30∶20 称为相关数组,是 GD 元素的简洁表达方式,冒号后的 20 表示该元素由 MB30、MB49 连续 20 个存储字节组成。相关数组也可以由位、字或双字构成。一个全局数据块由一个或几个 GD 元素组成,最多不能超过 24byte。

应用 GD 通信,就要在 CPU 中定义全局数据块,这一过程也称为全局数据通信组态。在对全局数据进行组态前,需要先定义项目和 CPU 程序名,然后用 PG 单独配置项目中的每个 CPU,确定其分支网络号、MPI 地址、最大 MPI 地址等参数。

在用 STEP7 开发软件包进行 GD 通信组态时,由系统菜单 Options 中的 Define Global Data 程序进行 GD 表组态。具体组态步骤如下:

① 在 GD 空表中插入参与 GD 通信的 CPU 代号。

② 为每个 CPU 定义并输入全局数据,指定发送 GD。

③ 第一次存储并编译全局数据表,检查输入信息语法是否为正确数据类型,是否一致。

④ 设定扫描速率,定义 GD 通信状态字。

⑤ 第二次存储并编译全局数据表。

编译后的 GD 表形成系统数据块,随后装入 CPU 的程序文件中。第一次编译形成的组态数据对于 GD 通信是足够的,可以从 PG 下载至各 CPU。若确实需要输入与 GD 通信状态或扫描速率有关的附加信息才进行第二次编译。扫描速率决定 CPU 用几个扫描循环周期发送或接收一次 GD,发送和接收的扫描速率不必一致。扫描速率值应满足两个条件:发送间隔时间大于或等于 60 ms;接收间隔时间小于发送间隔时间。否则可能导致全局数据丢失。扫描速率的发送设置范围是 4~255,接收设置范围是 1~255,它们的缺省设置值都是 8。

GD 通信为每一个被传送的 GD 块提供 GD 通信状态双字,该双字被映射在 CPU 的存储器中,使用户程序及时了解通信状态,对 GD 块的有效性和实时性作出判断。

3. 应用工控组态软件实现 MPI 网络通信

PLC 与上位计算机的通信可以使用高级语言程序实现,但用户必须熟悉互联的 PLC 及 PLC 网络采用的通信协议,严格按照通信协议规定为计算机编写用户程序,对用户的要求较高。

如果选用工控组态软件实现 PLC 与上位计算机的通信,相对比较简单,因为工控组态软件能提供不同设备的通信驱动程序,用户可以不必熟悉 PLC 的网络通信协议。另外,工控组态软件提供强大的工具,使用户开发应用程序变得简单。下面简单介绍西门子公司的工控组态软件 WinCC。

WinCC 的全称是 Windows Control Center,它是一个集成的人机界面软件系统,它被用来在生产和过程自动化中进行图形显示和完成控制任务。WinCC 提供了图形显示、信息处理、存档和报表生成等功能模块,它具有强大的功能接口、快速画面更新和安全的归档功能,保证 WinCC 具有非常高的可靠性。WinCC 完全支持分布式系统结构,它的设计应用广泛,可以连接到已存在的自动化环境中。除了系统本身具有的功能外,WinCC还向用户解决方案提供接口,这些接口使 WinCC 实现复杂控制方案成为可能。本实验用 WinCC 作为上位机监控,下位机用西门子 S7-300 PLC 组成的自动化控制系统,实现了过程参数的给定、现场参数的采集和实时曲线的显示等功能。

　　WinCC 是在生产和过程自动化中解决可视化和控制任务的工业技术中心系统。它提供了适用于工业的图形显示、消息、归档以及报表的功能模板,高性能的过程耦合、快速的画面更新以及可靠的数据使其具有高度的实用性。

　　除了这些系统功能外,WinCC 还提供了开放的界面用于用户解决方案。这使得将 WinCC 集成入复杂、广泛的自动控制解决方案中成为可能。

　　WinCC 是基于 Windows NT 32 位操作系统的。Windows NT 具有的抢先多重任务的特性确保了其对过程事件的快速反应并提供了多种防止数据丢失的保护手段。Windows NT 同样提供了安全方面的功能。WinCC 软件本身是 32 位的,开发使用调制解调器、面向对象的软件编程技术。

　　以下对 WinCC 作简要介绍(图 9.21、图 9.22、图 9.23):

　　(1) WinCC 编辑器

　　① 图形编辑器是一种用于创建过程画面的面向矢量的作图程序,也可以用包含在对象和样式选项板中的众多的图形对象来创建复杂的过程画面。它可以通过动作编程将动态添加到单个图形对象上。向导提供了自动生成的动态支持并将它们链接到对象。图形编辑器也可以在库中存储自己的图形对象。

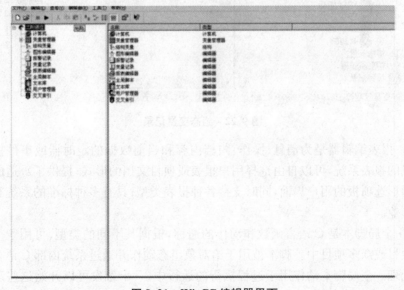

图 9.21　WinCC 编辑器界面

② 报警记录提供了显示和操作选项来获取和归档结果,可以任意地选择消息块、消息级别、消息类型、消息显示以及报表。系统向导和组态对话框在组态期间提供相应的支持。为了在运行中显示消息,可以使用在图形编辑器的对象选项板中的报警控件。

③ 变量记录这一步通过变量管理器完成。右击"变量管理器",选择"添加新的驱动程序"。WinCC 一般自带很多驱动,用户可根据自身的具体需要选择相应的驱动,例如选择驱动为 SIMATIC S7 Protocol Suite,选定通道单元 MPI 和相应的通信处理器 CP5611,然后在 MPI 下建立一个新的驱动程序连接 as1,最后在 as1 中设置组态具体变量,这里的变量是 PLC 中的存储器和 WinCC 编辑器之间的连接。

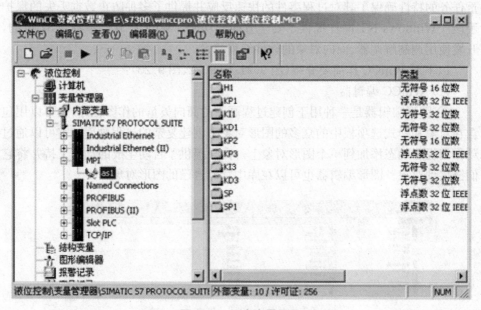

图 9.22　组态变量记录

④ 报表编辑器是为消息、操作、归档内容和当前数据的定时器或事件控制文档集成的报表系统,可以自由选择用户报表或项目文档的形式;提供了舒适的带工具和图形选项板的用户界面,同时支持各种报表类型;具有多种标准的系统布局和打印作业。

⑤ 全局脚本是 C 语言函数和动作的通称,根据其不同的类型,可用于一个给定的项目或众多项目中。脚本被用于给对象组态动作并通过系统内部 C 语言编辑器来处理。全局脚本动作用于过程执行的运行中,一个触发可以开始这些动作的执行。

⑥ 文本库中可编辑多种模块在运行中使用的文本,在文本库中为组态的文本定义了外语输出文本,随后输出在选择的运行语言中。

⑦ 用户管理器用于分配和控制用户的单个组态和运行系统编辑器的访问权限。每当建立了一个用户,就设置 WinCC 功能的访问权力并独立地分配给此用户,至多可分配 999 个不同的授权,用户授权可以在系统运行时分配。

⑧ 交叉索引用于为对象寻找和显示所有使用处,例如变量、画面和函数等。使用"链接"功能可以改变变量名称而不会导致组态不一致。

⑨ 组态画面。打开新建的画面,点击画面右边"对象选项板"下面的"控件"。WinCC 提供了一些很好的显示控件,本系统选择的是 Wincc Online Trend Control,将其拖入主画面,设置好其他各项参数,点击"控件"左边的"标准",选择"智能对象"中的"输入、输出域",利用该模块我们就能在 WinCC 中修改 PLC 程序中的各种参数。

(2) WinCC 基本选项

① 客户机服务器。使用该功能,WinCC 可以用来在一般和连网的自动控制系统的互联中操作几个并列的操作和监控站。理论上,至多可以在单一项目中集成 64 个客户。

② 冗余。提供了并行操作一对服务器的可能,因此两台机器可以互相监控。如果一台失败,另一台接管对整个系统的控制。在服务器恢复继续服务后,全部消息和过程归档就复制到先前不能服务的服务器上。

③ 过程归档是一个数据库系统,用户自己可以对其组态,通过变量记录组态完成。右击打开变量记录,右击归档,利用归档向导建立一个过程值归档。归档中的变量一般就是在变量管理器中组态过的变量。只有进行过归档的变量才能进行图形显示。

(3) WinCC 过程控制选项

① 存储功能支持硬盘与长期数据介质自动地进行数据交换。

② 画面树管理器是用来管理系统、子系统、函数名称和图形编辑器画面体系。

③ 设备状态监控用来不断地监控单个系统并且将运行系统的结果可视化作为画面 WinCC 显示、自动触发蜂鸣组件以及自动生成系统消息。

④ 基本数据是通过向导组态基本的 WinCC 数据。

⑤ 拆分画面向导是拆分画面管理器的组件。用来组态、初始化当前 WinCC 项目的监控器和画面设置。在创建一个项目后由于其他的应用程序(运行、组显示等)要访问这些数据,应立刻执行此初始化。

⑥ 报警记录向导用来组态和初始化消息窗口、消息、消息级别、自动系统消息

的系统和当前 WinCC 项目的蜂鸣器信号设备。

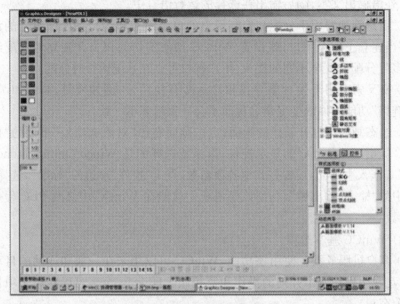

图 9.23　WinCC 启动画面

4．S7-300PLC 与 WinCC 之间通信的实现步骤

第一步：启动 WinCC，如图 9.23 所示，建立一个新的 WinCC 项目，然后在标签管理（Tag Management）中选择添加 PLC 驱动程序。然后，建立一个多点接口 MPI 网络，选择支持 S7 协议的通信驱动程序 SIMATIC S7 project suite. CHN，在其中的"MPI"下连接所需台数的 S7-300，每连接一台 S7-300，需要设置节点名、MPI 地址等参数。注意 MPI 地址必须与 PLC 中设置的相同。

第二步：在组态完的 S7-300 下设置标签，每个标签有三个设置项，即标签名、数据类型、标签地址。其中，最重要的是标签地址。它定义了此标签与 S7-300 中某一确定地址，如某一输入位、输出位或中间位等的一一对应关系。设置标签地址可以直接利用 STEP7 中配置的变量表，例如设置标签地址为 Q0.0，表示 S7-300 中的输出地址 Q0.0。利用此方法，将 S7-300 与 WinCC 之间需要通信的数据一一做成标签，相当于完成了 S7-300 与 WinCC 之间的连接。

第三步：在图形编辑器（Graphics Editor）中，用基本元件或图形库中的元件对制作生产工艺流程监控画面，并将变量标签与每个对象连接，也就相当于画面中各个对象与现场设备相连，从而可在 CRT 画面上监视，控制现场设备。

打开 S7-300 编程软件包 STEP7，首先对计算机的一些参数进行设置，例如选择串行通信口 COM1 作为编程通信口，MPI 地址为 1，数据传输速率为 187.5 kb/s

等；然后开始对 S7-300 硬件组态，即对 S7-300 的机架底板、电源、CPU、信号模件等按其实际配置和物理地址进行组态，其中，在 CPU 的组态中要设置 MPI 地址，可以设置为 3、4；最后将组态程序表下载 PLC 以确认。

三、Profibus 现场总线

Profibus 现场总线是用于单元层与现场层的通信系统，具有开放性，最多可以与 127 个网络上的节点进行数据交换。Profibus 现场总线使用光纤作为通信介质，通信距离可以达到 90 km。SIMATIC S7 是通过 Profibus 现场总线构成的系统，是一个很好的工厂自动化解决方案。

（一）Profibus 组成

Profibus 定义了各种数据设备连接的串行现场总线的技术和功能特性，这些数据设备从底层（如传感器、执行器层）到中间层（如车间层）广泛分布。Profibus 连接的系统由主站和从站组成。主站能控制总线，当主站得到总线控制权时可以主动发送信息。从站为简单的外围设备，典型的从站为传感器、执行器及变送器，它们没有总线控制权，仅对接收到的信息进行回答，或当主站发出请求时对主站进行信息的回应。

Profibus 协议由一系列互相兼容的模板组成，根据其应用范围主要有以下三种模板。

① Profibus FMS（现场总线报文）：为现场的通用通信功能所设计的协议，FMS 提供大量的通信服务，用以完成以中等传输速度进行的循环和非循环的通信任务。

② Profibus-PA（过程控制自动化）：为过程控制所设计的协议，特别是要求本证安全较高的场合及由总线供电的站点。Profibus-PA 是按照 PNO 所开展的 ISP（Interoperable System Project）项目制定的，设备行业规范定义了设备各自的功能，设备描述语言（DDL）及功能块允许对设备进行完全的内部操作。

③ Profibus-DP（分布式外围设备）：一种经过优化的模板，有较高的数据传输速率，适用于系统和外部设备之间的通信，远程 I/O 系统尤为适合。它允许高速度周期性的小批量数据通信，适用于对时间要求苛刻的场合，如加工自动化。

（二）使用 Profibus 协议进行网络通信

使用 Profibus 系统，在系统启动前先对系统及各站点进行配置和参数化工作。

1. 选择一类主站

选择 PLC 作为一类主站的两种形式：

① PLC 的处理器 CPU 带内置 Profibus 接口,这种 CPU 通常具有一个 Profibus-DP 和一个 MPI 接口。

② 配置 Profibus 通信处理器,CPU 不带 Profibus 接口,需配置 Profibus 通信处理器模块。如 CP443-5 通信处理器,用于 PC/PG 的通信处理器。

选择 PC 机加网卡做一类主站。PC 机加 Profibus 网卡可作为主站,这类网卡具有 Profibus-DP、Profibus-PA 或 FMS 接口,如 CP5411、CP5511、CP5611 网卡及 CP5412 通信处理器。注意要选择与网卡配合使用的软件包。

2. 选择带 Profibus 接口的分散式 I/O、传感器、驱动器等从站

从站可以是 PLC 或现场智能设备,这些智能设备本身有 Profibus 接口,如果设备不具备 Profibus 接口,可以考虑分散式 I/O 方案,即可以采用 PLC 作为从站,这些设备接在 PLC I/O 上。

3. 以 PC 为主机的编程终端及监控操作站(二类主站)

普通 PC 和工业级计算机都可以配置成 Profibus 的编程、监控、操作工作站。PC 带有网卡或编程接口,如 CP5411、CP5511、CP5611 网卡及 CP5412 通信处理器。

4. 操作员面板 SIMATIC HMI/COROS(二类主站)

操作员面板用于操作员控制,如设定修改参数、启停设备等,并可以在线监视设备的运行状态。操作员面板有字符型操作员面板(OP5、OP7、OP15、OP17)和图形操作员面板(OP25、OP35、OP37)两种。

5. 远程 I/O 从站的配置

Profibus 远程 I/O 从站的配置包括:

① Profibus 参数配置:站点、数据传输速率。

② 远程 I/O 从站硬件配置:电源、通信适配器、I/O 模块。

③ 远程 I/O 从站的 I/O 模块地址分配。

④ 主—从站传输输入、输出及通信映像区的地址。

⑤ 设定故障模式。

6. SIMATIC WinCC

在 PC 基础上操作员监控系统已经得到很大的发展,使用组态软件使监控功能方便又强大,确保安全、可靠地控制生产过程。WinCC 组态软件与 SIMATIC S7 连接有以下几种形式:

① MPI(S7 协议)。

② Profibus(S7 协议)。

③ 工业以太网(S7 协议)。

④ TCP/IP。

⑤ SLOT/PLC。

⑥ ST-PMC Profibus（PMC 通信）。

S7-300PLC 系统完成配置工作的支持软件是 STEP7 编程软件。其主要设备的所有 Profibus 通信功能都集中在 STEP7 编程软件中。使用 STEP 7 编程软件可以完成 Profibus 系统及各站点的配置、参数化、文件编制、启动测试、诊断功能等。

习题与思考题

1. 异步通信为什么需要设置起始位和停止位？

2. 什么是偶校验？

3. 什么是半双工通信方式？

4. 简述 RS-232C 和 RS-485 在通信速率、通信距离和可连接的站数等方面的区别。

5. 简述令牌总线防止各站争用总线采取的控制策略。

6. 计算机链接用 ASCII 码格式传送数据有什么优缺点？

7. 计算机链接中校验和有什么作用，怎样计算校验和？

8. 简述计算机用计算机链接协议读取 PLC 的数据时双方的数据传输过程。

9. 简述计算机用计算机链接协议向 PLC 写入数据时双方的数据传输过程。

10. 无协议通信方式有什么特点？

11. 西门子 PLC 组网有几种？Profibus-DP 指的什么？

12. 试说明 S7-300 系列 PLC 的 MPI 网络通信实现的原理。

第十章　可编程控制器的
人机界面与组态

第一节　人机界面

一、人机界面的概念

　　人机界面(HMI,Human-Machine Interface)是一个非常广义的概念,它可以覆盖计算机图形学、计算机工程学,同时,在工业自动化领域也被广泛的应用。人机界面最简单的定义是:在人员与机器之间,透过某种界面,人能够对机器下达指令,机器又能够透过此界面,将执行状况与系统状况回报给使用人。换言之,正确地在人机之间传达信息以及命令的界面,就是人机界面的主要定义。

　　通常情况下,人机界面的功能有:设备工作状态显示、数据文字输入操作、打印输出、生产配方存储、设备生产数据记录、简单的数字逻辑运算、可连接多种工业控制设备联网等。

　　人机界面的选用指标有:HMI 的显示方式、处理器的性能、数据的输入方式、画面存储容量、通信口种类及数量等。

二、可编程控制器的人机界面

　　可编程控制为智能控制装置,其人机界面则是指与可编程控制器、利用显示屏显示、通过输入单元写入工作参数或输入操作命令、实现人与机器信息交互的数字设备。

　　目前,可编程控制器的人机界面通常有两种,一种是采用触摸屏,另外一种是采用 PC 机配有专用的工控组态软件。触摸屏通常包含人机界面的硬件和相应的专用画面组态软件,不同的触摸屏硬件使用不同的画面组态软件。组态软件则是运行于 PC 平台的一个通用工具软件,和 PC 机或工控机一起也可以组成 PLC 的

HMI 产品。通用的组态软件支持的设备种类多一些,由于其硬件平台的性能强大(在速度和存储容量上),通用组态软件的功能也强很多。

本章将对可编程控制器这两种常用的人机界面分别作介绍,同时又分别以一个工程项目为例介绍触摸屏作为人机界面的使用过程和组态软件配 PC 机作为人机界面的设计过程。

第二节　触　摸　屏

触摸屏由硬件和软件两部分组成,硬件部分包括处理器、显示单元、输入单元、通信接口、数据存储单元等,其中处理器的性能决定了触摸屏性能的高低,是触摸屏的核心单元。根据触摸屏的产品等级不同,处理器可分别选用 8 位、16 位、32 位的处理器。触摸屏软件一般分为两部分,即运行于触摸屏硬件中的系统软件和运行于 PC 机 Windows 操作系统下的画面组态软件。

一、设计时应遵循的原则

触摸屏要作为人机界面,首先需要进行系统设计。设计时应遵循以下几条原则。

(一) 以用户为中心的基本设计原则

在系统的设计过程中,设计人员要抓住用户的特征,发现用户的需求。在系统整个开发过程中要不断地征求用户的意见,向用户咨询。系统设计决策时要结合用户的工作和应用环境,必须理解用户对系统的要求。最好的方法就是让真正的用户参与开发,这样开发人员就能正确地了解用户的需求和目标,系统就会更加成功。

(二) 顺序原则

即按照处理事件顺序、访问查看顺序(如由整体到单项,由大到小,由上层到下层等)与控制工艺流程等设计监控管理和人机对话主界面及其二级界面。

(三) 功能原则

即按照用户的应用环境及场合具体使用功能上的要求、各种子系统控制类型、不同管理对象的同一界面并行处理要求和多项对话交互的同时性要求等,设计分功能区、多级菜单、分层提示信息和多项对话栏并举的窗口的人机交互界面,从而使用户易于分辨和掌握交互界面的使用规律和特点,提高其友好性和易操作性。

(四) 一致性原则

包括色彩的一致、操作区域一致、文字的一致,即一方面界面颜色、形状、字体与国家、国际或行业通用标准相一致;另一方面界面颜色、形状、字体自成一体,不同设备及其相同设计状态的颜色应保持一致。界面细节美工设计的一致性可使操作人员看界面时感到舒适,并且不分散他的注意力。对于新上手的操作人员或紧急情况下处理问题的操作人员来说,一致性还能减少他们的操作失误。

(五) 频率原则

即按照管理对象的对话交互频率的高低设计触摸屏层次顺序和对话窗口菜单的显示位置等,提高监控和访问对话效率。

(六) 重要性原则

即按照管理对象在控制系统中的重要性和全局性地位,设计触摸屏的主次菜单和对话窗口的位置和突显性,从而有助于管理人员把握好控制系统的主次,实施好控制决策的顺序,实现最优调度和管理。

(七) 面向对象原则

即按照操作人员的身份特征和工作性质,设计与之相适应的和友好的人机界面。根据其工作需要,可设计以弹出式窗口显示提示、引导和帮助信息,从而提高用户的交互水平和效率。

二、触摸屏的使用方法及设计步骤

设计者使用触摸屏作为可编程控制器的人机界面,必须先在 PC 机上使用触摸屏画面组态软件制作"工程文件",然后再通过 PC 机和触摸屏的通信接口,将编制好的"工程文件"下载到触摸屏处理器中运行。因此,触摸屏使用的步骤为:

① 明确监控任务要求,选择合适的触摸屏。

② 在 PC 机上用画面组态软件进行编程与设计,编辑"工程文件"。

③ 测试并保存已编辑好的"工程文件"。

④ PC 机连接触摸屏硬件,下载"工程文件"到触摸屏中。

⑤ 连接触摸屏和 PLC,上电工作实现人机交互,实现触摸屏监控 PLC 控制系统的目的。

第三节　日本 Digital 触摸屏

一、Digital 触摸屏的简介

日本 Digital 触摸屏是一种工业图形显示器,是实现人与机器交互的人机界面。它是替代传统的控制面板和键盘的智能化操作显示器,可以用于参数的设置、数据的显示与存储,并可以以曲线、动画等形式描绘自动化控制的过程,简化 PLC 的控制程序。其优点主要体现在:体积小、接线简单、存储容量大,可通过标准的 Ethernet 实现数据共享和机器的远程控制。

日本 Digital 触摸屏的主要功能有以下四个:

① 监视功能,以数据、曲线、图形、动画等各种形式来反映 PLC 的内部状态,存储数据。

② 控制功能,可以通过触摸屏来改变 PLC 的内部状态位、存储数据值,从而参与过程控制。

③ 数据处理功能,通过标准的大容量 CF 卡存储器配方数据,处理实时采样的数据和历史报警信息。

④ 通信与网络控制功能,触摸屏设有与 PLC 通信的串行通信口,同时还可以通过标准的 Ethernet 使系统在不增加工厂成本的情况下接入工厂现有的局域网实现数据共享和对机器的远程监控。

二、Digital 触摸屏及触摸屏组态软件的组成

Digital 触摸屏由硬件和软件两部分组成,其中硬件部分是指人操作或控制 PLC 的界面,由内部处理器、输入/显示器、通信接口、内部存储器等组成,内部处理器通过通信接口与 PLC 交换数据,将接收采集到的数据在显示器上显示,将在界面上输入的数据传输给 PLC,控制 PLC 的运行过程。内部存储器存储接收来的数据进行保存以备之后查用等。软件部分包括两部分,一部分是触摸屏生产厂家在系统内部集成的系统软件;另一部分即是触摸屏运行的用户软件,这是由设计人员在装有触摸屏组态编辑软件的 PC 机上设计好,然后传输给触摸屏的软件。工程设计人员可以根据被监控系统的功能进行画面设计与编辑,然后可以传输给触摸屏运行,触摸屏根据用户软件设定的功能监视、控制 PLC,实现 PLC 的可视化

操作。

　　专有的触摸屏组态编辑软件是指触摸屏厂家针对自己的触摸屏开发设计的一种编辑软件,是一种应用软件。该软件由项目管理器、画面、画面编辑器、报警编辑器、打印编辑器、Tag 等组成。其中,画面指的是在触摸屏运行过程中可显示的画面,包括基本画面、标记画面、趋势图画面、键盘画面、文本画面、视频画面、窗口画面。触摸屏运行期间显示的是基本画面,在基本画面中可以调用其他各种画面,组合利用完成复杂的动画、监视、控制功能。Tag 是 Digital 触摸屏众多强大功能之一,可以利用 Tag 将一个矩阵图形设置成为开关,也可以创建根据 PLC 数据变化的动画。Digital 触摸屏 Tag 类型见表 10.1。

表 10.1　Digital 触摸屏 Tag 类型表

Tag 名	功　　能	字节长度
A	报警信息文本显示	56
a	报警一览显示	34
C	时钟显示	28
D	统计图显示	48
d	统计数据显示	74
E	数据显示扩展功能	32～122
F	自由库图形显示	42
G	图表显示	40
g	图表显示及扩展功能	38～158
H	描画显示	42
J	标记动画显示	38
K	键盘输入显示窗	40,46
k	键盘输入键	8
L	图形显示	34
I	图形状态显示	40～102
M	标记显示	34
N	数据显示	36
N	报警极限值显示	30
P	按指定格式显示数据	118
Q	报警履历显示	46

续表 10.1

Tag 名	功　能	字节长度
R	设置标记动画路径	20
S	字符串显示	32
T	按键输入	36
t	选择按钮输入	56
U	窗口显示	34
V	视频窗口显示	30
W	向设备写入	32
X	显示文件数据	40

通过了解 Tag 的功能,我们可以看出 Digital 触摸屏能实现的主要功能。

Digital 触摸屏与主机的串行通信方式分两种,一种是直接存取通信,一种是 Memory Link 通信。触摸屏与 PLC 的通信为直接存取方式。在直接存取方式下,触摸屏可以在画面中直接使用 PLC 存储器的地址进行读或写操作。当然触摸屏也有自己的存储器区,称为 LS 区,其中 LS 区的开始单元为系统数据区,之后的单元用户也可以使用。若触摸屏与主机的通信方式为后者时,则是触摸屏将主机中的数据读取到内部 LS 区,在画面中只能使用 LS 区地址,若给 PLC 传输一个数据,同样也要通过 LS 数据区方可传输给主机的方式。

三、Digital 触摸屏的组态编辑软件的系统需求

触摸屏组态编辑软件是用于设计、开发 Digital 公司触摸屏用户画面的专用软件,它运行于 Windows 98 及以上版本的操作系统,需要的 PC 最低配置为:

计算机:奔腾机或其兼容机。

操作系统:Windows 98 及以上版本。

硬盘剩余空间:40 MB 以上。

CD-ROM:Windows 98 兼容。

内存:128MB 及以上。

通信口:RS232。

四、Digital 触摸屏建立一个工程文件

为了使大家对触摸屏的使用有一个初步认识,下面将以一个 Digital 触摸屏的

应用为例介绍触摸屏的使用过程。例如有一个空调控制系统,该系统以 PLC 为控制的核心器件,以触摸屏为人机界面。即触摸屏在该工程实例中的作用是提供一个人机界面,用此与控制系统中的核心器件 PLC 通信,监控 PLC 的运行过程。

1.定义变量

本例中,由于 PLC 与触摸屏的连接方式为直接存取方式,则触摸屏可以直接访问 PLC 地址。结合控制系统的控制功能,对触摸屏使用的变量定义如表 10.2 所示。

表 10.2　变量表

参数名称	PLC 地址	触摸屏对变量的操作说明
采集环境温度	VW400	读显示
采集盘管温度	VW402	读显示
设定温度	VW404	写设定、读显示
设定温差	VW406	写设定、读显示
压缩机电源故障位	V116.0	读取
压缩机电子保护故障位	V116.1	读取
压缩机过载故障位	V116.2	读取
压缩机油位过低故障位	V116.3	读取
风机故障位	V116.4	读取
传感器故障位	V116.5	读显示、写控制
风机开启信号	M13.0	写控制
压缩机开启信号	M13.1	写控制
系统开机、停机信号	M13.2	写控制、读显示
系统故障信号	M13.3	读取、写复位控制
自动/手动模式选择信号	M13.4	写控制、读显示
压缩机输出信号	Q0.1	写控制、读显示
风机输出信号	Q0.2	写控制、读显示
复位信号	V33.0	读、复位控制

2. 建立工程

在装有 Digital 触摸屏组态编辑软件的 PC 机桌面上打开组态软件,弹出如图 10.1 所示对话框。在对话框中点击"项目"菜单中"新建"选项或在"项目"选项中点击"新建"功能按钮,则弹出如图 10.2 所示对话框。

在对话框中设置触摸屏型号即"GP 类型"为 GP37W2,同时设置将要与之通信的 PLC 类型为 Siemens S7-200 PPI,然后按"确定"按钮,则桌面会自动弹出对话框提示"启动编辑器吗?"确认后将进入画面编辑器,新建、编辑画面后退出,退出时要求保存工程文件,命名为"空调控制系统"退出,同时工程文件创建。

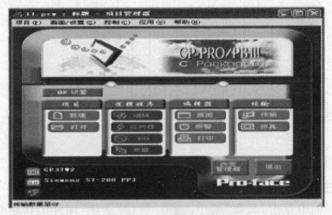

图 10.1　触摸屏项目管理器

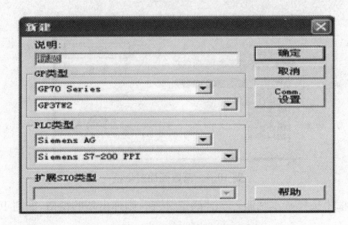

图 10.2　新建项目对话框

五、建立、编辑画面

画面是触摸屏进行人机交互的界面。画面的设置结构与画面的编辑好坏直接影响人机交互界面的友好程度,下面,我们将进行画面的设计与编辑,画面的设置结构如图 10.3 所示。

下面我们进入画面编辑界面进行画面的建立与编辑。

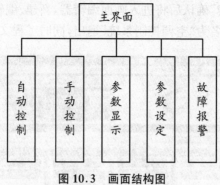

图 10.3　画面结构图

（一）建立与编辑主画面

1．新建主画面

在编辑画面中点击"画面"菜单，选中"新建"选项，则弹出新建对话框，如图 10.4 所示。

图 10.4　新建画面对话框

在对话框中选择基本画面，点击"确定"按钮，则弹出新的窗口，如图 10.5 所示。

图 10.5　新画面窗口

新画面窗口弹出后,在画面编辑器中选择"画面"菜单"保存"选项,保存画面,画面号设置为1,画面说明为:主画面。

2. 编辑主画面

在"绘画"工具箱中选中画文本图标 ✎,然后在主画面的正中上方点击左键,输入"主画面"文字,双击文字则设置文字方向、大小、样式、颜色等。

在"部件"工具箱中选中功能开关图标 ⬚,弹出功能开关设置对话框,如图10.6所示。

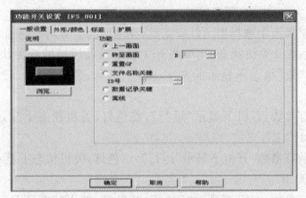

图 10.6 功能开关设置对话框

在功能开关设置对话框中,在选择"标签"选项中输入文本项,输入文本"自动控制",并设置文本背景及线条颜色,在"一般设置"选项中将功能开关"功能"设为"转至画面""2"(自动运行画面),按"确定"按钮后退出设置。

用同样方法设置主画面中其他几个功能按钮,分别为"手动控制"、"参数显示"、"参数设定"、"报警信息",用于分别转向不同的画面,其中"手动控制"转向"3"(手动运行画面)画面,"参数显示"转向"4"(参数显示画面)画面,"参数设定"转向"5"(参数设定画面)画面,"报警信息"转向"6"(报警信息画面)画面,最后得到的主界面为图10.7所示画面。

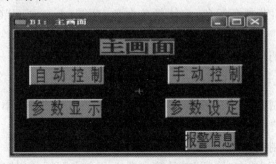

图 10.7 编辑好的主画面

（二）建立与编辑自动控制画面

1. 建立自动控制画面

与建立主画面的方法相同，不同的是画面号为"2"，画面说明为："自动控制画面"。

2. 编辑自动控制画面

自动控制画面中，在"绘画"工具箱中选中画文本图标 ✎，然后在画面中输入 4 个文本框，输入的文字分别为"自动控制"、"系统"、"压缩机"、"风机"，双击文字则设置文字方向、大小、样式、颜色等。

在"部件"工具箱中选择指示灯 ☺ 工具，在画面的上方均匀的输入 3 个指示灯，用于分别显示系统开关机状态、压缩机开关状态以及风机的开关状态。编辑每个指示灯在"开"、"关"状态下显示的文字、颜色、形状、显示参数。设置的参数分别如下：

系统指示灯参数：开机下显示"运行"，红色灯，关机状态下显示"关机"，黄色灯，显示参数"M13.2"。

压缩机指示灯参数：开机下显示"运行"，红色灯，关机状态下显示"停止"，黄色灯，显示参数"Q0.0"。

风机指示灯参数：开机下显示"运行"，红色灯，关机状态下显示"停止"，黄色灯，显示参数"Q0.1"。

自动控制画面中，选择"部件"工具箱中选择位开关 ☻ 工具，在画面中输入两个位开关，一个用于控制系统开机，一个用于控制系统关机。

在自动控制画面中，设置两个位开关参数分别为：

开机位开关：显示文本"开机"，操作参数"M13.2"，功能"置位"，文字颜色"白色"，背景"绿色"。

关机位开关：显示文本"开机"，操作参数"M13.2"，功能"复位"，文字颜色"白色"，背景"绿色"。

在"部件"工具箱中选择功能开关工具，在画面中输入一个功能开关，放在合适的位置，设置参数：背景色绿色，字体颜色白色，功能"上一画面"（意思是转到上一画面）。

最后设计好的自动控制画面如图 10.8 所示。

（三）建立与编辑手动控制画面

建立手动控制画面的方法与建立其他画面的方法相同，不同的是画面号为"3"，画面说明为："手动控制画面"。

编辑手动控制画面：

手动控制画面中，在"绘画"工具箱中选中画文本图标 ✎，然后在画面中输入 3

个文本框,输入的文字分别为"手动控制画面"、"压缩机"、"风机",双击文字则设置文字方向、大小、样式、颜色等。

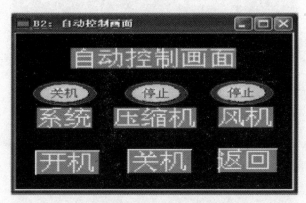

图 10.8　自动控制画面

在"部件"工具箱中选择指示灯工具,在画面的上方均匀的输入 2 个指示灯,用于分别显示压缩机开关状态以及风机的开关状态。编辑每个指示灯在"开"、"关"状态下显示的文字、指示灯颜色、指示灯形状、显示参数。设置的参数分别如下:

压缩机指示灯参数:开机下显示"运行",红色灯,关机状态下显示"停止",黄色灯,显示参数"Q0.0"。

风机指示灯参数:开机下显示"运行",红色灯,关机状态下显示"停止",黄色灯,显示参数"Q0.1"。

手动控制画面中,选择"部件"工具箱中选择位开关工具,在画面中输入 4 个位开关,两个用于控制压缩机的开机与关机,一个控制风机的开机与关机。设置 4 个位开关参数分别为:

开压缩机的位开关:显示文本"开",操作参数"M13.1",功能"置位",文字颜色"白色",背景"绿色"。

关压缩机的位开关:显示文本"关",操作参数"M13.1",功能"复位", 文字颜色"白色",背景"绿色"。

开风机的位开关:显示文本"开",操作参数"M13.0",功能"置位",文字颜色"白色",背景"绿色"。

关风机的位开关:显示文本"关",操作参数"M13.0",功能"复位",文字颜色"白色",背景"绿色"。

在"部件"工具箱中选择功能开关工具,在画面中输入一个功能开关,放在合适的位置,设置参数:背景色绿色,字体颜色白色,功能"上一画面"。

最后设计好的手动控制画面如图 10.9 所示。

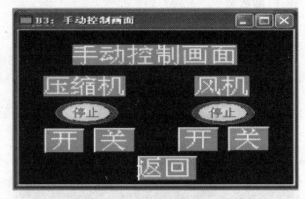

图 10.9　手动控制画面

（四）建立与编辑参数显示画面

用同样的方法建立"参数显示画面"，画面号设为 4，画面说明为：参数显示画面。

编辑参数显示画面：

参数显示画面中，在"绘画"工具箱中选中画文本图标 ✎，然后在画面中输入 3 个文本框，输入的文字分别为"参数显示画面"、"环境温度"、"盘管温度"，双击文字则设置文字方向、大小、样式、颜色等。

参数显示画面中，选择"部件"工具箱中选择趋势图 工具，在画面的上均匀地输入 2 个趋势图，用于分别显示环境温度和盘管温度值。编辑两个趋势图，设置的参数分别如下：

环境温度显示曲线设置：数据显示格式为"BCD"，显示参数地址为 VW400，图标区颜色为白色，其他采用默认设置。

盘管温度显示曲线设置：数据显示格式为"BCD"，显示参数地址为 VW402，图标区颜色为白色，其他也采用默认设置。

同时，在参数显示画面中，选择"部件"工具箱中选择功能开关工具，在画面中输入一个功能开关，放在合适的位置，设置参数：背景色绿色，字体颜色白色，功能"上一画面"。

最后设计好的参数显示画面如图 10.10 所示。

（五）建立与编辑参数设定画面

用同样的方法建立"参数设定画面"，画面号设为 5，画面说明为：参数设定画面。

编辑参数设定画面：

　　参数设定画面中,在"绘画"工具箱中选中画文本图标✐,然后在画面中输入3个文本框,输入的文字分别为"参数设定画面"、"温度设定值"、"温差设定值",双击文字则设置文字方向、大小、样式、颜色等。

图 10.10　参数显示画面

　　参数设定画面中,选择"部件"工具箱中选择"键盘输入显示"▭工具,在画面上均匀地输入2个,分别用于设定并显示温度设定值和温差设定值。编辑两个"键盘输入显示",设置的参数如下:

　　"温度设定值"键盘输入显示:选中"使用弹出键盘"选项,显示设置的参数地址为 VW404,图标区外形设置为:KD-3D003,背景颜色设为为白色,字体颜色为黑色,其他采用默认设置。

　　"温差设定值"键盘输入显示:选中"使用弹出键盘"项,显示设置的参数地址为 VW406,其他的设置同"温度设定值"。

　　同时在参数设定画面中,选择"部件"工具箱中选择功能开关工具,在画面中输入一个功能开关,放在合适的位置,设置参数:背景色绿色,字体颜色白色,功能"上一画面"。

　　最后设计好的参数设定画面如图 10.11 所示。

图 10.11　参数设定画面

（六）建立与编辑报警画面

用同样的方法首先建立基本画面,画面号设为 6,画面说明为:"报警画面"。

编辑报警画面:

在报警画面中,选择"绘画"工具箱中选中画文本图标 ✐,然后在画面中输入 1 个文本框,输入的文字分别为"报警画面",双击文字则设置文字方向、大小、样式、颜色等。

在"Tag(T)"下拉菜单中选择"a Tag",则弹出如图 10.12 所示对话框。

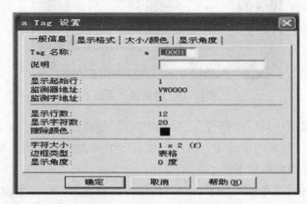

图 10.12　a Tag 设置对话框

在 a Tag 设置对话框中,设置 a Tag。设置"显示格式"选项中"监视器地址"为 VW116,边框类型设为有边框,报警显示行数 12 行,字符数 20,其他采用默认的设置。按"确认"键后在画面中输入"a Tag"。

报警画面中,选择"部件"工具箱中选择功能开关工具,在画面中输入一个功能开关,放在合适的位置,设置参数:背景色绿色,字体颜色白色,功能"上一画面"。同时在同一位置处设置一个位开关,位置开关外形设为 SW_NO_BOR,功能设为 "位复位",操作位地址为 V33.0。

设计的好的故障报警显示界面为图 10.13 所示。

图 10.13　报警画面

编辑报警显示画面后，在"画面"下拉菜单中选中"窗口注册"选项，则弹出"弹出窗口设置"对话，点击"增加"按钮，然后框选报警画面，设置注册号为1，点击"确定"，将"报警显示"窗口注册为全局窗口。

最后，保存画面，退出画面编辑器，返回到项目编辑器画面。

六、编辑报警信息

在项目编辑器画面中，选择编辑器选项中"报警"项，进入报警信息编辑对话框，如图10.14所示。

图10.14　报警信息编辑对话框

在编辑器中设置报警的位地址，分别为 V116.00、V116.01、V116.02、V116.03、V116.04、V116.05。信息与摘要分别为：压缩机电源故障、压缩机电子保护故障、压缩机过载故障、压缩机油位过低故障、风机故障、传感器故障。

设置好后保存，退出报警信息编辑器。

七、触摸屏设置

在项目编辑器中选择"GP 设置"选项，将弹出如图 10.15 所示的对话框。选中"扩展设置"选项，设置"全局窗口"，将注册的编号为"1"的报警显示窗口设置为全局窗口，即故障时，可以在其他画面自动弹出"故障显示"窗口。其他采用默认设置。

八、触摸屏程序下载

在项目编辑器中选择"传输"选项，将弹出如图 10.16 所示对话框：

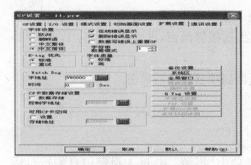
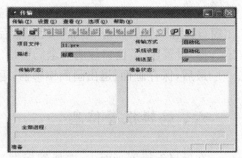

图 10.15　触摸屏设置对话框　　　　　　　图 10.16　传输对话框

　　在传输对话框中,点击 功能按钮,或选择"传输"下拉菜单中"传送"选项,下载程序到触摸屏中。

　　触摸屏与西门子 PLC 通过通信线相连,在两侧上电的情况下,触摸屏作为 PLC 的人机界面可以监控 PLC 的运行。

第四节　组 态 软 件

一、组态软件的概念

　　组态软件作为用户可定制功能的软件平台工具,是随着分布式控制系统及计算机控制技术的日趋成熟而发展起来的。组态软件最早出现时其主要解决的是 HMI(Human Machine Interface)或 MMI(Man Machine Interface)即人机界面问题,但随着组态软件的快速发展,目前的组态软件不仅可以为用户提供人机界面,同时在内容上也增加了很多,如实时数据库、实时控制、通信联网、开放式数据接口、对 I/O 设备的广泛支持等。目前组态软件可实现的功能主要有:

　　① 负责控制设备之间的数据交换。

　　② 负责将设备数据与计算机图形画面上的各元素联系起来,并显示、控制。

　　③ 负责各类报表的生成、显示、存储与输出打印。

　　④ 负责报警信息的处理与显示。

　　⑤ 负责历史数据的处理、存储及查看。

　　⑥ 负责为用户提供灵活、多变的组态工具,满足不同应用领域的需求。

　　⑦ 负责与第三方程序进行接口,方便数据共享。

　　⑧ 最终生成应用系统运行。

二、组态软件的组件组成及设计思想

一般的组态软件是由 4 类不同的组件组成,每组组件实现不同的功能,从而完成组态软件要实现的各种功能。这 4 组组件分别是图形界面系统、实时数据库、第三方程序接口组件、控制功能组件。

图形界面通常是用户可视或同时可操作的画面,工程技术设计人员通过图形界面系统的设计可以为用户提供丰富美观的人机操作界面。图形界面通常有 3 类简单的对象:线、填充图形和文本。每个简单的对象均有影响其外观的属性,如线的属性有线的颜色、长度、宽度、取向、位置等,这些均属于静态属性,对象的属性还有动态属性,即对象的某些属性是随着时间或某变量在动态改变的,如画面上的曲线在随着时间不断地变化等。

实时数据库是组态软件的一个重要组件,因为 PC 机功能强大,组态软件的实时数据库可以充分表现组态软件的长处。实时数据库不仅可以存储实时的数据,同时还可以存储大量的历史数据,用户可以浏览、查阅历史数据,回顾过去的数据情况。

第三方程序接口组件和通信是开放式系统的标志,是组态软件与第三方程序进行交互及实现远程数据访问的重要手段。在双机冗余系统中,第三方程序接口组件和通信是主机和从机进行数据交换的通道;在分布式 HMI/SCADA 应用中它可以实现多机通信等。

控制功能组件是基于 PC 的策略编辑/生成组件为代表,是组态软件的主要组成部分。虽然脚本语言程序可以完成一些控制功能,但还不是很直观,对于用贯了梯形图或其他编程语言的自动化工程师来说,太不方便了,因此目前的多数组态软件提供了基于 IEC1131-3 标准的策略编辑/生成控制组件。它也是面向对象的,但它像 PLC 的梯形图一样按照顺序周期执行。

三、组态软件的性能指标

在实际的工程应用中,组态软件的性能好坏主要从 3 个方面进行衡量:实时多任务能力、可靠性和标准化程度。

1. 实时多任务

实时性是指工业控制计算机系统对外来事件做出反应的特性。这里的特性主要体现在两个方面:一是当外来事件发生时,该软件系统能够保持多长时间;另外一个方面是当外来事件发生时,该软件系统能够多长时间做出响应。

多任务是组态软件的一个主要的特点,例如数据采集与输出、数据处理与算法实现、图形显示与人机对话、实时数据存储、检索管理、实时通信等很多任务在一台计算机上同时运行。因此,软件的多任务处理性能可以作为评价软件的指标之一。同时,很多任务处理能力可以将任务分解成若干并行执行的任务,加速程序的处理速度,提高了系统的实时性。

2. 可靠性

在计算机、数据采集控制设备正常工作的情况下,如果供电系统正常,当监控组态软件的目标应用系统所占的系统资源超负荷时,要求软件系统能稳定可靠地运行。系统可靠性的实现可以从多方面着手,在保证软件设计的基础上,如果还需增加系统的可靠性,可以利用冗余技术增加系统资源,当系统出现故障时可以通过转换等方式切换到备用设备上保障系统的可靠性。

3. 标准化

组态软件的标准化有利于工程设计人员的开发和应用,因此国际电工标委会 IEC 1131-3 开放型国际编程标准在组态软件中起着重要的作用。但是由于组态软件目前处于一个不断发展变化的时期,各厂家在开发软件的功能时,很难遵从统一的标准,这就对工程设计人员的应用造成一定的难度。

四、组态软件的一般设计步骤

组态软件系统工作环境有 2 个,一个是系统开发环境,一个是系统运行环境。开发环境是工程设计人员在上面进行设计开发的界面,可以进行画面设置、数据库设置、建立数据库联系、设置 I/O 设备接口等。运行环境是目标程序装入计算机内存并投入运行的界面,该界面下,用户可以实现系统浏览、查询、控制等功能。

因此,在使用组态软件时,工程设计人员首先应该根据具体的工程应用,在系统开发环境下进行完整、严密的组态,此后方可在系统运行环境下正常的运行。

组态时,一般分为十步,具体的步骤为:

① 统计所有的 I/O 点参数,以备监控软件和 PLC 组态使用。

② 了解使用 I/O 设备的厂商、种类、型号、通信接口类型以及通信的协议等,以便定义 I/O 设备时做出准确地选择。

③ 标示 I/O 点数,定义 I/O 设备与 I/O 标示的对应关系,以便组态软件通过 I/O 设备采集数据或发送数据时,有与之相对应的 I/O 标示数据。

④ 在组态软件开发环境下设计画面结构和每幅画面草图。

⑤ 在组态软件开发环境下建立数据库,正确组态各种变量。

⑥ 在组态软件开发环境下将实时数据库中的实时数据库变量与 I/O 点确立对应关系,即定义数据连接。

⑦ 在组态软件开发环境下组态每幅静态画面。

⑧ 在组态软件开发环境下将画面中得图像对象与实时数据库变量建立动画连接关系,规定动画属性和幅度。

⑨ 在运行环境下对组态内容进行分段和总体调试。

⑩ 在运行环境下运行组态软件。

第五节　常用组态软件及北京昆仑通态 MCGS 组态软件的简介

目前,市场上有许多厂家、类型的组态软件,比较知名的组态软件有:德国西门子公司的 WinCC,美国通用电气公司的 Cimplicity,美国 National Instruments 公司的 LabView,美国 Wonderware 公司的 Intouch 等。

考虑到无论是什么厂家的组态软件,其设计思想及功能实现等均大同小异,下面我们将以北京昆仑通态公司研制的 MCGS 组态软件为例介绍组态软件的使用及设计过程。

一、MCGS 组态软件的简介

MCGS 是一套全中文、可视化、面向窗口的、符合中国人使用习惯的开放式组态软件,其特点主要体现在以下几个方面:

① 具有简单、灵活的可视化界面。用户可以根据自己的需要设计各种类型、风格的图形界面。

② 实时性强、具有良好的并行处理能力。组态软件充分利用 Windows 操作平台的多任务、按优先级分时操作的功能,以线程为单位对工程作业中实时性强的关键任务进行分时处理,使 PC 机广泛应用于工程测控领域成为可能。

③ 具有丰富、生动的多媒体画面。MCGS 以图像、图符、报表、曲线等多种形式,为设计人员提供可利用的有关信息,同时还提供了丰富的动画构件,使设计者能够设计漂亮、生动的工程操作画面。

④ 具有实时数据库和强大的数据处理能力。实时数据库是组态软件数据处理的中心,是系统各个部分及其各种功能性构件的公用数据区,是系统的核心。除了提供一个实时数据库外,系统还通过 DDE(Dynamic Data Exchange,动态数据交换)与其他应用程序交换数据,充分利用计算机丰富的软件资源进行数据处理,

使系统具有较强的数据处理能力。

⑤ 多样化的报警功能。MCGS 提供多种不同的报警方式,具有丰富的报警类型和灵活多样的报警处理函数,方便设计人员进行报警设置。

⑥ 支持多种硬件设备、维护性及可扩充性好。MCGS 定义了多种设备构件,可以使设计人员根据需要建立软件系统与外部设备的连接关系,实现对外部设备的驱动与控制。除了以构件形式完成组态软件的所有功能模块外,软件系统还提供了一套开放式可扩充的接口,设计人员可以根据自己的需要用 VB、VC 等高级语言编制特定的构件扩充系统的功能。

⑦ 安全机制完善。MCGS 提供了良好的安全机制,为不同级别的用户设定不同的操作权限。

MCGS 组态软件功能强大、操作简单、易学易用,普通的工程人员经过短期培训就能够迅速掌握组态软件的运用与设计,同时使用 MCGS 组态软件能够避开复杂的计算机软、硬件问题,集中精力于工程问题本身,根据工程作业的需要和特点,组态配置出高性能、高可靠性及高度专业化的工业控制监控系统。

二、MCGS 组态软件的结构组成

MCGS 软件系统有两种工作环境,一种组态环境是工程设计人员可以根据被监视系统的功能进行设计、修改和组态,另外一种工作环境就是组态完成后可以进入的运行环境,该环境下系统将按照数据库中指定的方式进行处理,可以完成可视化操作等功能。

MCGS 生成的用户应用系统主要由主控窗口、设备窗口、用户窗口、实时数据库和运行策略五个部分构成,如图 10.17 所示。

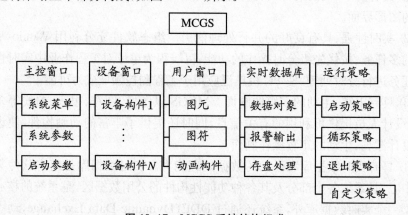

图 10.17　MCGS 系统结构组成

主控窗口用于构造应用系统的主框架,确定工业控制中工程作业的总体轮廓,以及运行流程、菜单命令、特性参数和启动特性等项内容。

设备窗口是 MCGS 系统与外部设备联系的媒介,是专门用来放置不同类型和功能的设备构件。设备窗口通过设备构件把外部设备的数据采集进来,送入实时数据库,或把实时数据库中的数据输出到外部设备。一个应用系统只有一个设备窗口,运行时,系统自动打开设备窗口,管理和调度所有设备构件正常工作,并在后台独立运行。对于用户来说,设备窗口在运行时是不可见的。

用户窗口实现的是数据或流程的可视化,可以放置三种类型的图形对象:图元、图符、动画构件。通过在用户窗口内放置不同的图像对象,搭制多个用户窗口,用户可以构造各种复杂的图形界面,用不同的方式实现数据和流程的"可视化"。

实时数据库相当于数据处理的中心,同时也起到公用数据交换区的作用。MCGS 通过实时数据库来管理所有实时数据。从外部设备采集的数据送入实时数据库,系统其他部分操作的数据也来自于实时数据库。实时数据库可自动完成对实时数据的报警处理和存盘处理,同时它还根据需要把有关信息以事件的形式发送给系统的其他部分,以便触发相关事件,进行实时处理。

运行策略是对系统运行流程实现有效控制的手段。通过对运行策略的定义,使系统能够按照设定的顺序和条件操作实时数据库,控制用户窗口的打开、关闭并确定设备构件的工作状态等,从而实现对外部设备工作过程的精确控制。对于 MCGS 组态软件,一个应用系统有三个固定的运行策略:启动策略、循环策略和退出策略,同时允许用户创建或定义多个用户策略。

综上所述,一个 MCGS 应用系统由主控窗口、用户窗口、实时数据库和运行策略等部分组成。组态工作时,系统只为用户搭建了一个能够独立运行的空框架,提供丰富的动画部件和功能构件。如果要完成一个实际的应用系统,至少应完成以下工作:

首先,要像搭积木一样,在组态环境下用系统提供的或用户扩展的构件构造应用系统,配置各种参数,形成一个有丰富功能可用于实际应用的工程。

然后,把组态环境中的组态结果提交给运行环境,运行环境和组态结果一起就构成用户实际的应用系统。

三、MCGS 组态软件的系统需求

组态软件作为人机界面,是以 PC 机作为硬件基础的,MCGS 组态软件也是同样的。因此 MCGS 组态软件,对 PC 机的配置有具体的要求,即硬件要求,同时对软件也有具体的要求。

1. 硬件需求

最低需要在 IBM PC 486 或以上的微机或兼容机上运行，以 Windows 98、Windows ME、Windows NT 或 Windows 2000 为操作系统。计算机的推荐配置为：

CPU：可运行与任何 Intel 公司的 Pentium233 或以上级别的 CPU。

内存：当使用 Windows 9x 操作系统时，系统内存当在 32 MB 以上。

当使用 Windows NT 操作系统时，系统内存当在 64 MB 以上。

当使用 Windows 2000 操作系统时，系统内存当在 128 MB 以上。

显卡：Windows 系统兼容，含有 1 MB 以上的显示内存，可工作于 800×600 分辨率 65535 色模式下。

硬盘：MCGS 通用版组态软件占用的硬盘空间约为 80 MB。

2. 软件需求

MCGS 组态软件可以在以上操作系统上运行：

中文 Microsoft Windows NT Server 4.0（需要安装 SP3）或更高版本。

中文 Microsoft Windows NT Workststion 4.0（需要安装 SP3）或更高版本。

中文 Microsoft Windows 95/98/ME/2000（Windows 95 建议安装 IE 5.0）或更高版本。

四、MCGS 建立一个工程

本节以一个水位控制监控系统为例介绍 MCGS 组态软件的应用过程。本例工程中将涉及动画制作、编写控制流程、连接模拟设备、报警输出、报表曲线显示等多项组态操作。

（一）工程分析

在开始组态之前，先对该工程进行分析，以便从整体上把握工程结构、流程、需实现的功能及实现这些功能的方法。根据水位控制实际案例分析，拟设计的工程可以实现以下功能：

（1）拟实现的工程框架

设置 2 个用户窗口，分别为水位控制窗口和数据显示窗口；设置 4 个主菜单，分别是系统管理、数据显示、历史数据、报警数据；设置 4 个子菜单，分别是登录用户、用户管理、退出登录、修改密码；设置 5 个策略，分别是启动策略、退出策略、循环策略、报警策略、历史数据。

（2）拟实现的工程数据对象

水泵、调节阀、出水阀、液位 1、液位 2、液位 1 上限、液位 1 下限、液位 2 上限、液位 2 下限、液位组。

(3) 拟显示的数据

实时数据,通过自由表格构件实现;历史数据,通过历史表格构件实现;实时曲线,通过实时曲线构件实现;历史曲线,通过历史曲线构件实现。

(4) 安全机制

拟通过用户权限管理、工程安全管理和脚本程序控制来实现。

(二) 建立工程

在 MCGS 组态软件组态环境界面下建立一个工程的步骤如下:

① 打开 MCGS 组态软件组态界面,如图 10.18 所示。

选择界面上"文件"菜单中"新建工程"选项,则会在系统默认的目录下新建一个工程,并且会默认一个工程名为"新建工成程 X.MCG"(X 表示新建工程的序号,如 0、1、2 等)。

图 10.18　MCGS 组态软件界面

② 选择"文件"菜单下的"工程另存为"选项,弹出文件保存对话框如图 10.19 所示。在对话框指定位置输入工程文件名,如"水位控制系统",然后点击"保存"功能按钮,则自动关闭对话框,返回组态软件,画面如图 10.20 所示。

图 10.19　保存项目对话框

图 10.20　组态软件窗口界面

在该画面下,设计人员可以进行相关的设计与编辑工作,同时创建工程结束。

(三) 定义数据对象

数据对象是构成实时数据库的基本单元,建立实时数据库的过程也就是定义数据对象的过程。其中定义数据对象的内容主要包括数据变量的名称、类型、初始值和数值范围,同时还要设定与数据变量有关的参数,如该数据存盘的周期、存盘的时间范围、保存期限等。样例工程"水位控制系统"需要用到的数据对象如表10.3所示。

表10.3 水位控制系统数据对象表

对象名称	类 型	注 释
水泵	开关型	控制水泵启动和停止的变量
调节阀	开关型	控制调节阀打开和关闭的变量
出水阀	开关型	控制出水阀打开和关闭的变量
液位1	数值型	水灌1的水位高度,用来控制1号水罐的水位变化
液位2	数值型	水灌2的水位高度,用来控制2号水罐的水位变化
液位1上限	数值型	1号水罐液位高度的上限报警值变量,可以设定
液位1下限	数值型	1号水罐液位高度的下限报警值变量,可以设定
液位2上限	数值型	2号水罐液位高度的上限报警值变量,可以设定
液位2下限	数值型	2号水罐液位高度的下限报警值变量,可以设定
液位组	组对象	用于历史数据、历史曲线、报表输出等功能构件

下面以建立数据对象"水泵"和"液位组"为例,介绍建立数据对象和设置数据对象的步骤。

1."水泵"数据对象的建立和设置

① MCGS组态软件在组态环境下,如图10.20所示,点击"实时数据库"窗口标签,进入实时数据库窗口页,如图10.21所示。

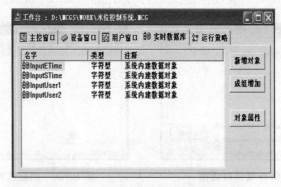

图10.21 实时数据库增加对象窗口页

② 单击"新增对象"功能按钮,在窗口的数据对象列表中将增加新的数据对象,默认的数据对象名为"Data0"、"Data1"、"Data2"等。

③ 选中对象按"对象属性"功能按钮,则打开"数据对象属性设置"窗口,进行对象属性设置。将新建的对象改名为"水泵",设置对象类型为"开关型",同时还可以在对象内容注释输入框内输入"控制水泵启动和停止的变量"。设置完毕后点击对话框中"确认"按钮,"水泵"开关型数据对象建立与设置完毕。如图 10.22 所示为数据对象属性设置窗口。

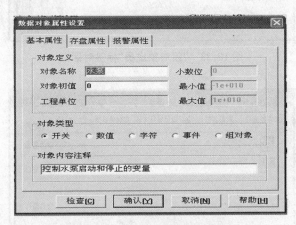

图 10.22　数据对象属性设置窗口

同样的方法可以建立其他非"组对象"的数据对象。

2."液位组"数据对象的建立与设置

建立组对象与建立其他类型的数据对象方法相同,不同的是在设置组对象属性时,需要对组对象成员进行选择,具体操作方法为:

① 用前述的方法同样建立数据对象"液位组",设置对象类型为"组对象",对象内容注释为"用于历史数据、历史曲线、报表输出等功能构件"。

② 在"液位组"组对象属性设置对话窗口中选择"组对象成员"标签,如图 10.23 所示,在左边数据对象列表中选择"液位 1"后点击"增加"按钮,则"液位 1"被添加到右边的"组对象成员列表"中。按照同样的方法在"组对象列表"中加入"液位 2"对象。

③ 单击存盘属性标签,在"数据对象值得存盘"选择框中,选择:"定时存盘",并将存盘周期设置为 10 秒。最后单击"确认"按键,组对象设置完毕。

（四）制作工程画面

1. 建立一个用户窗口

① MCGS 组态软件环境下,在"用户窗口"中单击"新建窗口"按钮,建立一个新的窗口,如图 10.24 所示。

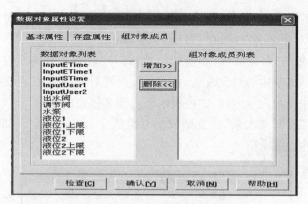

图 10.23　"组对象成员"标签对话框

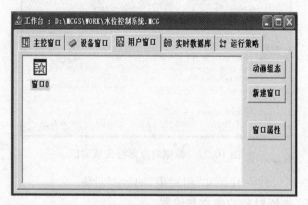

图 10.24　新建窗口后画面

② 选中新建的窗口单击"窗口属性"功能按钮,进入"用户窗口属性设置"对话框,在对话框中修改窗口属性:改窗口名为"水位控制",改窗口标题为"水位控制",改窗口位置为"最大化显示",然后点击"确认"按钮。具体设置见图 10.25。

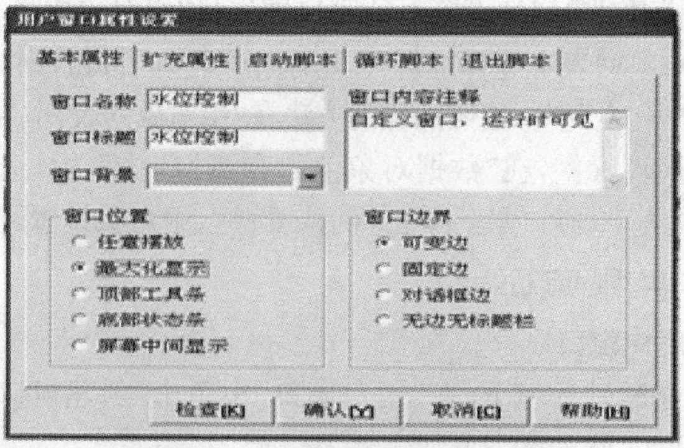

图 10.25　水位控制窗口设置对话框

③ 在"用户窗口"中单击"水位控制"窗口后点击右键,选择下拉菜单中的"设置为启动窗口"选项,将该窗口设置为运行时自动加载的窗口。

2. 编辑画面

① 在用户窗口中,双击"水位控制"窗口,则进入"水位控制"画面中,输入"水位控制系统演示工程"文字。方法如下:

单击工具条中的✖(工具箱)按钮,则打开绘图工具箱。

选择"工具箱"中"标签"Ａ按钮,鼠标的光标呈十字形,在窗口的合适位置拖拽鼠标,根据需要拉出一个矩形文字框。

在光标闪烁处输入汉字"水位控制系统演示工程",然后按回车键或在窗口任意位置点击鼠标左键,文字输入完毕。

双击"水位控制系统演示工程"文字框或选中文字框点击"属性",设置文字框填充色、文字框边线颜色、字符字体、字符颜色等。

最后的效果图如图 10.26 所示。

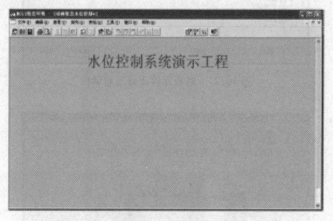

图 10.26　"水位控制系统演示工程"文本框

② 在"水位控制"画面中,制作水箱,方法如下:

单击工具箱中的 ⌸(插入图元)图标,弹出对象元件管理对话框,如图 10.27 所示。

从"储藏罐"类中选取灌 17、罐 53,分别输出到用户画面中。

从"阀"和"泵"类中分别选取 2 个阀(阀 53、阀 45)、1 个泵(泵 42),分别输出到用户画面中。

将选择的储藏罐、阀、泵调整为合适的大小,放置到适当的位置。

选中工具箱中选择 ⊡(流动块动画构件)按钮,鼠标的光标呈十字形,移动鼠标至窗口的预定位置,点击鼠标左键,移动鼠标,在鼠标光标后形成一道虚线,拖动一定距离后,点击鼠标左键,生成一段流动块。拖动流动块时,可以水平拖,也可以垂直拖动。

　　修改流动块时,先选中流动块,鼠标指针指向小方块,按住左键不放,拖动鼠标,即可调整流动块的形状。

　　使用工具箱中的 **A** 图标,分别对阀、罐进行文字注释,依次为"水泵"、"水罐1"、"调节阀"、"水罐2"、"出水阀"。

　　选择"文件"菜单中的"保存窗口"选项,保存画面,得到如图 10.28 所示的界面。

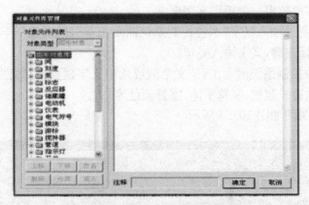

图 10.27　对象元件库管理对话框

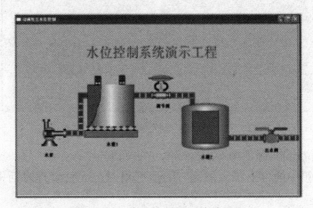

图 10.28　水位控制画面的效果图

(五) 动画连接

　　由图形对象搭成的图形画面是静止不动的,为了增强图形显示的效果,可以对图形对象进行画面设计。MCGS 实现图形动画的主要方法是将用户窗口中图形对象与实时数据库中的数据对象建立相关性连接,并设置相应的动画属性。

　　下面以"水位液位控制系统"工程为例制作动画,包括:

水箱中水位的升降。

水泵、阀门的开停。

水流效果。

利用滑动输入器控制水位。

水量显示。

1．水位的升降动画制作

步骤：

在用户窗口中，双击水罐1，则弹出动画组态属性设置窗口，如图 10.29 所示。

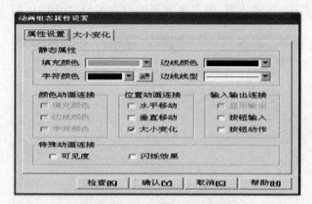

图 10.29　动画属性设置窗口

选择"位置动画连接"中的"大小变化"选项，并选择"大小变化"选项，显示如图 10.30 所示窗口。

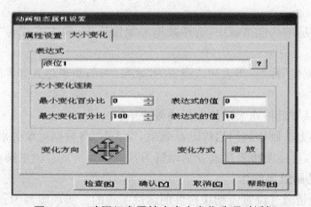

图 10.30　动画组态属性中大小变化选项对话框

"动画组态属性设置"对话框中"大小变化"选项中的设置是：表达式为"液位1"；最大变化百分比为"100"，对应的"表达式值"为"10"，变化方向为"上、下"，变化方式为"剪切",其他不变。然后点击"确认",水罐 1 水位升降效果制作完毕。

用同样的方法设置水罐 2 水位升降效果,其中动画组态属性设置为:表达式为"液位 2",最大变化百分对应的表达式的值为"6",其他不变。

2. 水泵、阀门的启停动画制作

水泵、阀门的启停动画效果是通过设置数据对象"按钮动作"连接类型实现的。

① 制作水泵启动和停止动画的步骤:

在用户窗口中,双击水泵,弹出单元属性设置窗口,如图 10.31 所示。

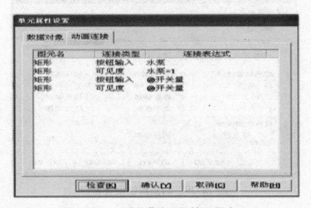

图 10.31 "水泵"单元属性设置窗口

单击"动画连接"标签,选中矩形,出现▷,单击▷,进入动画组态属性设置窗口。

在按钮对应的功能区域中,选择数据对象值操作;操作方式为"取反";数据对象为"水泵"。

单击"可见度"标签,将表达式设置为"水泵＝1";当表达式非零时,对应的图符可见。

单击"确认"按键,水泵启停效果设置完毕。

用同样的方法制作阀门启停动画效果,设置时,将数据对象分别设置为:"调节阀"、"出水阀",可见度将表达式分别设置为:"调节阀＝1"、"出水阀＝1"。

3. 水流动画效果制作

水流效果是通过设置流动块构件的属性实现的。实现步骤为:

双击水泵右侧的流动块,弹出流动块构件属性设置窗口,如图 10.32 所示。

在流动块属性页设置表达式:水泵＝1;选择当表达式非零时,流动块开始流动。

　　水罐1右侧流动块及水罐2右侧流动块的制作方法与此相同,只需将表达式相应改为:"调节阀＝1"、"出水阀＝1"即可。

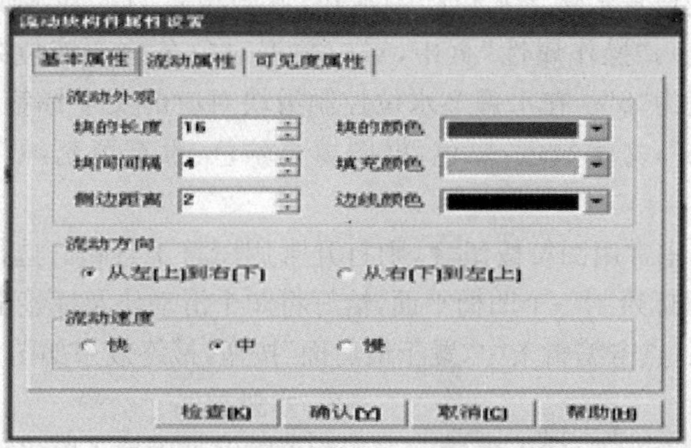

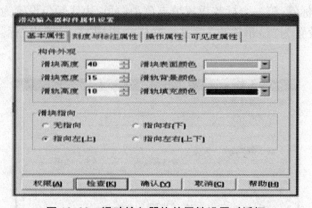

图 10.32　流动块构件属性设置窗口

4. 滑动输入器动态控制水位制作

以水罐1的水位控制为例介绍实现步骤:

　　进入"水位控制",选中工具箱中滑动输入器 图标,当鼠标呈十字形后,拖动鼠标到适当大小,同时调整滑动块在画面中的位置。

　　双击滑动输入器构件,进入属性设置窗口,如图 10.33 所示。

图 10.33　滑动输入器构件属性设置对话框

　　在对话框中,按照下面的设置值设置各个参数:

　　在"基本属性"页中,滑块指向左(上);在"刻度与标注属性"页中,"主划线数目"设置为"5";在"操作属性"页中,对应数据对象名称为"液位 1",滑块在最右(下)边时对应值为"10"。

　　在制作好的滑块下面的适当位置制作一个文字标签,按下面的要求进行设置:

输入文字:"水罐 1 输入";文字颜色:黑色;框图填充颜色:没有填充;框图边线颜色:没有边线。

用同样方法设置水罐 2 水位控制滑块,参数设置为:"基本属性"页中,滑块指向:指向左(上),"操作属性"页中,对应数据对象名称:"液位 2";滑块在最右(下)边时对应值为"6"。在水罐 2 水位控制滑块对应的文字标签设置为:输入文字:"水罐 2 输入";文字颜色:黑色,框图填充颜色:没有填充,框图边线颜色:没有边线。

点击工具箱中常用图符按钮，则打开常用图符工具箱。选择其中的凹槽平面按钮，拖动鼠标绘制一个凹槽平面,恰好将两个滑动块及标签全部覆盖。

选中该平面,点击编辑条中"置于最后面"按钮,最终效果如图 10.34 所示。

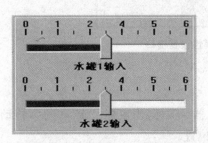

图 10.34　滑动输入器可视画面

5. 水量显示

为了能够准确地了解水罐 1、水罐 2 的水量,我们可以通过设置标签A的"显示输出"属性显示其值,具体操作如下:

单击"工具箱"中的"标签"A图标,绘制两个标签,调整大小和位置,并将其放在水罐 1 下面,第一个标签用于显示文字水罐 1 水量变量,另一个标签用于显示水罐 2 水量变量。

设置两个标签:第一个标签设置填充色为白色,边线颜色设置为黑色;"输入输出连接"选项设置为"显示输出"标签。这样会出现"显示输出"标签,如图 10.35 所示。

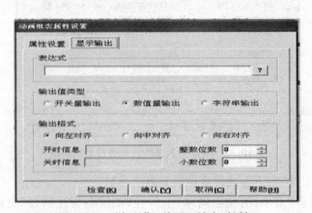

图 10.35　"标签"组件显示输出对话框

设置显示输出属性,其中表达式设为"液位 1",输出值类型为"数值量输出",输出格式为"向中对齐",整数位数为"0"位,小数位数为"1",然后确认。用同样的方法设置水罐 2 显示标签。

（六）设 备 连 接

MCGS 组态软件提供了大量的设备驱动程序，本样例中使用"模拟设备"，介绍组态软件与设备连接，使读者对该部分有一个初步认识。

模拟设备是供用户调试工程的虚拟设备。通常情况下，在启动 MCGS 组态软件时，模拟设备都会自动被装到设备工具箱中。如果未被装载，可以将其选入，方法是：

在"设备窗口"中双击"设备窗口"图标进入，然后点击工具条中的"工具箱"图标，打开"设备工具箱"。

选择"设备管理"按钮，弹出如图 10.36 所示窗口。

图 10.36　设备管理窗口

在可选设备列表中，双击"通用设备"。

双击"模拟数据设备"，在下方出现模拟设备图标。

双击模拟设备图标，即可将"模拟设备"添加到右侧选定设备列表中。

下面进行设备连接设计过程：

双击"设备工具箱"中的"模拟设备"，模拟设备被添加到设备组态窗口中；如图 10.37 所示。

图 10.37　设备组态窗口

　　双击"设备 0-【模拟设备】",进入模拟设备属性设置窗口,如图 10.38 所示。

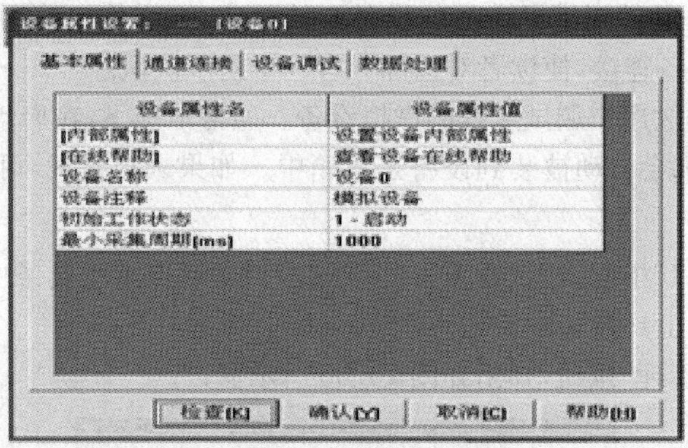

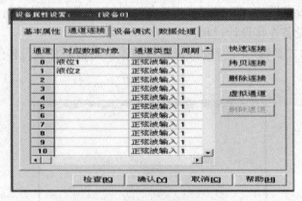

图 10.38　模拟设备属性设置窗口

　　单击基本属性页中的"内部属性"选项,该项右侧会出现图标⋯,单击按钮进入内部属性设置,将通道 1、2 的最大值分别设置为:"10、6"。

　　单击"确认"完成"内部属性"设置。

　　点击通道连接标签,进入通道连接设置。

　　选中通道 0 对应数据对象输入框,输入"液位 1";选中通道 1 对应数据对象输入框,输入"液位 2",如图 10.39 所示。

　　进入"设备调试"属性页,即可看到通道值中数据在变化。

　　按"确认"按钮,完成设备属性设置。

图 10.39　模拟设备通道连接设置窗口

（七）报警显示

MCGS 把报警处理作为数据对象的属性封装在数据对象中,由实时数据库自动处理。当数据对象的值或状态发生改变时,实时数据库判断对应的数据对象是否发生了报警或已产生的报警是否已经结束,并把所产生的报警信息通知给系统的其他部分。同时,实时数据库根据用户的组态设定,将报警信息存入指定的存盘数据库文件中。

1. 定义报警

报警数据对象为:液位1、液位2。

2. 定义报警具体操作

具体操作如下:

进入数据库数据对象,点击"液位1"选中"报警属性"标签。

选中"允许进行报警处理",报警设置域被激活。

选中报警设置域中的"下限报警",报警值设为"2",报警注释输入"水罐1没水了",接着选中"上限报警"报警值设为"9",报警注释输入"水罐1的水位已达到上限值"。

单击"存盘属性"标签,选中报警数据的存盘域中的"自动保存产生的报警信息",然后确认,液位1报警信息设置完毕。

用同样方法可以设置液位2的报警信息,其中下限报警:报警值设为1.5,报警注释输入"水罐2没水了";上限报警:报警值设为4,报警注释输入"水罐2的水已达上限值"。

3. 制作报警显示画面

实时数据库只是负责关于报警的判断、通知和存储三项工作,而报警产生后所要进行的其他处理操作(如报警信息显示)则需要组态时设计。

具体操作如下:

双击"用户窗口"中的"水位控制"窗口,进入组态画面。选取"工具箱"中的"报警显示"构件。鼠标指针呈十字形后,在适当的位置,拖动鼠标至适当大小。选中报警图形,双击,再双击弹出报警显示构件属性设置窗口,如图10.40所示。

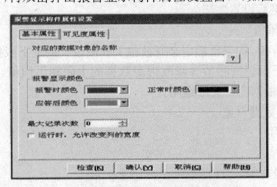

图10.40　报警显示属性设置对话框

在基本属性页中,将对应的数据对象名称设为液位组,最大记录次数设为 6,单击"确认"后即可。

4. 报警数据浏览

对于报警信息,我们还可以实现"报警信息浏览"的功能,保存报警信息。这需要在画面设置时,选用"报警信息浏览"构件。

在运行策略窗口中,单击新建策略,弹出"选择策略的类型"。

选中"用户策略",按"确定"。

选中"策略 1",单击"策略属性"按钮,弹出"策略属性设置"窗口,在策略名称输入框中输入:"报警数据",在策略内容注释输入框中输入:"水罐的报警数据"。如图 10.41 所示。

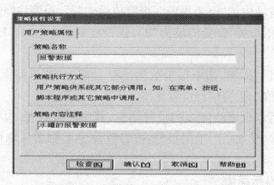

图 10.41　报警策略属性设置对话框

确认属性后,双击"报警数据"策略,进入策略组态窗口。

单击工具条中的"新增策略行"图标,新增加一个策略行。

从"策略工具箱"中选取"报警信息浏览",加到策略行▨▨上。

双击 ▨ 图标,弹出"报警信息浏览构件属性设置"窗口。

进入基本属性页,将"报警信息来源"中的"对应数据对象"改为:"液位组"。

按"确认"按键后设置完毕。

5. 修改报警限值

在实时数据库中,如果已经定义好液位 1 和液位 2 的上下限报警值,则用户也可以在运行环境下根据实际情况修改报警数据的上限和下限值,组态软件提供了大量的函数,可以根据需要灵活运用。

步骤为:设置数据对象。

制作交互界面。

编写控制流程。

(1) 设置数据对象

在实时数据库中增加四个变量,分别为:液位 1 上限、液位 1 下限、液位 2 上限、液位 2 下限。对象内容注释分别为"水罐 1 的上限报警值"、"水罐 1 的下限报警值"、"水罐 2 的上限报警值"、"水罐 2 的下限报警值"。存盘属性页中,选中"退出时,自动保存数据对象当前值为初始值。"

(2) 制作交互界面

在"水位控制"画面中,首先制作 4 个标签。

选中"工具箱"中的输入框**abl**构件,拖动鼠标,绘制 4 个输入框。

双击输入框图标,进行属性设置,具体设置为:数据对象名称分别为"液位 1 上限值"、"液位 1 下限值"、"液位 2 上限值"、"液位 2 下限值"。最小值、最大值分别为:液位 1 上限值 5、液位 2 上限值 4、液位 1 下限值 0、液位 2 下限值为 0。制作的输入框效果图见图 10.42。

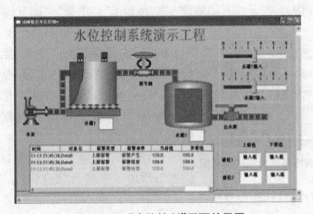

图 10.42　"水位控制"画面效果图

(3) 编写控制流程

进入"运行策略"窗口,双击"循环策略"双击进入脚本程序编辑环境,在脚本程序中增加以下语句:

> ! SetAlmValue(液位 1,液位 1 上限,3)
> ! SetAlmValue(液位 1,液位 1 下限,2)
> ! SetAlmValue(液位 2,液位 2 上限,3)
> ! SetAlmValue(液位 2,液位 2 下限,2)

(八) 报表输出

组态软件的报表分为实时报表和历史报表两种。实时报表是将当前时间的数据变量按一定的报告格式显示或打印出来,可以通过 MCGS 系统的自由表格构件来实现实时数据报表。历史报表通常用于从历史数据库中提取数据记录,并以一定的格式显示历史数据,可以通过 3 种方式实现。本例中我们用其中的"策略构件"中的"存盘数据浏览"构件实现。

1．制作实时报表

步骤为：

首先在"用户窗口"中新建一个用户窗口，窗口名称及窗口标题均设为"数据显示"。

双击"数据显示"窗口，进入"数据显示"窗口，在窗口中使用工具箱中的标签构件制作 5 个标签，一个为标题："水位控制系统数据显示"，4 个为注释："实时数据"、"历史数据"、"实时曲线"、"历史曲线"。

选择工具箱中"自由表格"▦图标，在窗口适当位置绘制一个自由表格。

双击表格，进入表格编辑状态，编辑表格，将表格行数设为 5 行，列数设为 2 列（分别为 A 列和 B 列）。

A 列中分别从上到下输入："液位 1"、"液位 2"、"水泵"、"调节阀"、"出水阀"。

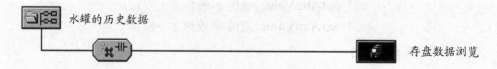

连接	A*	B*
1*		液位1
2*		液位2
3*		水泵
4*		出水阀
5*		调节阀

B 列中在选中自由表后点击右键选择连接时，第一行选择"液位 1"变量，第二行选择"液位 2"变量，第三行选择"水泵"变量，第四行选择"调节阀"变量，第五行选择"出水阀"变量，使这些单元与系统变量建立连接，如图 10.43 所示。

图 10.43　自由表格与变量连接设置图

设置完毕后，进入"主控窗口"，单击"菜单组态"，增加一个名为"数据显示"的菜单，菜单操作为：打开用户窗口"数据显示"。

2．历史报表制作

这里利用"存盘数据浏览"构件实现，步骤为：

在"运行策略"中新建一个用户策略，策略改为历史策略，策略内容注释为"水罐的历史数据"。

双击"历史数据"策略，进入策略组态窗口。

新增一策略行，并添加"存盘数据浏览"策略构件，如图 10.44 所示。

水罐的历史数据

存盘数据浏览

图 10.44　策略组态窗口

双击▮图标，弹出"存盘数据浏览构件属性设置"窗口，在数据来源中选择 MCGS 组对象对应的存盘数据表，并在下面的输入框中输入文字"液位组"。

在显示属性页中，单击"复位"按钮，并在液位 1、液位 2 对应的小数列中输入

"1"，时间显示格式：除毫秒外全部选中，如图 10.45 所示。

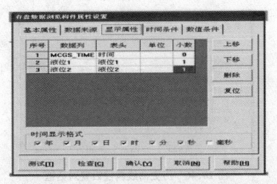

图 10.45　存盘数据浏览构件属性设置对话框

在时间条件页中，设置排序列名"MCGS_TIME"、"升序"，时间列名为"MCGS_TIME"，选择"所有存盘数据"。最后确认退出。

进入"主控窗口"，新增加一个菜单，参数设置中菜单名设为"历史数据"，菜单操作属性页中菜单对应的功能选择为"执行运行策略块"，策略名称为："历史数据"。

（九）曲线显示

组态软件的曲线显示分为实时曲线显示和历史曲线显示两类。

实时数据曲线可以通过"实时曲线"构件显示一个或多个数据对象数值的动画图形，像笔绘记录仪一样实时记录数据对象值的变化情况。

步骤为："数据显示"窗口中，在实时报表的下方，使用"标签构件"制作一个标签，输入文字"实时曲线"。

单击工具箱中的实时曲线图标，在标签下方绘制一个实时曲线，并调整大小。

双击曲线，弹出"实时曲线构件属性设置"窗口，设置基本属性页中 Y 轴主划线为"5"，在标注属性页中，将时间单位设置为秒钟，小数位数设为"1"，最大值设为"10"，在画笔属性页中，将曲线 1 对应的表达式设为"液位 1"，颜色为蓝色，设置曲线 2 对应的表达式设为"液位 2"，颜色设为红色。最后确认即可。

历史数据曲线显示可以通过"历史曲线"构件实现，主要用于事后查看数据、状态变化趋势和总结规律的。

步骤为：

在数据显示窗口中，使用标签构件在历史报表下方制作一个标签，输入文字"历史曲线"。

在标签下方，使用"工具箱"中的历史曲线构件，绘制一个一定大小的历史曲线图形。

双击曲线,则弹出"历史曲线构件属性设置"窗口,如图 10.46 所示。

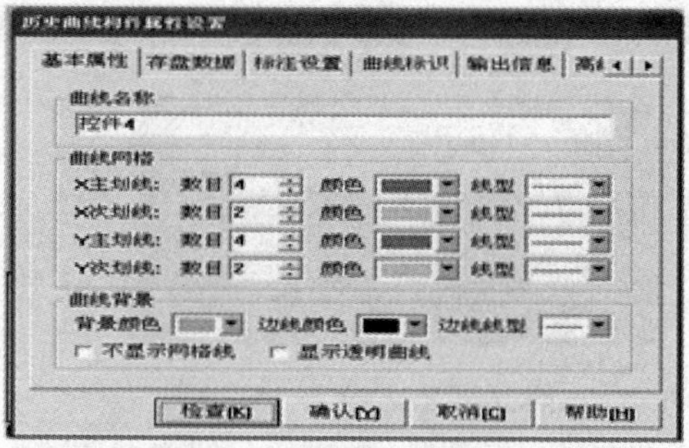

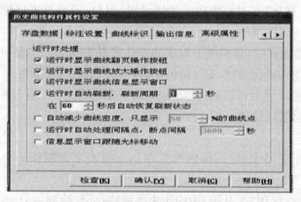

图 10.46　历史曲线属性设置对话框

在对话框中进行如下设置:在基本属性页中将曲线名称设置为"液位历史曲线",Y 轴主划线设为"5",背景颜色设为白色,在存盘数据属性页中,存盘数据来源选择组对象对应的存盘数据,并在下拉菜单中选择液位组。

在曲线表示页中,选中曲线 1,曲线内容设为液位"1",曲线颜色设为蓝色,工程单位为米,小数位数设为"1",最大值设为"10",实时刷新设为"液位 1"。

用同样地方法制作曲线 2,曲线内容为"液位 2",曲线颜色设为红色,小数位数设为"1",最大值设为"10",实时刷新设为"液位 2"。

在高级属性页中,选中运行时显示曲线翻页操作按钮。

运行时显示曲线放大操作按钮。

运行时显示曲线信息显示窗口。

运行时自动刷新。

将刷新周期设为 1 秒,并选择 60 秒后自动恢复刷新状态,如图 10.47 所示,设置完毕"确认"退出。

图 10.47　历史曲线高级属性设置对话框

习题与思考题

1. 什么是人机界面？目前常用的人机界面有哪些？

2. 触摸屏要作为人机界面，设计时应遵循的原则是什么？

3. 通常，触摸屏的使用方法及设计步骤是什么？

4. 学习 Digital 触摸屏的使用方法，或选用市场上任一厂家任一款触摸屏，学习其使用设计方法。

5. 目前，市场上常用的组态软件有哪些？

6. 从网上下载 MCGS 组态软件试用版组态软件或其他厂家的组态软件，学习其使用设计方法。

第十一章 通用电气可编程控制器

第一节 PAC 编程软件

  Proficy Machine Edition 是一个适用于人机界面开发、运动控制及控制应用的通用开发环境。Proficy Machine Edition 提供了一个统一的用户界面、拖—放的编辑功能及支持项目需要的多目标组件的编辑功能，支持快速、强有力、面向对象的编程，Proficy Machine Edition 充分利用了工业标准技术的优势，如 XML、COM/DCOM、OPC 和 ActiveX。

  Proficy Machine Edition 也包括了基于网络的功能，如它的嵌入式网络服务器，可以将实时数据传输给企业里任意一个人。Proficy Machine Edition 内部的所有组件和应用程序都共享同一个工作平台和工具箱。一个标准化的用户界面会减少学习时间，而且新应用程序的集成不包括对附加规范的学习。

一、安装 Proficy Machine Edition

Proficy Machine Edition 软件安装步骤如下：

  ① 将 Proficy Machine Edition 光盘插入 CD-ROM 驱动器通常安装程序会自动启动，如果安装程序没有自动启动，也可以通过直接运行在光盘根目录下的 Setup.exe 来启动。

  ② 在安装界面中点击 Install 开始安装程序；跟随屏幕上的指令操作，依次点击"下一步"即可。

  ③ 产品注册，在软件安装完成后，会提示产品注册画面，如图 11.1 所示，若点击"NO"，则仅拥有 4 天的试用权限。若已经拥有产品授权，点击"YES"，将硬件授权插入电脑的 USB 通信口，就可以在授权时间内使用 Proficy Machine Edition 软件。

图 11.1　软件安装

二、工作界面

如图 11.2 所示打开界面。

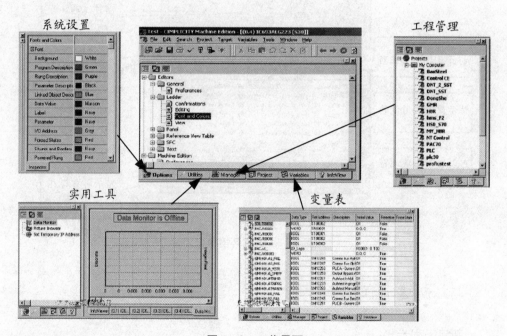

图 11.2　工作界面

第二节　Proficy Machine Edition 软件的使用

一、打开开发环境

点击开始＞所有程序＞GE Fanuc＞Proficy Machine Edition＞Proficy Machine Edition 或者点击█图标,启动软件。在 Machine Edition 初始化后,进入开发环境窗口,如图 11.3 所示。

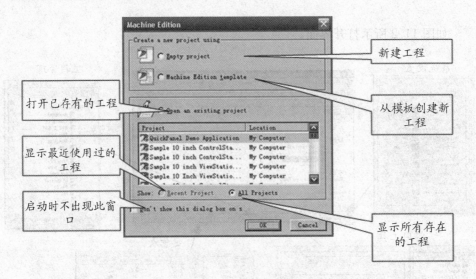

图 11.3　开发环境窗口

二、新建工程

新建工程步骤:
① 点击 File＞NewProject 或点击 File 工具栏中按钮,出现新建工程对话框,如图 11.4 所示。
② 选择所需要的模板,根据使用的硬件型号选择。
③ 输入工程名。
④ 点击 OK。

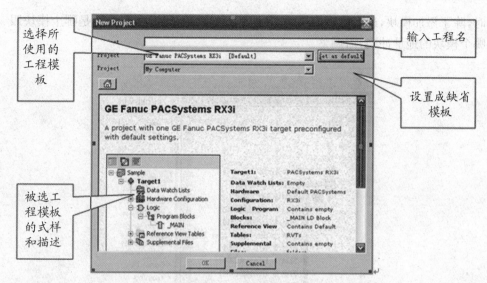

图 11.4　新建工程步骤

三、新建对象

一般新建工程会自动新建一个对象,如果我们做的工程需要几台 PLC,那么还需在工程下面新建对象, 点击＞Project＞Target 或者在工程下面右击＞Target。

四、硬件配置

使用 Developer PLC 编程软件配置 PAC 的电源模块。CPU 模块和常用的 I/O 模块的步骤如下:

① 依次点开浏览器的 Project＞PAC Target＞Hardware Configuration＞Main Rack(rack0) 条目,如图 11.5 所示。

② Slot 0 表示 0 号插槽号,Slot 1 表示 1 号插槽号等。右键点击 Slot ,选择 Add Module,软件弹出 Catalog 编辑窗口,根据模块的类型,选择相应的型号,点击"OK"就可以成功添加。

注意:

① RX3i CPU 占两槽的宽度,可以安装在除最后两槽外的任意槽位上。

② 在添加模块时,若在该模块的窗口中出现红色的提示栏,则表示该模块没有配置完全或者有地址冲突,还需要设定相关参数。如在配置 ETM001 通信模块

时，除了添加模块，还要配置模块的 IP 地址。如果地址冲突，则要看是哪个模块跟哪个模块的地址冲突，需调整。

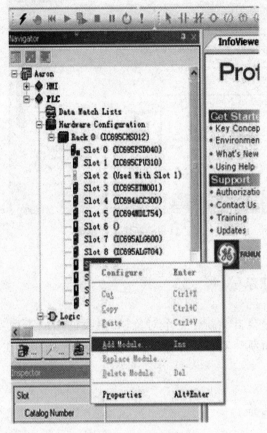

图 11.5　新建对象

五、临时 IP 设置

　　RX3i 的 PLC、PC 和 HMI 是采用工业以太网通信的，在首次使用、更换工程或丢失配置信息后，以太网通信模块的配置信息须重设，即设置临时 IP，并将此 IP 写入 RX3i，供临时通信使用。然后可通过写入硬件配置信息的方法设置"永久" IP，在 RX3i 保护电池仍有效，或将硬件配置信息写入 RX3i 的 Flash 后，断电也可保留硬件配置信息包括此"永久"IP 信息。

　　设置临时 IP 如图 11.6 所示，点击＞Set Temporary Ip Address，输入以太网模块上的 MAC 号和要设的临时 IP 地址。在设置的时候一定要注意将 PLC、PC

和 HMI 三者的 IP 设置在同一号码段。

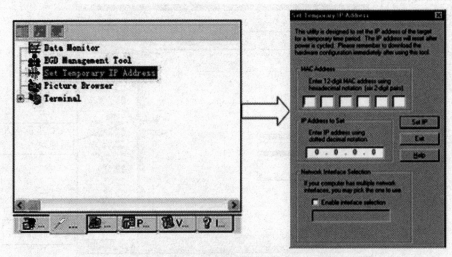

图 11.6　设置临时 IP

六、输入梯形图程序

依次点开浏览器的 Project＞PAC Target＞logic＞program bloks 双击 main，
打开浏览器(图 11.7)，输入梯形图程序(图 11.8)。

七、上传/下载

如果采用以太网上传程序，则如图 11.9 所
示，在对象的属性里设置物理口为以太网并设置
以太网网址，然后点击下载。如图 11.10 所示窗
口弹出，选择要下载的选项。

工具箱如图 11.11 所示：

① 包含所有的梯形图指令。

② 可以选择私有指令表。

③ 可以创建工具箱对象，包括：

梯形图的行 LD Rungs。

指令列表的文本/块 IL。

数据结构 Data structures。

图形元件或整幅屏幕。

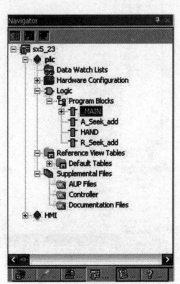

图 11.7　打开浏览器

④ 对象的原型拷贝、链接式拷贝和嵌入式拷贝。

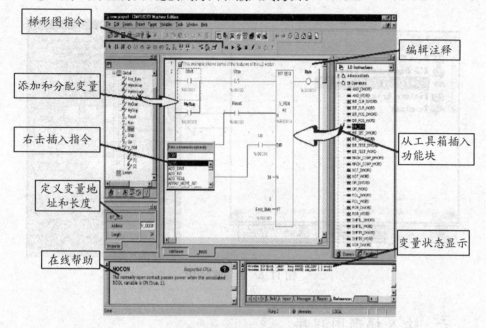

图 11.8　输入梯形图程序

将工作窗口切换到 Project→PAC Target→Logic→program blocks 页右面的工具盒，按图 11.9 所示右击上传（图 11.9）。

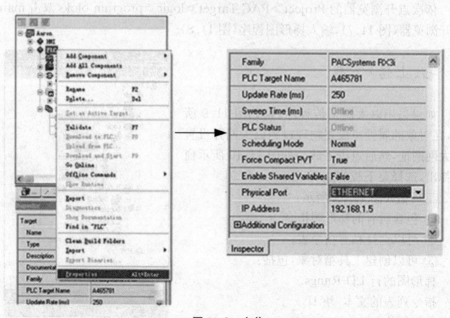

图 11.9　上传

硬件配置

逻辑结构

强制变量

控制器补充文件

写入到FLASH内存中

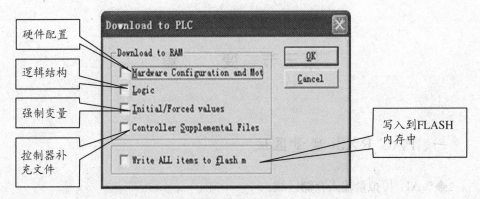

图 11.10　下载

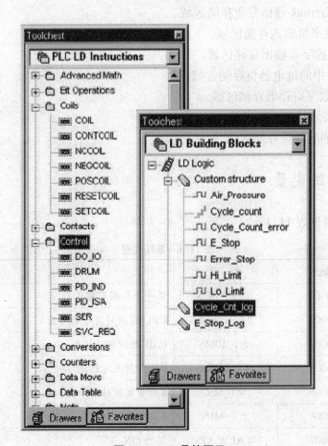

图 11.11　工具箱图示

第三节 变 量

一、PAC RX3i 变量区域

◆%AI：模拟量输入存储区域。

◆%AO：模拟量输出存取区域。

◆%G：Genius 通信专业存储区域。

◆%I：数字量输入存储区域。

◆%Q：数字量输出存储区域。

◆%M：中间继电器位存储区域。

◆%R：数字寄存器存储区域。

◆%S：系统状态存储区域。

◆%T：临时变量存储区域。

二、系统变量

系统变量见表 11.1。

表 11.1 系统变量

变量地址	名 称	定 义
%S0001	#FST_SCN	第一个扫描周期置 1
%S0002	#LST_SCN	CPU 转换到运行模式置 1
%S0003	#T_10MS	0.01 秒钟定时结点
%S0004	#T_100MS	0.1 秒钟定时结点
%S0005	#T_SEC	1 秒钟定时结点
%S0006	#T_MIN	1 分钟定时结点
%S0007	#ALW_ON	总为 ON
%S0008	#ALW_OFF	总为 OFF
%S0009	#SY_FULL	CPU 故障表满置 1

续表 11.1

变量地址	名　称	定　义
%S0010	♯IO_FULL	IO 故障表满置 1
%S0011	♯OVR_PRE	变量存储器发生溢出时置 1
%S0012	♯FVC_PRE	Genius 点被强制时置 1
%S0013	♯PRG_CHK	后台程序检查激活时置 1
%S0014	♯PLC_BAT	电池状态发生改变时,这个结点会更新

三、变量数据库

在 Navigator 窗口进入 Varables 标签栏,可以完成按需排列、删除没有使用的变量、刷新变量表、新建变量、导入与导出变量等 5 个工作。

(一) 可以按需排列

如图 11.12 所示为按名字排序。

(二) 新建变量

① 在变量数据库中右击,选择 New Variable,根据需要,选择适当的变量类型(图 11.13)。

② 在新建好的变量中,右击属性,在属性窗口修改名称、地址等相关参数。

(三) 变量的导出

提供将数据库内变量导出到外部能够被外部工具编辑(图 11.14):

① 在数据库内右击,选自 Export。

② 选择将数据库导出的路径,并输入文件名。

③ 打开保存文件,进行修改。

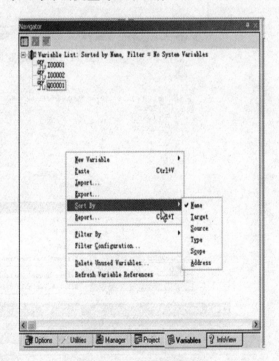

图 11.12　按需排列图示

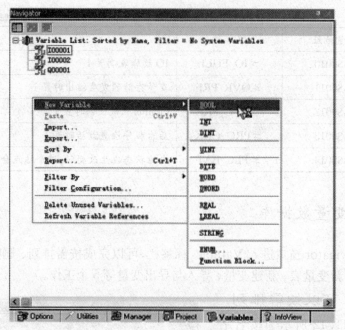

图 11.13　新建变量

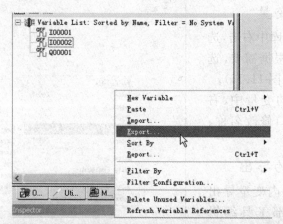

图 11.14　变量导出图示

（四）变量的导入

① 在数据库内右击，选择 Import（图 11.15）。

② 选择将数据库导入的对象，选择发生冲突时是覆盖、保持还是重命名。

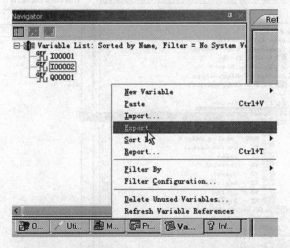

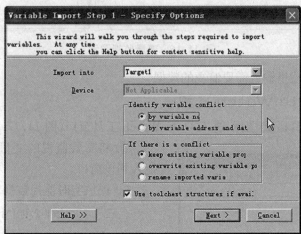

图 11.15 变量导入图示

四、变量监视

ME 提供多种监控方式（图 11.16）。

（一）Peference View Table 监视

① 在 Navigator 的 Project 标签，可以看到 PVT 标签。

② 可以看到所有内存变量区域。

③ 右击 PVT 变量,选择 New,新建一变量。

④ 双击进入变量监视窗口。

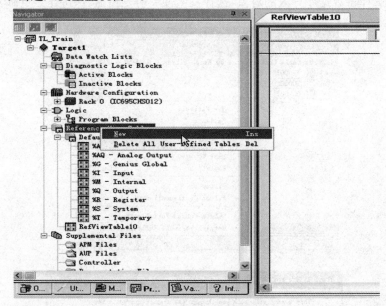

图 11.16　变量监视图示

⑤ 在地址栏里输入需要监视的数据。

(二) Data Watch 监视

① 单击工具栏 ⬛ 图标,进入 Data Watch 工具窗口(图 11.17)。

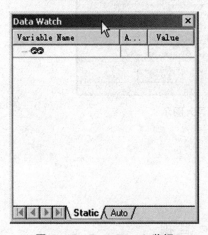

图 11.17　Data Watch 监视

② 将需要监视的变量从变量数据库拖入到该窗口。

③ 提供实时监控数据窗口。

(三) Data Monitor 监视

① 在 Navigator 的 Utilites 标签,可以看到 Data Monitor(图 11.18)。

② 双击进入监视窗口。

③ 将需要的变量从变量库拖入该区域。

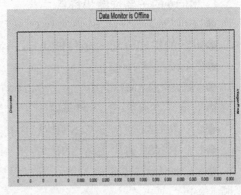

图 11.18 Data Monitor 监视

第四节 GE 智能平台 PAC 硬件结构

一、VersaMax Nano & Micro

VersaMax Nano & Micro 是低端控制器,如图 11.19 所示,用于以数字量 I/O 为主并有少量模拟量的应用,采用 CIMPLICITY Machine Edition 或者 VersaPro 编程,支持 LD 和 IL,它把 I/O、通信、电源和处理器集成在一起。

图 11.19 低端控制器

1. Micro 的主要性能和特点

◆14 点/23 点/28 点/64 点的 PLC,最多可带 4 个扩展单元,可扩展到 176 点 I/O。

◆灵活的扩展单元（23 种模块）,开关量、模拟量和 RTD。

◆2 个模拟量电位计。

◆9 kB 的 RAM(可选电池支持,14 点无电池支持 3 天)和 Flash。

◆支持浮点运算、PID 和子程序。

◆1 个 RS232 通信支持 SNP 从、串口读/写和 Modbus 从。

◆1 个 RS485 通信支持 SNP 主/从、串口读/写和 Modbus 主/从。

◆VersaMax SE 使得 Micro 可以很容易地连接到以太网,进行编程、监控和诊断。

◆多种 Versa Max DP 系列的操作员界面。

2. 具有 64 点的 Micro 64 PLC 的性能和特点

具有 64 点的 Micro 64 PLC 如图 11.20 所示。

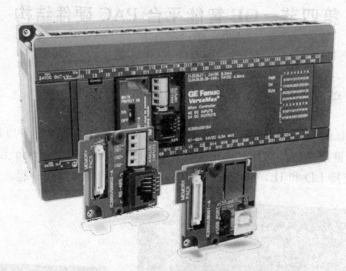

图 11.20 具有 64 点的 Micro 64 PLC

◆64 点的 PLC(40DI,24DO)可带 4 个扩展单元,可扩展到 176 点 I/O。

◆48 kB 的用户逻辑区和 32 kB 的数据寄存器。

◆支持 SNP 主/从、串口读/写、Modbus 主/从。

◆可外加选项串口 2 支持 RS232/RS482/USB/ETH。

◆ETH(IC200UEM001):支持 SRTP、Modbus TCP Server 和通道。

◆支持浮点运算、PID 和子程序。

◆多种 Versa Max DP 系列的操作员界面。

◆新的 LD PDA 是强大的调试和诊断工具。

◆带 ESCP（电子短路保护）输出。

◆继电器输出。

◆4 个 100 kHz 的 A 型高速计数器或 1 个 B 型计数器。

◆4 个 65 kHz 的 HSC、PWM 和脉冲串输出。

◆具有电池支持的数据区和实时时钟。

二、RX3i

RX3i 是新一代的中高端控制系统,适用于中高端的过程控制和离散控制,它的编程工具是 Proficy Machine Edition,它比传统 PLC 有更强大的控制功能,PAC 有（Programmable Automation Controller）Systems 是开放式的控制系统,具有强大的移植功能,可以在现有的用户平台上进行移植,具有快速的技术革新能力。

（一）RX3i 底板

RX3i 底板支持 PCI 和串行总线 12 槽和 16 槽底板,通用的插槽,支持 PCI 和高速串行总线模块,每个插槽均支持新的 RX3i 和 S90-30 I/O 模块,新老模块均支持热插拔,支持多 CPU（Future）,支持 I/O 中断(图 11.21)。

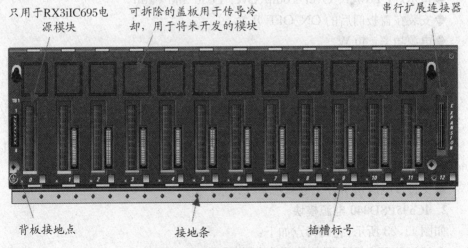

图 11.21 IC695CHS012 12 插槽的通用背板

（二）RX3i CPU 模块

RX3i CPU 模块的型号为 RX3i CPU310 和 CMU310（冗余控制器）,它的特

点如下：

◆处理器：Intel Celeron 300MHz。

◆支持 32 kB DI、32 kB DO、32 kB AI、32 kB AO 和最大 5 MB 的数据存储。

◆10 MB 的可完全配置的用户内存，所有的设备文档均可存储到 CPU 中（包括 Word、Excel、PDF 等）。

◆支持多种编程语言：继电器梯形图语言、指令表语言、C 编程语言、功能块图、Open Process、用户定义的功能块、结构化文本、SFC、符号编程。

◆两个串行通信口，1 个 RS-232 和 1 个 RS-485 口。

◆支持 Break-Free SNP 从、Serial Read/Write 和 Modbus 主/从。

◆三位置切换开关：Run、Run Disabled、Stop。

◆支持 CPU 热插（目前不支持）。

◆诊断指示灯。

◆具有 OK、RUN、Outputs Enabled、FORCE、BATTERY、FAULT、PORT ACTIVITY。

◆内置测温传感器（Warm and Hot Bit）（%SA8）。

（三）RX3i 电源模块

1. 电源模块

如图 11.22 所示，它的特点如下：

◆指示灯：Power、Over Temp、Over Load and Fault。

◆安装在盖板门后的 ON/OFF 开关。

◆电源功率：40 W。

◆测温传感器。

◆支持热插拔。

◆过电流保护。

◆过电压保护。

◆类型：120/240 V AC（125 V DC）Double wide module；24 V DC Single width module。

◆支持多电源用于补充电源功率或冗余。

2. IC695PSD040 电源模块

如图 11.23 所示，它的特点如下：

◆IC695PSD040 电源的输入电压范围是 18～39 V DC，提供 40 W 的输出功率。

◆电源模块电源（绿色/琥珀黄），当 LED 为绿色时，意味着电源模块在给背板供电。当 LED 为琥珀黄时，意味着电源已加到电源模块上，但是电源模块上的开关是关着的。

◆P/S 故障（红色）：当 LED 亮起时，意味着电源模块存在故障并且不能提供足够的电压给背板。

◆温度过高（琥珀黄）：当 LED 亮起，意味着电源模块接近或者超过了最高工作温度。

◆过载（琥珀黄）：当 LED 亮起，意味着电源模块至少有一个输出接近或者超过最大输出功率。

图 11.22　电源模块　　　　图 11.23　IC695PSD040 电源模块

（四）RX3i 通信模块

1. IC695ETM001 以太网通信模块

◆功能：以太网接口模块提供能够与其他 PLC、运行主机通信工具包或编程器软件的主机以及运行 TCP/IP 版本编程软件的计算机的连接。

◆10/100MB、全双工/半双工。

◆支持 SRTP、EGD 和通道。

◆Modbus TCP（Server 和 Client）。

◆内置交换机降低硬件成本。

◆凹陷的以太网接口可以保护接线。

◆通过 EGD 或 Modbus TCP 支持远程 I/O。

2. Profibus 通信模块

◆Profibus DP（PCI bus）。

◆主和从模块，如图 11.24 所示为主模块。

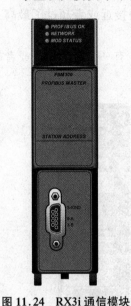

图 11.24　RX3i 通信模块

3. Genius 总线控制器（Serial bus）

Genius 总线控制器是通用电气自己开发的通信协议。

4. DeviceNet 主模块（Serial Bus）

◆串口通信模块（PCI bus）。

◆2 和 4 口模块。

◆支持多种协议。

◆模拟量 I/O 模块上的 HART 通讯口。

◆兼容 HART 5.0，基于扫描和基于信息的 HART 通信。

◆HART 数据，如设备诊断、配置、状态等。

（五）RX3i 模拟量 I/O

RX3i 具有高性能的模拟量 I/O，通用模拟量模块（8 通道）支持电压、电流、热电偶、应变力、电阻和 RTD。PCI 总线的非隔离模拟量输入（8 和 16 通道）支持的电流输入有：0~20 mA、4~20 mA、±20 mA；电压输入有：±10 V、0~10 V、±5 V、0~5 V、1~5 V，16 位分辨率，PCI 总线的非隔离的支持 HART 协议的模拟量模块。

如图 11.25 所示为 IC695ALG600 模拟输入模块，它的特点如下：

◆IC695ALG600 模拟输入模块，提供 8 通道通用模拟量输入模块，两个冷端温度补偿(CJC)通道，使用户能在每个通道的基础上配置电压、热电偶、电流、RTD 和电阻。

◆输入端分成两个相同的组，每组有 4 个通道。通过使用 MachineEdition 的软件，可以独立配置通道。

（六）输入模拟器模块

如图 11.26 所示为 IC694ACC300 输入模拟器模块，它的特点如下：

◆IC694ACC300 输入模拟器模块可以用来模拟 8 点或 16 点的开关量输入模块的操作状态。输入模拟器模块可以用来代替实际的输入，直到程序或系统调试好。它也可以永久地安装到系统中作为提供 8 点或 16 点条件输入接点用来人工控制输出设备。

◆每个模块的输入点数：8 或 16（开关选择）。

◆单独的绿色发光二极管表明每个开关所处的 ON/OFF 位置。这个模块可以安装到 RX3i 系统的任何的 I/O 槽中。

图 11.25　RX3i 模拟量 I/O

图 11.26　输入模拟器模块

（七）RX3i 开关量 I/O

RX3i 有丰富的开关量 I/O 模块,新 I/O 模块类型有:32 点,12/24 V DC 输入;32 点,24 V DC 带 ESCP（0.75 Amp）保护;带点级诊断的自复位;无须外接保险丝;每点有双色 LED,点短路时为琥珀色;32 点,120 V AC 输入;16 点,120 VAC 隔离输入。

1. IC694MDL645 数字输入模块

IC694MDL645 数字量输入模块（图 11.27）提供一组共用一个公共端的 16 个输入点,该模块既可以接成共阴回路又可以接成共阳回路。

2. IC694MDL754 数字输出模块

IC694MDL754 数字输出模块提供两组（每组 16 个）共 32 个输出点（图 11.28）。每组有一个共用的电源输出端。这种输出模块具有正逻辑特性,它向负载提供的源电流来自用户共用端或者到正电源总线。输出装置连接在负电源总线和输出点之间。用户必须提供现场操作装置的电源。每个输出端用标有序号的发光二极管显示其工作状态（ON/OFF）。这个模块上没有熔断器。

图 11.27　IC694MDL645 数字输入模块

图 11.28　IC694MDL754 数字输出模块

第五节　指　　令

对于指令当我们不明白时可以按 F1 键,利用帮助文件查阅指令。

一、触点与线圈

(一)触点

—||—:常开触点。

—|/|—:常闭触点。

—| ↑ |—:正跳变触点。

—| ↓ |—:负跳变触点。

—|+|—:延续触点。

(二) 线圈

( ):线圈(常开)。

(/):负线圈。

(S):置位线圈。

(R):复位线圈。

(↑):正跳变线圈。

(↓):负跳变线圈。

(+):延续线圈。

延续触点与延续线圈:每行程序最多可以有 9 个触点,一个线圈如超过这个限制就要用到延续触点与延续线圈。

(三) 系统触点

一些系统触点的含意(只能做触点用不能做线圈用)如下:

① ALW_ON:常开触点。

② ALW_OFF:常闭触点。

③ FST_SCN:在开机的第一次扫描时为 1,其他时间为 0。

④ T_10 ms:周期为 0.01 秒的方波。

⑤ T_100 ms:周期为 0.1 秒的方波。

⑥ T_Sec:周期为 1 秒的方波。

⑦ T_Min:周期为 1 分钟的方波。

二、定时器

(一) 延时接通

当 ENABLE 端在 A 处由"0→1"时,计时器开始计时。在 B 处当计时计到后,输出端置"1",计时器继续计时。在 C 处当 ENABLE"1→0",输出端置"0",计时器停止计时,当前值被清零。在 D 处当 ENABLE 端由"0→1"时,计时器开始计时。在 E 处当当前值没有达到预置值时,ENABLE 端由"1→0",输出端仍旧为零,计时器停止计时,当前值被清零(图 11.29)。

注:每一个计时器需占用 3 个连续的寄存器变量。

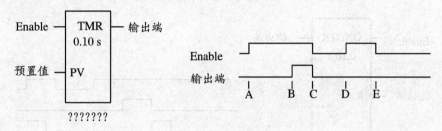

图 11.29　延时接通

(二) 延时断开

当 ENABLE 端在 A 处由"0→1"时,输出端也由"0→1";在 B 处当 ENABLE 端由"1→0"时,计时器开始计时,输出端继续为"1";在 C 处,在当前值达到预置值时;输出端由"1→0",计时器停止计时;在 D 处当 ENABLE 端由"0→1"时,计时器复位(当前值被清零);在 E 处当 ENABLE 端由"1→0";计时器开始计时;在 F 处当 ENABLE 又由"0→1"时,且当前值不等于预置值时计时器复位(当前值被清零)。在 G 处当 ENABLE 端再由"0→1"时;计时器开始计时;在 H 处当当前值达到预置值时;输出端由"1→0",计时器停止计时(图 11.30)。

注:每一个计时器需占用 3 个连续的寄存器变量。

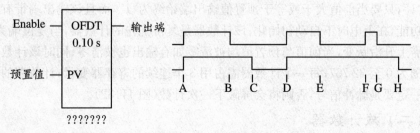

图 11.30　延时断开

（三）延时接通断电保持

当 ENABLE 端在 A 处由"0→1"时，计时器开始计时；在 B 处当计时计到后，输出端置"1"，计时器继续计时；在 C 处当复位端由"0→1"时，输出端被清零；计时值被复位；在 D 处当复位端由"1→0"时，计时器重新开始计时；在 E 处当 ENABLE 端由"1→0"时，计时器停止计时，但当前值被保留；在 F 处当 ENABLE 端再由"0→1"时，计时器从前一次保留值开始计时；在 G 处当计时计到后，输出端置"1"，计时器继续计时，直到使能端为"0"并复位端为"1"，或当前值达到最大值；在 H 处当 ENABLE 端由"1→0"时，计时器停止计时，但输出端仍旧为"1"。

注：每一个计时器需占用 3 个连续的寄存器变量（图 11.31）。

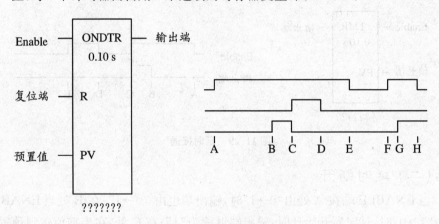

图 11.31　延时接通断电保持

三、计数器

（一）加计数器

当计数端输入由"0→1"脉冲信号当前值加"1"，当当前值等于预置值时，输出端置"1"，只要当前值大于或等于预置值输出端始终为"1"，而且该输出端带有断电自保功能，在上电时不自动初始化；该计数器是复位优先的计数器，当复位端为"1"时无需上升沿跃变，当前值与预置值均被清零如有输出也被清零；同时该计数器计数范围为 0 至 32 767；每一个计数器需占用 3 个连续的寄存器变量；计数端的输入信号一定要是脉冲信号，否则将会屏蔽下一次计数（图 11.32）。

（二）减计数器

当计数端输入由"0→1"，脉冲信号当前值减"1"，当当前值等于"0"时，输出端置"1"，只要当前值小于或等于预置值输出端始终为"1"，而且该输出端带有断电自保功能，在上电时不自动初始化；该计数器是复位优先的计数器，当复位端为"1"时无需上升沿跃变，当前值被置成预置值如有输出也被清零。该计数器的最小预置值为"0"，最大预置值为"32 767"，最小当前值为"32 767"。每一个计数器需占用3个连续的寄存器变量；计数端的输入信号一定要是脉冲信号否则将会屏蔽下一次计数(图 11.33)。

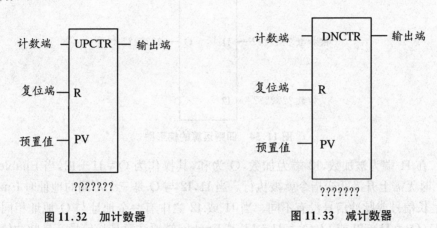

图 11.32　加计数器　　　　　　　　　　　　图 11.33　减计数器

四、数学运算

数学运算的功能如表 11.2 所示。

表 11.2　数字运算指令

符　号	功　能
ADD	加
SUB	减
MUL	乘
DIV	除
MOD	取余
SQRT	根方
ABS	绝对值
SIN、COS、TAN、ASIN、ACOS、ATAN	三角函数、反三角函数
LOG、LN、EXP、EXPT	对数、指数
RAD DEG	弧度转换

（一）四则运算

四则运算的梯形图及语法基本类似,现以加法指令为例,其他参照帮助文件(图 11.34)。

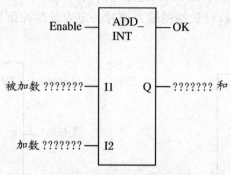

图 11.34　四则运算的梯形图

在 I1 端为被加数,I2 端为加数,Q 为和,其操作为 Q = I1 + I2,当 Enable 为"1"时无需上升沿跃变指令就被执行。当 I1,I2 与 Q 是三个不同的地址时 Enable 端是长信号或脉冲信号没有不同。当 I1 或 I2 之中有一个地址与 Q 地址相同时,即 I1(Q) = I1 + I2 或 I2(Q) = I1 + I2,其 Enable 端要注意是长信号还是脉冲信号。是长信号时该加法指令成为一个累加器,每个扫描周期执行一次直至溢出,是脉冲信号时,当 Enable 端为"1"时执行一次。当计算结果发生溢出时,Q 保持当前数型的最大值,如是带符号的数,则用符号表示是正溢出还是负溢出。当 Enable 端为"1",指令正常执行,没有发生溢出时,OK 端为"1",除非发生以下情况:

对 ADD 来说,$(+\infty)+(-\infty)$。

对 SUB 来说,$(+\infty)-(-\infty)$。

对 MUL 来说,$0\times(\infty)$。

对 DIV 来说,$0/0,1/\infty$。

I1 和(或)I2 不是数字。

注:要注意四则运算的数型,相同的数型才能运算。

INT:带符号整数(16 位),$-32\,768 \sim +32\,767$。

UINT:不带符号整数(16 位),$0 \sim 65\,535$。

DINT:双精度整数(32 位),$+2\,147\,483\,648$。

REAL:浮点数(32 位)。

MIXED:混合型(90~70 乘、除法时用)。

（二）开方指令

求 IN 端的平方根,当 Enable 为"1"时(无需上升沿跃变),Q 端为 IN 的平方根（整数部分）。当 Enable 为"1"时，OK 端就为"1"，除非 IN<0 或者 IN 不是数值（图 11.35）。

（三）绝对值指令

如图 11.36 所示，求 IN 端的绝对值，当 Enable 为"1"时（无需上升沿跃变），Q 端为 IN 的绝对值；当 Enable 为"1"时，OK 端就为"1"，除非发生下列情况：

对数型 INT 来说，IN 是最小值。

对数型 DINT 来说，IN 是最小值。

对数型 REAL 来说，IN 不是数值。

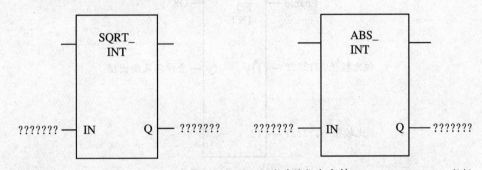

注：平方根指令支持INT、DINT、REAL数据类型。

图 11.35　开方指令

注：绝对值指令支持INT、DINT、REAL数据类型。

图 11.36　绝对值指令

五、比较指令

比较指令见表 11.3。

表 11.3　比较指令

指　令	功　能
EQ	等于
NE	不等于
GT	大于
GE	大于等于
LT	小于
LE	小于等于
CMP	比较
RANGE	范围

(一) 普通比较指令

比较指令的梯形图及语法基本类似(图 11.37),现以等于指令为例介绍:

比较 I1 和 I2 的值,如满足指定条件,且当 Enable 为"1" 时,无需上升沿跃变 Q 端置"1",否则置"0"。比较指令执行如下比较 I1 = I2,I1>I2 等,当 Enable 为 "1"时 OK 端即为"1" 除非 I1 或 I2 不是数值。比较指令支持 INT、DINT、REAL、UNIT 数型,并且相同数型才能比较。

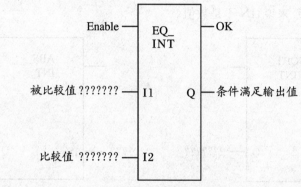

图 11.37　普通比较指令

(二) CMP 指令

比较 I1 和 I2 的值,且当 Enable 为"1" 时,无需上升沿跃变,如 I1>I2 则 GT 端置"1",I1 = I2 则 EQ 端置"1",I1<I2 则 LT 端置"1"。比较指令执行 I1 = I2 、 I1>I2、I1<I2 三种比较,当 Enable 为"1"时 OK 端即为"1"除非 I1 或 I2 不是数值。比较指令支持 INT、DINT、REAL、UNIT,相同数型才能比较(图 11.38)。

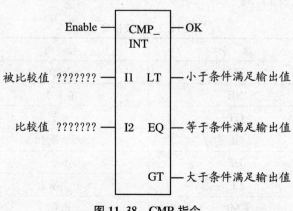

图 11.38　CMP 指令

（三）Range 指令

当 Enable 为"1"时（无需上升沿跃变），该指令比较输入端 IN 是否在 L1 和 L2 所指定的范围内（L1≤IN≤L2 或 L2≤X≤L1），如条件满足，Q 端置"1"，否则置"0"。当 Enable 为"1"时，OK 端即为"1"，除非 L1、L2 和 IN 不是数值。Range 指令支持 INT、DINT、UNIT、WORD、DWORD，相同数型才能比较（图 11.39）。

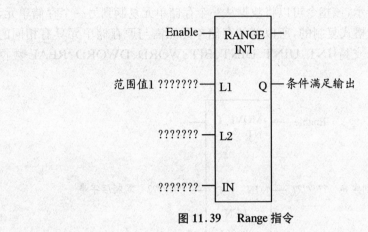

图 11.39　Range 指令

六、数据移动指令

数据移动指令见表 11.4。

表 11.4　数据移动指令

指　令	功　能
MOVE	移动
BLKMOV	块移动
BLKCLR	块清除
SHFR	移动
BITSEQ	位顺序
SWAP	交换
COMMREQ	通信请求

（一）数据移动指令 MOVE

指令注释如下：

Enable：使能端。

IN：被复制字串。

Q：复制后字串。

LEN：字串长度。

如图 11.40 所示，该指令可以将数据从一个存储单元复制到另一个存储单元，由于数据是以位的格式复制的，所以新的存储单元无需与原存储单元具有相同的数据类型。该指令支持 INT、UINT、DINT、BIT、WORD、DWORD、REAL 数据类型。

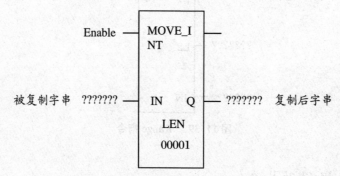

图 11.40　数据移动指令（MOVE）

当 Enable 端为"1"时（无需上升沿跃变），该指令执行如下操作（图 11.41）。

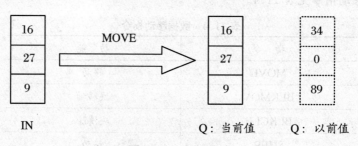

图 11.41　数据移动

（二）块移动指令（BLKMOV）

注释如下：

Enable：使能端。

IN1～IN7：7 个常数。

Q：输出参数。

　　该指令可将 7 个常数复制到指定的存储单元,支持 INT、WORD、REAL 数据类型(图 11.42)。

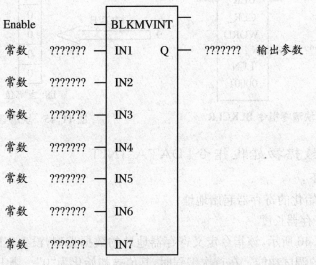

图 11.42　块移动指(令 BLKMOV)

当 Enable 为"1"时(无需上升沿跃变),该指令执行如下操作(图 11.43):

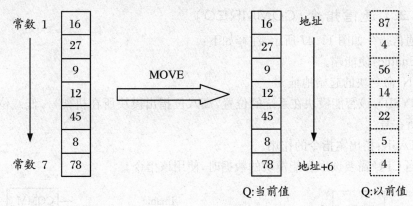

图 11.43　块移动

(三) 块清零指令(BLKCLR)

注释如下:

　　　　Enable:使能端。

　　　　IN :被清零地址区的起始地址。

　　　　LEN:被清零地址区的长度。

对指定的地址区清零,该指令支持如下数型:WORD(图 11.44)

当 Enable 端为"1"时(无需上升沿跃变),该指令执行如图 11.45 所示操作:

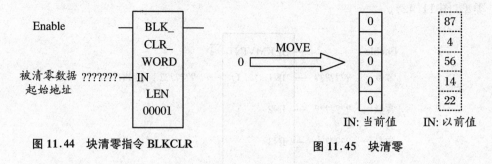

图 11.44　块清零指令 BLKCLR

图 11.45　块清零

(四) 数据初始化指令(DATA_INIT)

注释如下:

Q:需初始化的寄存器起始地址。

LEN:寄存器长度。

如图 11.46 所示,该指令定义寄存器地址的数据类型,没有实际的编程功能,但提供很强的调试功能。在首次编程时,其值被初始化为"0"。当 Enable 端为"1"时(无需上升沿跃变),该指令按照相应的数据格式初始化寄存器数据类型。该指令支持 INT、DINT、UINT、WORD、DWORD、REAL 数型。

(五) 通信指令(COMMREQ)

通信指令如图 11.47 所示,注释如下:

Enable:使能端。

IN:命令块的起始地址。

SYSID:该智能模块在系统的位置,高八位指出模块所在机架号,低八位指出模块所在号。

TASK:指出本指令的作用。

当 CPU 需要读取智能模块的数据时,使用该指令。

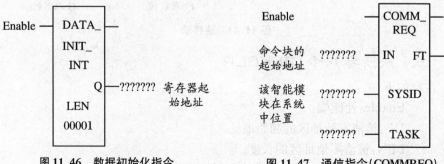

图 11.46　数据初始化指令

图 11.47　通信指令(COMMREQ)

（六）通信数据初始化指令（DATA_INIT_COMM）

通信数据初始化指令如图 11.48 所示，注释如下：

Enable：使能端。

Q：需初始化的寄存器起始地址。

LEN：寄存器长度。

该指令可以初始化 COMMREQ 指令的数据。当 Enable 端为"1"（无需上升沿跃变），该指令根据 COMMREQ 的数据格式初始化寄存器数据。该指令支持 INT、DINT、UINT、WORD、DWORD、REAL 数型。

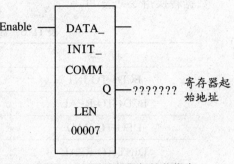

图 11.48　通信数据初始化指令

七、数据表格指令

数据表格指令见表 11.5。

表 11.5　数据表格指令

指　令	功　能
TBLRD	读表的数据
TBLWR	写数据到表中
LIFORD	后进先出读
LIFOWRT	后进先出写
FIFORD	先进先出读
FIFOWRT	先进先出写
SORT	以升序排列
ARRAY_MOVE	数组移动
SRCH_EQ	搜索相等
SRCH_NE	搜索不等
SRCH_GT	搜索大于
SRCH_GE	搜索大于等于
SRCH_LT	搜索小于
SRCH_LE	搜索小于等于
ARRAY_RANGE	数组范围

八、数据转换指令

数据转换指令见表 11.6。

表 11.6　数据转换指令

指　令	功　能
BCD4-TO-INT	4 位 BCD 码转换成整数
BCD4-TO-REAL	4 位 BCD 码转换成实浮点数
DEG-TO-RAD	度数转化成弧度
DINT-TO-REAL	双整型转化成实浮点数
INT-TO-BCD4	整数转化为 4 位 BCD
INT-TO-REAL	整数转化为实浮点数
RAD-TO-DEG	弧度转化成度数
REAL-TO-DINT	实浮点数转化为双整型
REAL-TO-INT	实浮点数转化为整数
REAL-TO-WORD	实浮点数转化为字
TRUNC-DINT	把实浮点数截短为双整数
TRUNC-INT	把实浮点数截短为整数
WORD-TO-REAL	字转化为实的浮点数
INT-TO-UINT	整数转化为无符号的整数
INT-TO-DINT	整数转化为双整数
UINT-TO-INT	无符号的整数转化为整数
UINT-TO-DINT	无符号的整数转化为双整数
UINT-TO-BCD4	无符号的整数转化为 4 位 BCD 码
DINT-TO-INT	双整数转化为整数
DINT-TO-UINT	双整数转化为无符号整数
DINT-TO-BCD8	双整数转化为 8 位 BCD 码
BCD4-TO-UINT	4 位 BCD 码转化为无符号整数
BCD8-TO-REAL	8 位 BCD 码转化为实浮点数
BCD8-TO-DINT	8 位 BCD 码转化为双整型

续表 11.6

指　令	功　能
REAL-TO-UINT	实浮点数转化为无符号整数
REAL-TO-LREAL	实浮点数转化为双实浮点数
LREAL-TO-REAL	双实浮点数转化为实浮点数
DINT-TO-LREAL	双整型转化为双实浮点数
LREAL-TO-DINT	双实浮点数转化为双整型

九、控制指令

控制指令如表 11.7 所示。

表 11.7　控制指令

指　令	功　能
DO-IO	更新 I/O 值
PID-IND	PID 闭环控制
SER	记录事件
SVC-REQ	发送命令给目标控制器
SUS-IO	停止 I/O 扫描
FOR-LOOP	循环
END-FOR	循环结束
EXIT-FOR	退出循环
MASK-IO-INTR	隐中断字
SUSP-IO-INTR	延缓 I/O 中断
SWITCH-POS	可读转换位置
SCAN-SET-IO	I/O 扫描时间的设置

十、程序流指令

程序流指令见表 11.8。

表 11.8　程序流指令

指　令	功　能
CALL	子程序调用
END	结束
ENDMCR	主控复位
ENDMCRN	可嵌套的主控复位
H-WIRE	水平线
JUMP	跳转
JUMPN	可嵌套跳转
LABELN	标注
MCR	主控指令
MCRN	可嵌套的主控指令
V-WIRE	垂直线

习题与思考题

1. 如何备份、删除、恢复一个项目？

2. 如何删除变量表中的一个变量？

3. 如何将编好的程序下载到 RX3I 系列的 PLC 中？

4. RX3i CPU 有几种类型？

5. 编码器的信号输送到微型 PLC IC200UDD064 模块的哪个口？

6. 一个 RX3i 系统能够支持多少个扩展机架？

7. 新建一个项目，编写一段程序，完成下列功能：按下启动按钮 SB1 时，电机正转运行；按下停止按钮 SB2 时，电机开始反转；按下停止按钮 SB3 时，电机按当前转向继续运行 5 s 后停止运行。并且要求电机正转的时候，不可以直接切换到反转；电机反转的时候，不可以直接切换到正转。

第十二章　可编程控制器的应用系统设计与案例分析

案例一　自动化生产线系统

本自动化生产线系统的功能是把毛坯加工一个孔,再装配上一个环和在孔里装一个削,完成工序后放到仓库里。

一、工作过程和控制要求

(一) 工作过程

系统通过 9 个站:供料单元、检测单元、加工单元、装配单元、二次检测单元、搬运单元、二次装配单元、仓库单元和皮带运输单元,实现自动化生产线系统的功能。

1. 供料单元

供料单元主要完成的任务是把毛坯通过气缸推到供料位,再利用机械手把毛坯从供料位吸住放在皮带上。

2. 检测单元

检测单元的任务是用机械手拾取皮带上的毛坯与检测毛坯是否合格,不合格的通过控制导向的方向使废料沿着导向槽滑到废料槽;合格的通过滑道运到下一个加工单元的毛坯等待位置。

3. 加工单元

加工单元是一个圆盘,圆盘上有 4 个位置,分别为毛坯等待位置、加工位置、检测加工合格位置和待运走位置。当传感器检测到毛坯等待位置有毛坯时,圆盘旋转到加工位置停,用夹紧装置夹紧工件后进行钻孔,当钻孔结束后,圆盘再次启动旋转到检测位置停止,检测钻孔是否合格。检测完后圆盘旋转把加工件放到待运走位置等待装配单元的机械手运走。

4. 装配单元

装配单元的任务主要是以下几种:如加工件不合格,机械手把加工件从加工单元的待运走位置运到废料槽;如加工件合格,机械手把加工件从加工单元的待运走位置运到装配单元的待装配处。机械手由步进电机控制。装配单元也是一个圆盘,分别有待装配处、装配处、压紧处、待运走处,圆盘由步进电控制。当机械手把加工件放到待装配处后,圆盘旋转使加工件转移到装配处,加一个环,之后,加工件再由圆盘旋转到压紧位处通过汽缸压紧,压紧后圆盘旋转把加工件运到待运走位置,机械手把装配好的加工件从待运走位置运到皮带上。

5. 半成品检测单元

半成品检测单元的任务主要是:当搬运单元把加工件放到检测单元的进出点上时,检测单元通过直流电机把工件运到检测点上,检测装配的是否合格,如不合格就通过搬运单元的机械手将不合格品放到废料槽上;如果合格通过搬运单元的机械手将合格品放到二次装配单元处。

6. 搬运单元

搬运单元的主要的任务是:把皮带上的加工件运到半成品检测单元中,检测完成后再搬运到二次装配单元中,二次装配完后将其放到皮带上。搬运单元的机械手由气动控制做三维运动。

7. 二次装配单元

二次装配单元主要完成的任务是给加工件的孔装一个销。首先旋转旋转缸使加工件顺时针旋转 90°,槽轮电机控制装销的槽轮盘旋转到装销位,顶杆将销推到加工件的孔中,顶杆退出,再旋转旋转缸使加工件逆时针旋转 90°,等搬运单元的机械手把加工件运到皮带上。

8. 仓库单元

仓库单元主要的任务是存储产品。仓库单元有 3 层,由两个步进电机控制机械手的运动,将产品放到相应的位置。

9. 皮带运输单元

皮带运输单元的任务主要是运输加工件。皮带运输单元用 3 台交流电机和 3 台变频器控制皮带运动,同时在皮带上有传感器判断是否有加工件。

(二) 控制要求

控制分为手动和自动两部分,自动部分执行正常的加工过程;手动部分用于调整位置、调试和手动复位。

按下启动按钮时,能完成正常的工件加工任务;按下停止按钮时,每个单元完成还没完成的工序后再停止;按急停则立即停止。

自动化生产线系统的各个单元均未设置 PLC 主机模块,各单元的输入、输出控制及运行过程中的状态信号是通过四种不同总线 DeviceNet、Profibus-DP、Genius 和以太网以通信的方式与控制柜里的 PLC(主机模块)进行连接的,因此各个单元均由控制柜里的 PLC 控制。每个单元站的远程 I/O 以及变频器通过网络连接主站。

二、PLC 控制系统（选用 GE 系列）

（一）I/O 分配表

I/O 分配表见表 12.1。

表 12.1 各单元 I/O 分配表

一、供料单元

物理地址	说　明	分配地址	物理地址	说　明	分配地址
	输　入			输　出	
1	启动按钮	145I	1	启动指示	33Q
2	停止按钮	146I	2	停止指示	34Q
3	手/自动	147I	3	功能指示	35Q
4	功能	148I	4	联动指示	36Q
5	联动	149I	5	复位指示	37Q
6	复位	150I	6	报警指示	38Q
7	紧停	151I	7	摆臂回控制	39Q
8	压力检测	152I	8	摆臂出控制	40Q
9	工件有无	153I	9	推料控制	41Q
10	摆臂回	154I	10	吸盘 OFF	42Q
11	摆臂出	155I	11	吸盘 ON	43Q
12	推料出	156I	12	三色灯（红）	44Q
13	推料回	157I	13	三色灯（黄）	45Q
14	通信检测	158I	14	三色灯（绿）	46Q
			15	通信	47Q

二、检测分拣单元

物理地址	说　明	分配地址	物理地址	说　明	分配地址
	输　入			输　出	
1	启动按钮	177I	1	启动指示	65Q
2	停止按钮	178I	2	停止指示	66Q
3	手/自动	179I	3	功能指示	67Q
4	功能	180I	4	联动指示	68Q
5	联动	181I	5	复位指示	69Q

二、检测分拣单元

输　入			输　出		
6	复位	182I	6	报警指示	70Q
7	紧停	183I	7	压摆臂环形传输控制	71Q
8	压力检测	184I	8	摆臂单元控制	72Q
9	颜色检测	185I	9	导向控制	73Q
10	废料入槽	186I	10	吸盘 OFF	74Q
11	摆臂单元位	187I	11	吸盘 ON	75Q
12	摆臂环形传送位	188I	12	传送带控制	76Q
13	导向出	189I			
14	导向回	190I			

三、加工单元

输　入			输　出		
物理地址	说　明	分配地址	物理地址	说　明	分配地址
1	启动按钮	273I	1	启动指示	97Q
2	停止按钮	274I	2	停止指示	98Q
3	手/自动	275I	3	功能指示	99Q
4	功能	276I	4	联动指示	100Q
5	联动	277I	5	复位指示	101Q
6	复位	278I	6	报警指示	102Q
7	紧停	279I	7	钻孔上控制	103Q
8	圆盘检测	280I	8	钻孔下控制	104Q
9	工件有无	281I	9	升降缸控制	105Q
10	钻孔缸上	282I	10	夹紧缸控制	106Q
11	钻孔缸下	283I	11	钻孔控制	107Q
12	升降缸上	284I	12	转盘控制	108Q
13	升降缸下	285I			
14	夹紧检测	286I			

四、机械手装配单元

输 入			输 出		
物理地址	说 明	分配地址	物理地址	说 明	分配地址
1	启动按钮	881I	1	转动步进脉冲	529Q
2	停止按钮	882I	2	转动步进方向	530Q
3	手/自动	883I	3	转动步进使能	531Q
4	功能	884I	4	转盘步进脉冲	532Q
5	联动	885I	5	转盘步进方向	533Q
6	复位	886I	6	转盘步进使能	534Q
7	紧停	887I	7	启动指示	535Q
8	转动动步进原点	888I	8	停止指示	536Q
9	转动步进左限位	889I	9	功能指示	537Q
10	转动步进右限位	890I	10	联动指示	538Q
11	气爪检测	891I	11	复位指示	539Q
12	伸缩缸缩回检测	892I	12	报警指示	540Q
13	伸缩缸伸出检测	893I	13	升降缸控制	561Q
14	升降缸上检测	894I	14	伸缩缸控制	562Q
15	升降缸下检测	895I	15	气爪控制	563Q
16	装配件1检测	896I	16	顶料缸控制	564Q
17	工件入位检测	897I	17	推料缸控制	565Q
18	装配圆盘原点	898I	18	压紧缸控制	566Q
19	压紧缸检测	899I			
20	推料缸回检测	900I			
21	推料缸出检测	901I			
22	通信反馈	902I			

五、半成品检测单元

输 入			输 出		
物理地址	说 明	分配地址	物理地址	说 明	分配地址
1	启动按钮	1201I	1	启动指示	449Q

五、半成品检测单元

输　　入			输　　出		
物理地址	说　明	分配地址	物理地址	说　明	分配地址
2	停止按钮	1202I	2	停止指示	450Q
3	手/自动	1203I	3	功能指示	451Q
4	功能	1204I	4	联动指示	452Q
5	联动	1205I	5	复位指示	453Q
6	复位	1206I	6	报警指示	454Q
7	紧停	1207I	7	升降缸控制	455Q
8	电机进出点	1208I	8	背离电机	456Q
9	电机检测点	1209I	9	向电机	457Q
10	升降缸上检测	1210I			
11	升降缸下检测	1211I			

六、搬运单元

输　　入			输　　出		
物理地址	说　明	分配地址	物理地址	说　明	分配地址
1	启动按钮	1241I	1	启动指示	1481Q
2	停止按钮	1242I	2	停止指示	1482Q
3	手/自动	1243I	3	功能指示	1483Q
4	功能	1244I	4	联动指示	1484Q
5	联动	1245I	5	复位指示	1485Q
6	复位	1246I	6	报警指示	1486Q
7	紧停	1247I	7	摆台装配位控制	1487Q
8	气爪检测	1248I	8	摆台检测位控制	1488Q
9	摆台检测位	1249I	9	伸缩缸控制	1489Q
10	摆台装配位	1250I	10	升降缸控制	1490Q
11	摆台中位	1251I	11	气爪控制	1491Q
12	伸缩缸回检测	1252I			

六、搬运单元

输入			输出		
物理地址	说　明	分配地址	物理地址	说　明	分配地址
13	伸缩缸出检测	1253I			
14	升降缸上检测	1254I			
15	升降缸下检测	1255I			

七、二次装配单元

输入			输出		
物理地址	说　明	分配地址	物理地址	说　明	分配地址
1	启动按钮	537I	1	启动指示	945Q
2	停止按钮	538I	2	停止指示	946Q
3	手/自动	539I	3	功能指示	947Q
4	功能	540I	4	联动指示	948Q
5	联动	541I	5	复位指示	949Q
6	复位	542I	6	报警指示	950Q
7	紧停	543I	7	旋转缸回控制	951Q
8	槽轮定位检测	544I	8	旋转缸出控制	952Q
9	推销缸回检测	545I	9	推销缸回控制	953Q
10	推销缸出检测	546I	10	推销缸出控制	954Q
11	旋转缸退回	547I	11	顶料缸控制	955Q
12	旋转缸旋出	548I	12	槽轮电机控制	956Q
13	顶料缸退回	549I			
14	顶料缸顶出	550I			

八、立体库单元

输入			输出		
物理地址	说　明	分配地址	物理地址	说　明	分配地址
1	启动按钮	969I	1	X 轴步进脉冲	1513Q
2	停止按钮	970I	2	X 轴步进方向	1515Q
3	手/自动	971I	3	X 轴步进使能	1516Q

八、立体库单元

输　入			输　出		
物理地址	说　明	分配地址	物理地址	说　明	分配地址
4	功能	972I	4	Z 轴步进脉冲	1514Q
5	联动	973I	5	Z 轴步进方向	1517Q
6	复位	974I	6	Z 轴步进使能	1518Q
7	紧停	975I	7	启动指示	1519Q
8	X 轴左限位	976I	8	停止指示	1520Q
9	X 轴原点	977I	9	功能指示	1521Q
10	X 轴右限位	978I	10	联动指示	1522Q
11	Z 轴上限位	979I	11	复位指示	1523Q
12	Z 轴原点	980I	12	报警指示	1524Q
13	Z 轴下限位	981I	13	摆台入库控制	1545Q
14	摆台入库位	982I	14	摆台出库控制	1546Q
15	摆台出库位	983I	15	气爪控制	1547Q
16	气爪	984I	16	通信检测	1548Q
17	通信反馈	985I			

九、皮带运输单元

输　入			输　出		
物理地址	说　明	分配地址	物理地址	说　明	分配地址
1	1 侧供料位检测	801I	1	1 侧变频控制	897Q
2	1 侧存储位检测	802I	2	供料位气缸控制	898Q
3	供料位气缸上端	803I	3	存储位气缸控制	899Q
4	供料位气缸下端	804I	4	2 侧变频控制	900Q
5	存储位气缸上端	805I	5	分拣位气缸控制	901Q
6	存储位气缸下端	806I	6	装配位气缸控制	902Q
7	1 侧变频启停	807I	7	3 侧变频控制	903Q
8	2 侧分拣位检测	808I	8	4 侧变频控制	904Q
9	2 侧装配位检测	809I	9	搬运位气缸控制	905Q

九、皮带运输单元

输　入			输　出		
物理地址	说　明	分配地址	物理地址	说　明	分配地址
10	分拣位气缸上端	810I	10	—	—
11	分拣位气缸下端	811I	11	—	—
12	装配位气缸上端	812I	12	1 侧变频器开始	100AQ
13	装配位气缸下端	813I	13	1 侧变频器频率	101AQ
14	—	—	14		
15	2 侧变频启停	815I	15	2 侧变频器开始	102AQ
16	存储侧工件有无	816I	16	2 侧变频器频率	103AQ
17	—	—	17		
18	4 侧搬运位检测	818I	18	3 侧变频器开始	104AQ
19	3 侧变频启停	819I	19	3 侧变频器频率	105AQ
20	搬运位气缸下端	820I	20	—	—
21	搬运位气缸上端	821I	21	4 侧变频器开始	106AQ
22	—	—	22	4 侧变频器频率	107AQ

十、上位机控制室单元

输　入			输　出		
物理地址	说　明	分配地址	物理地址	说　明	分配地址
1	启动按钮	1025I	1	启动指示	913Q
2	停止按钮	1026I	2	停止指示	914Q
3	手/自动	1027I	3	功能指示	915Q
4	功能	1028I	4	联动指示	916Q
5	联动 2049M	1029I	5	复位指示	917Q
6	复位	1030I	6	报警指示	918Q
7	紧停	1031I			

（二）电气原理图

1. 供料单元接线图

供料单元接线如图 12.1 所示。

2．检测单元接线图

检测单元接线如图 12.2 所示。

3．加工单元接线图

加工单元接线如图 12.3 所示。

4．装配单元接线图

装配单元接线如图 12.4 所示。

5．半成品检测单元接线图

半成品检测单元接线如图 12.5 所示。

6．搬运单元接线图

搬运单元接线如图 12.6 所示。

7．二次装配单元接线图

二次装配单元接线图如图 12.7 所示。

8．立体库单元接线图

立体库单元接线如图 12.8 所示。

9．皮带运输单元接线图

皮带运输单元接线如图 12.9 所示。

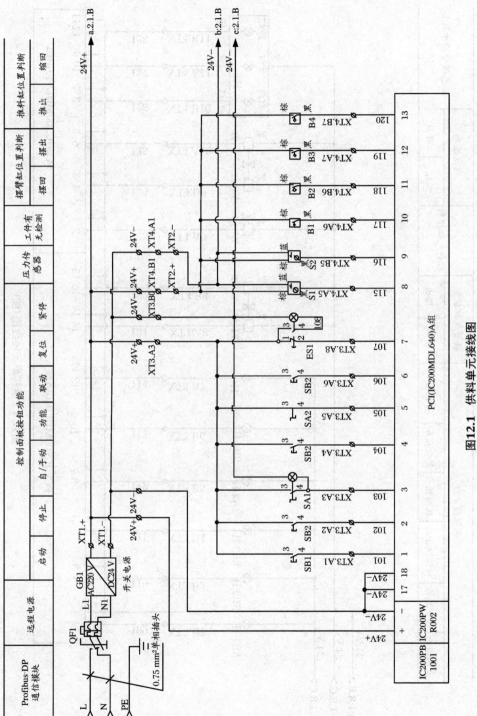

图12.1 供料单元接线图

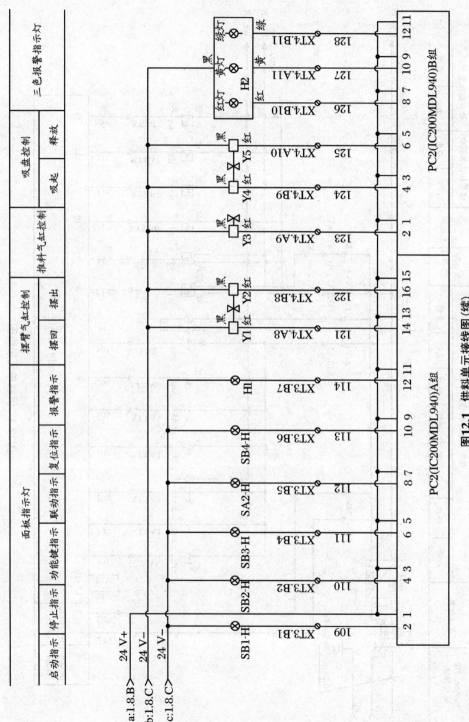

图12.1 供料单元接线图（续）

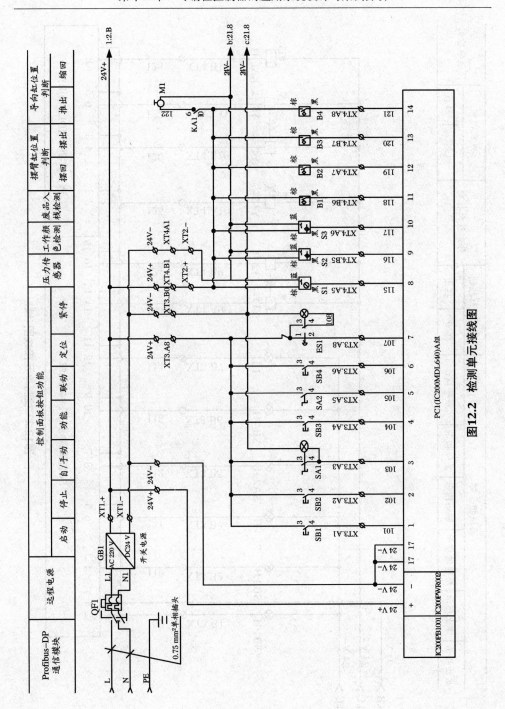

图12.2　检测单元接线图

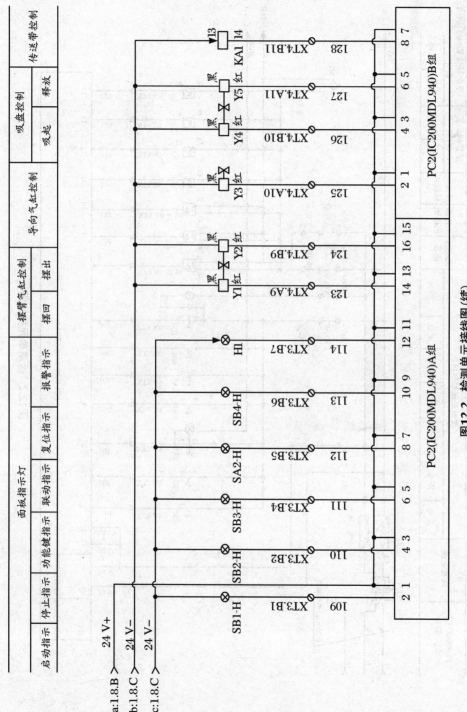

图12.2　检测单元接线图 (续)

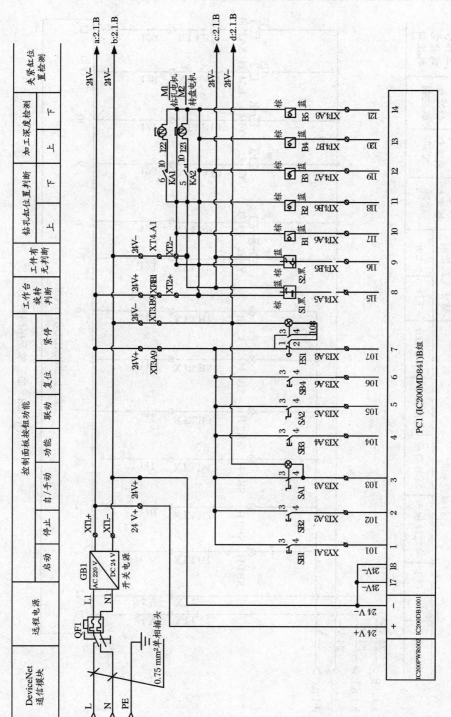

图12.3 加工单元接线图

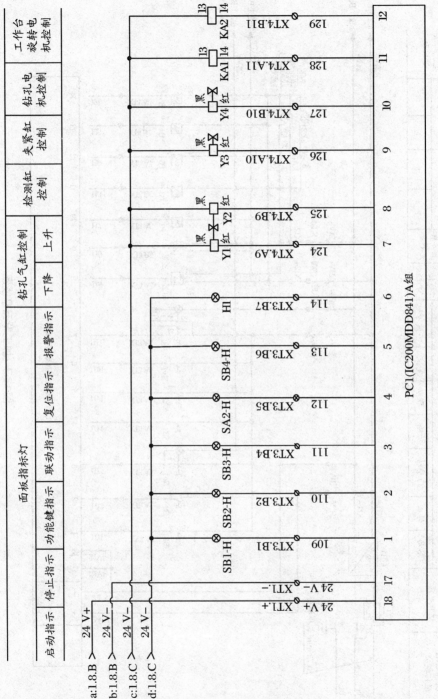

图12.3 加工单元接线图（续）

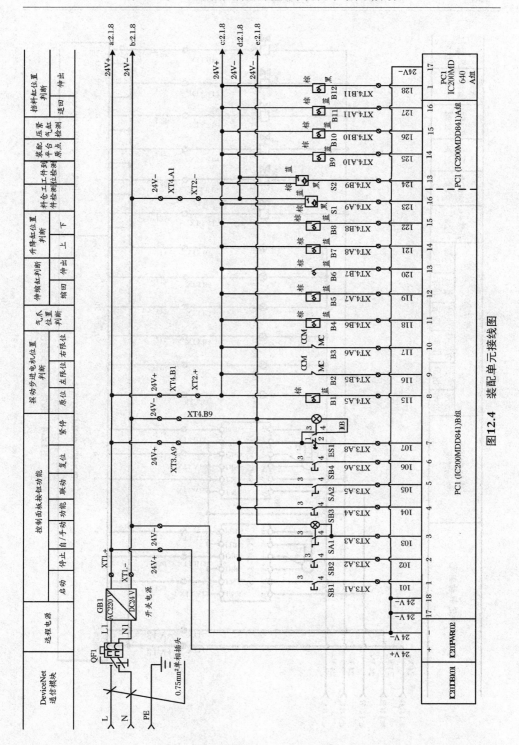

图12.4 装配单元接线图

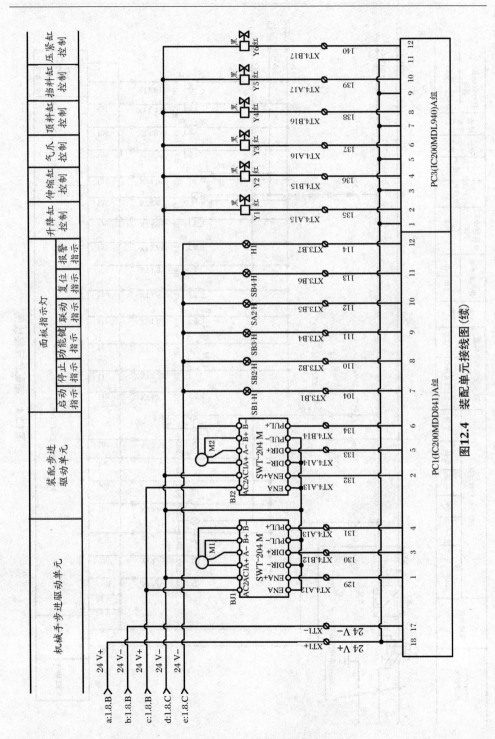

图12.4　装配单元接线图（续）

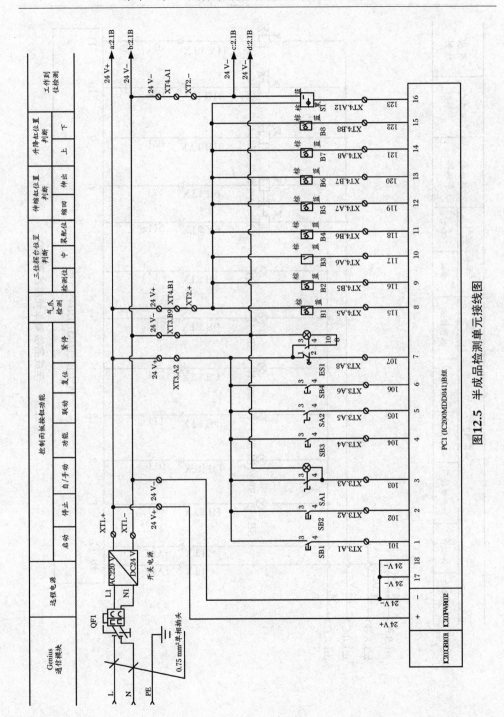

图12.5　半成品检测单元接线图

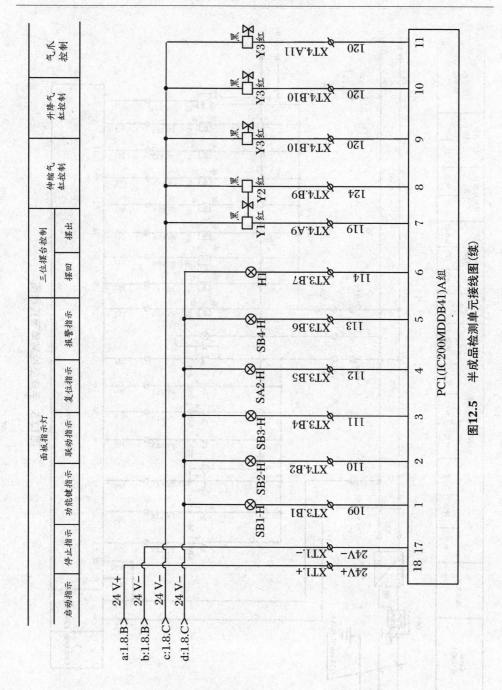

图12.5 半成品检测单元接线图（续）

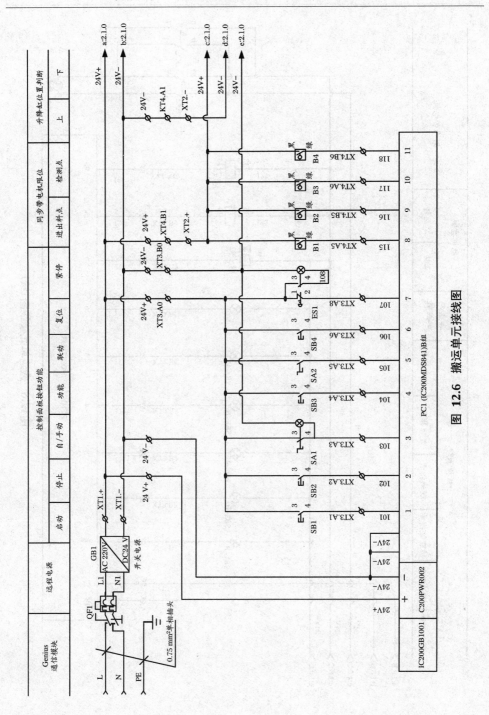

图 12.6 搬运单元接线图

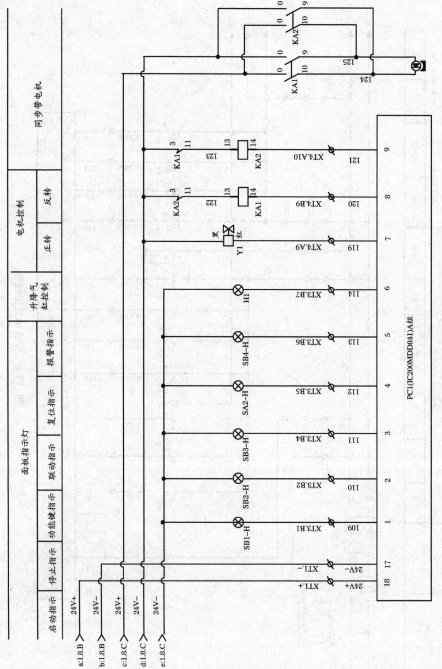

图12.6 搬运单元接线图（续）

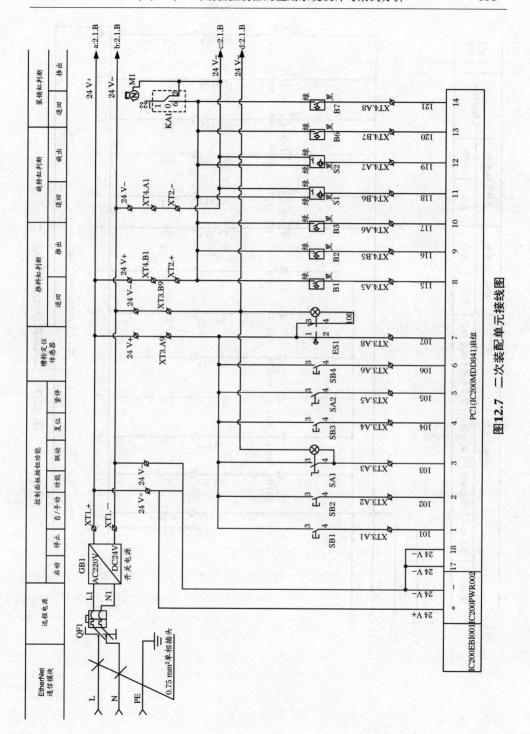

图12.7　二次装配单元接线图

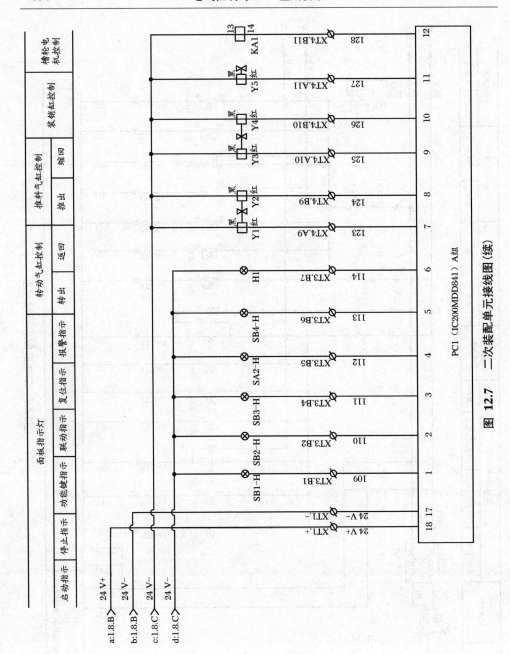

图 12.7　二次装配单元接线图（续）

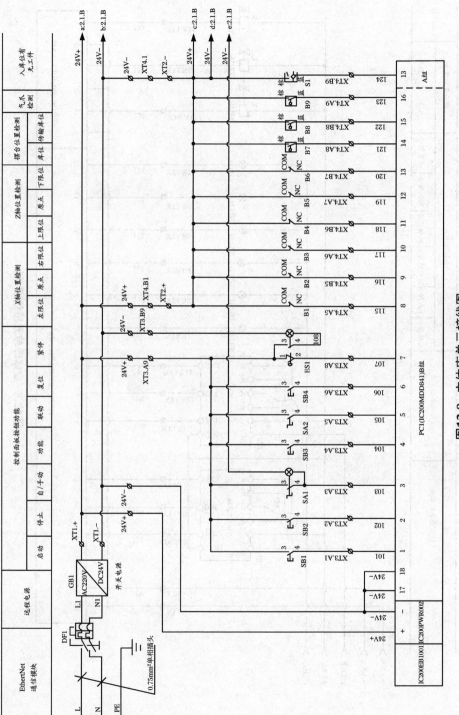

图12.8　立体库单元接线图

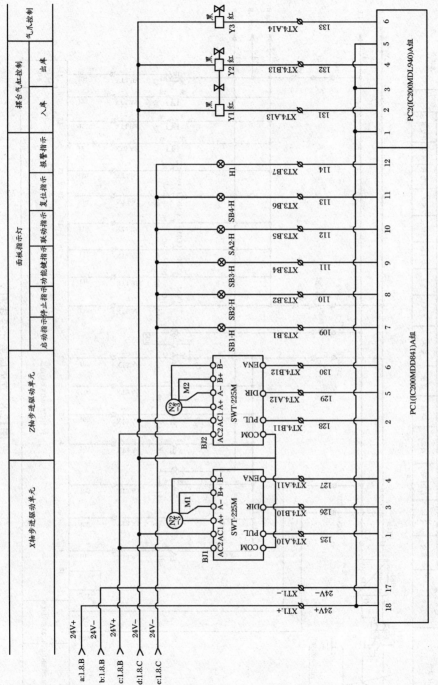

图12.8　立体库单元接线图（续）

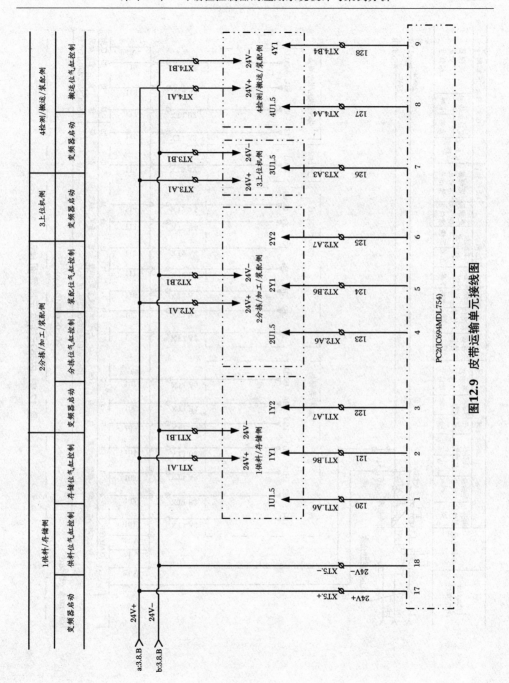

图12.9　皮带运输单元接线图

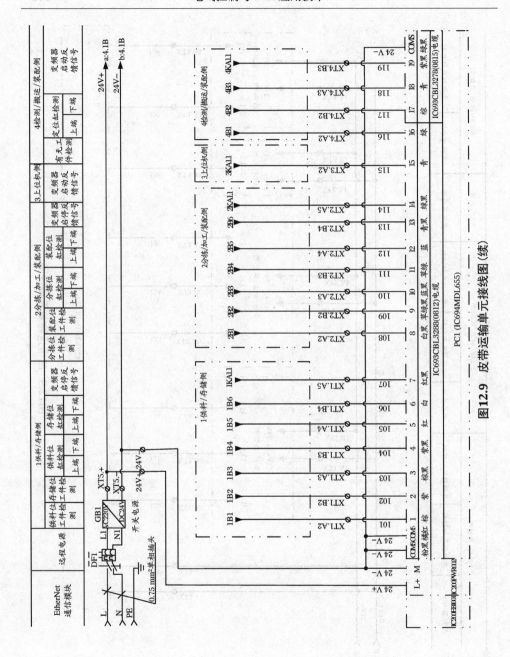

图12.9 皮带运输单元接线图(续)

(三) 流程图

流程如图 12.10 所示。

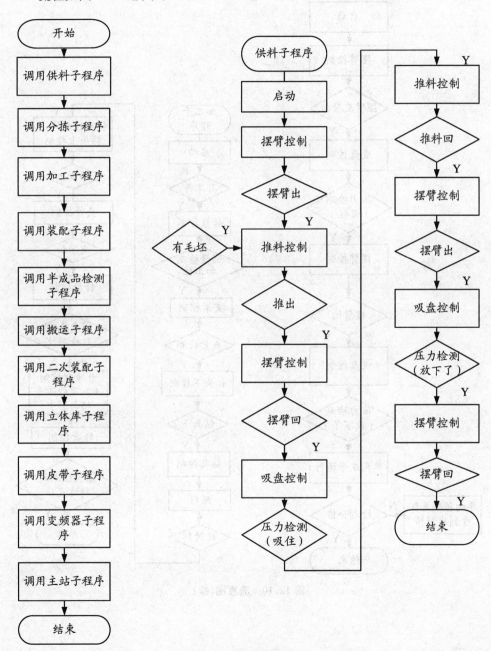

图 12.10 流程图

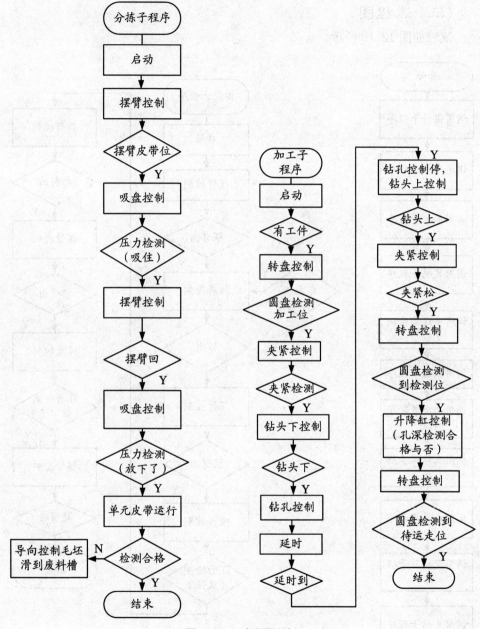

图 12.10 流程图(续)

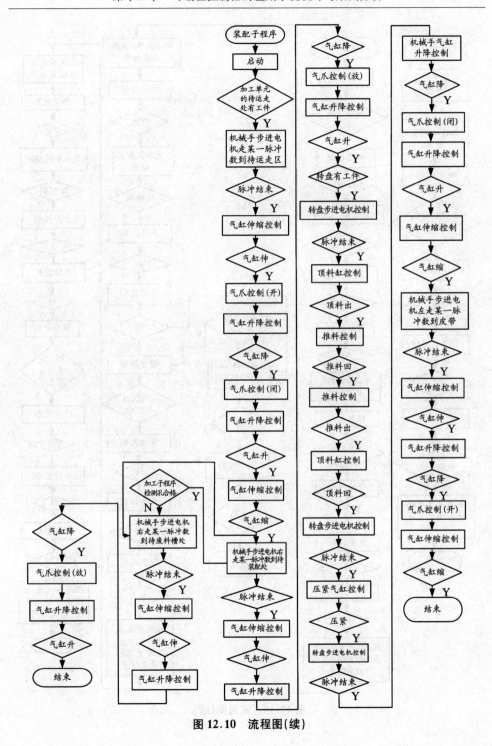

图 12.10　流程图（续）

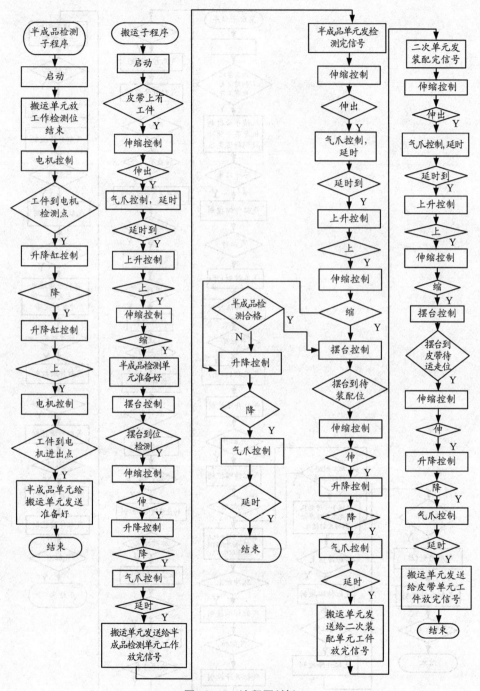

图 12.10 流程图(续)

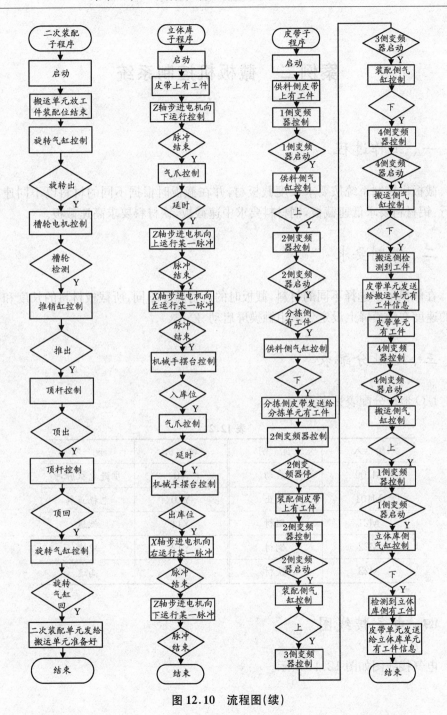

图 12.10　流程图(续)

案例二　截板机控制系统

一、工作过程

截板机控制系统按要求长度截板材,并在截板时根据不同的材料以不同速度运行:铝材料要求低速截板,铜材料要求中速截板,铁材料要求高速截板。

二、控制要求

在触摸屏上选择不同的材料,截板时的运行速度不同,所截板材料的长度和截板的速度在触摸屏上设定。采用触摸屏启动、停止。

三、地址分配表

I/O 地址分配表见表 12.2。

表 12.2

输入	说明	输出	说明
M100	启动	Y0	步进电机脉冲
M101	停止	Y10	电机正转
M21	铝材	Y11	低速
M22	铜材	Y12	中速
M23	铁材	Y13	高速

四、电气接线图

电气接线图如图 12.11 所示。

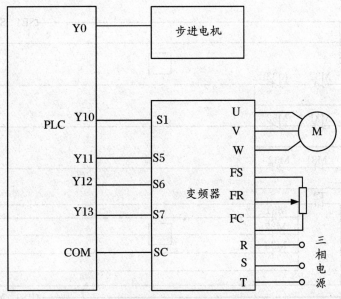

图 12.11　电气接线图

五、触摸屏界面

触摸屏界面如图 12.12 所示。

图 12.12　触摸屏界面

六、程序

程序见图 12.13。

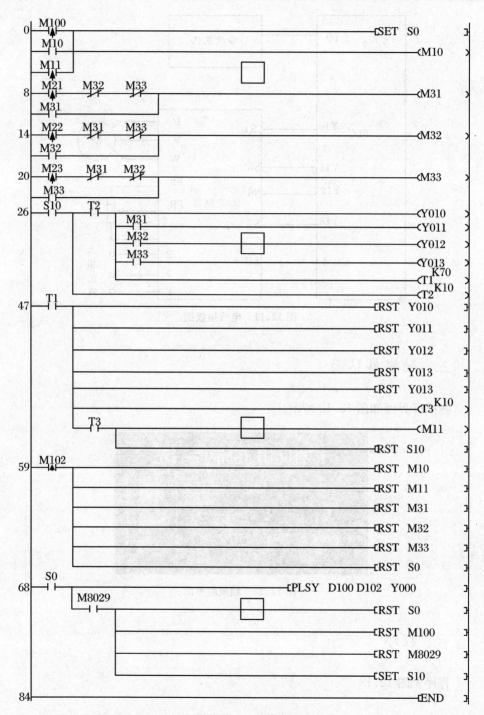

图 12.13　程序

参 考 文 献

[1] 熊幸明,等.电气控制与 PLC[M].北京:机械工业出版社,2011.

[2] 周亚军,等.电气控制与 PLC 原理及应用[M].西安:西安电子科技大学出版社,2008.

[3] 三菱电机自动化(上海)有限公司.三菱 FX 系列可编程控制器编程手册. 2001.

[4] 三菱电机自动化(上海)有限公司.三菱可编程控制器应用 101 例. 1994.

[5] 三菱电机自动化(上海)有限公司.三菱可编程控制器使用手册. 1999.

[6] 三菱电机自动化(上海)有限公司.运动控制器 Q 系列 SV13/SV22 编程手册.

[7] 三菱电机自动化(上海)有限公司.运动控制器 Q 系列 SV13/SV22(运动 SFC)编程手册.

[8] Proficy machine edition 软件帮助文件.

[9] http://www.gefanuc.com.cn.

[10] GFS-CN-333F GE 说明书.

[11] GFK-2314-CN GE 说明书.

[12] http://support.gefanuc.com.

[13] 郁汉琪,王华.可编程自动化控制器(PAC)技术及应用[M].北京:机械工业出版社.2010.

[14] http://www.meach.cn.

[15] 林育兹,谢炎基.变频器应用案例[M].北京:高等教育出版社.2007.

[16] 张运刚,宋小春,郭武强.从入门到精通:西门子:S7-200PLC 技术与应用[M].北京:人民邮电出版社,2007.

[17] 廖常初.PLC 基础及应用[M].北京:机械工业出版社,2003.

[18] 王永华.现代电气控制及 PLC 应用技术[M].北京:北京航空航天大学出版社,2003.

[19] 高钦和.可编程控制器应用技术与设计实例[M].北京:人民出版社,2004.

[20] 陈建明.电气控制与 PLC 应用[M].2 版.北京:电子工业出版社,2009.

[21] 西门子公司.SIMATIC 使用 STEP7 编程手册.2007.

[22] 吴中俊,黄永红.可编程控制器原理与应用[M].北京:机械工业出版社,2005.

[23] 张永飞.可编程控制器入门与应用实例[M].北京:中国电力出版社,2004.

[24] 孙康岭,张海鹏.电气控制与 PLC 应用[M].北京:化学工业出版社,2008.

[25] 廖常初.PLC 应用技术问答[M].北京:机械工业出版社,2005.

[26] 徐世许,朱妙其.可编程控制器:原理·应用·网络[M].2 版.合肥:中国科学技术大学出版社,2008.

[27] 邓则名,良伦,等.电器与可编程控制器应用技术[M].3 版.北京:机械工业出版社,2008.

[28] 谢克明,路易.可编程控制器原理与程序设计[M].2 版.北京:电子工业出版社,2010.

[29] 汪晓平,等.可编程控制器系统开发与实例导航[M].北京:人民邮电出版社,2004.

[30] 马国华.监控组态软件应用:从基础到实践[M].北京:中国电力出版社,2011.

[31] 北京昆仑通态自动化软件科技有限公司.MCGS:monitor and control generated system 用户指南.

[32] 上海天任电子有限公司.Digital 触摸屏使用手册.

[33] 阮友德.低压电器及 PLC(高职)[M].北京:人民邮电出版社,2009.

[34] GB4728 — 85 电气图用图形符号[M].北京:中国标准出版社,1986.

[35] 郭萍.电气图用新旧图形符号对照[M].北京:科学出版社,2007.

[36] 马志溪.电气工程图设计与绘图[M].北京:中国电力出版社,2007.

[37] 孙余凯.看实用电气线路图[M].北京:电子工业出版社,2006.

[38] 王永华.电气及 PLC 应用技术[M].2 版.北京:北京航空航天大学出版社,2008.

[39] 黄宋魏,邹金慧.电气控制与 PLC 应用技术[M].北京:电子工业出版社,2010.